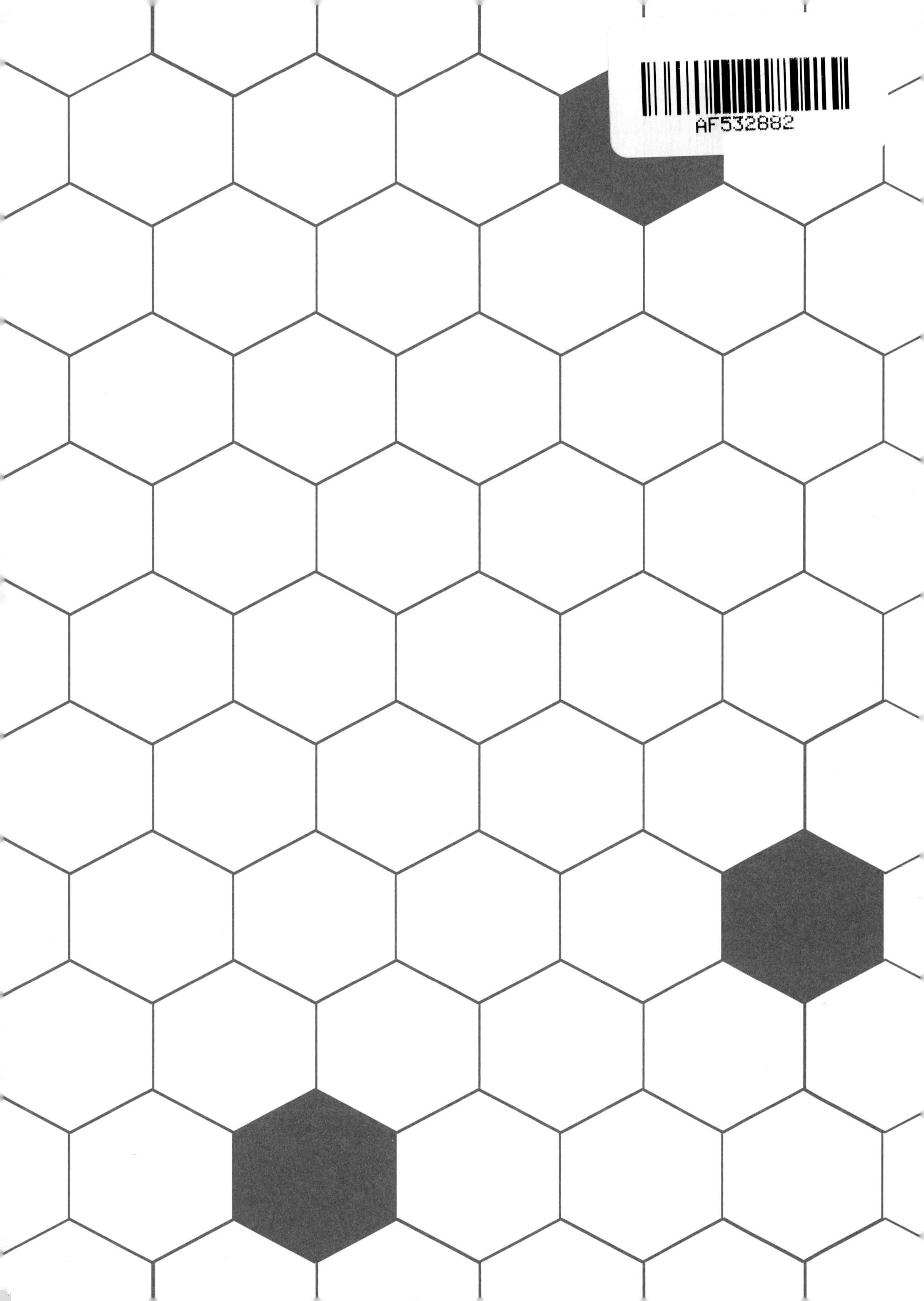

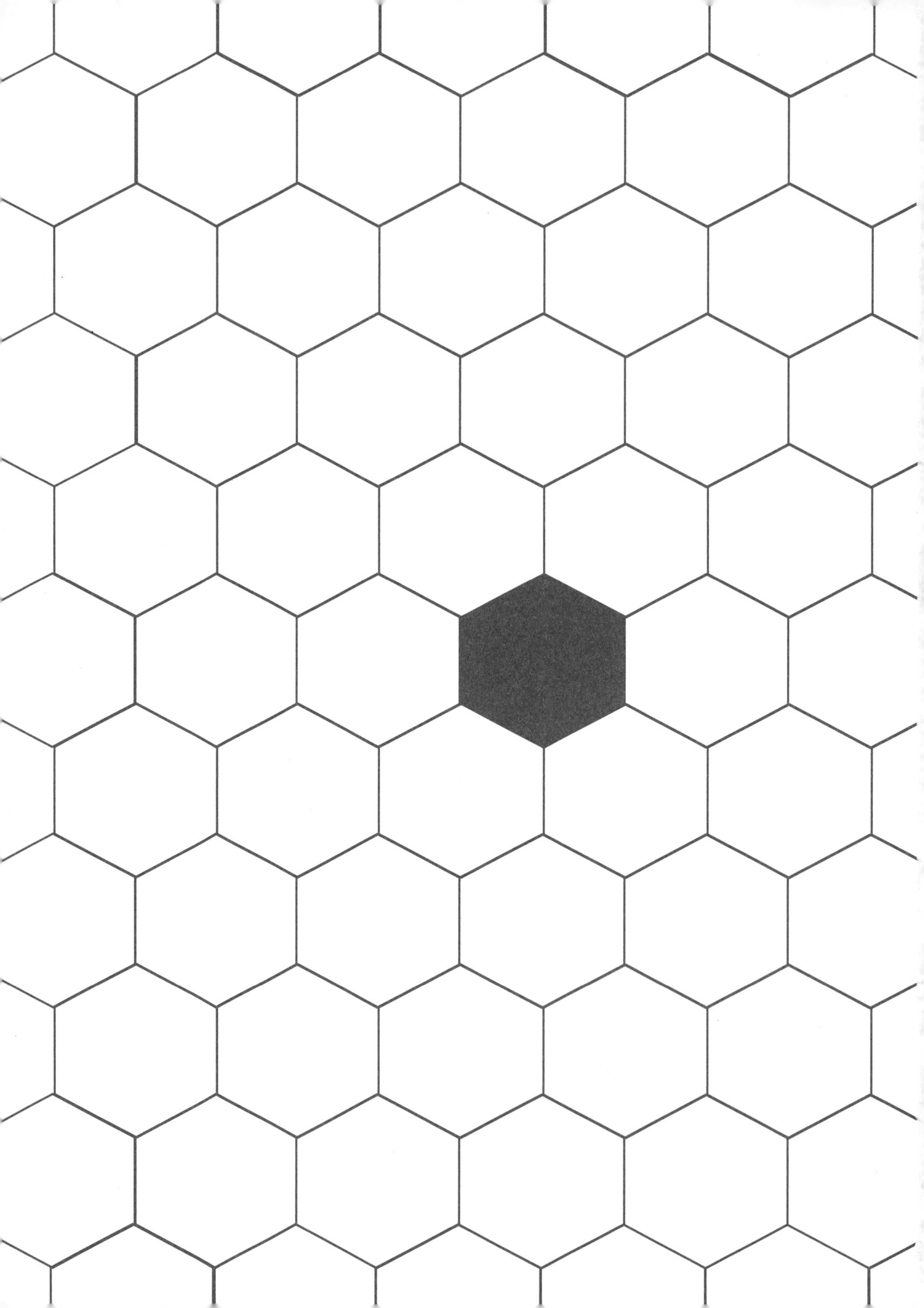

Manfred Schmitz

Aufbruch in eine neue Bienenhaltung

Aktuelle Forschung zu bienengerechter Imkerei

Manfred Schmitz

AUFBRUCH IN EINE NEUE BIENENHALTUNG

Aktuelle Forschung zu bienengerechter Imkerei

INHALT

NATÜRLICHE GESUNDERHALTUNG DER HONIGBIENE

GELEITWORT

Honigbienen und Menschen stehen in einer höchst facettenreichen gegenseitigen Beziehung. Für den naturunkundigen Laien sind Bienen lediglich Lieferanten von Honig und Wachs. Für informiertere Menschen sind sie als Bestäuberinsekten höchst wichtige Glieder im komplexen Naturgefüge, ohne die wir auf einen Großteil unserer Lebensmittel verzichten müssten. Ganz unabhängig von ihrem direkt erkennbaren Nutzen für die Menschheit faszinieren die Staaten der Honigbienen durch ihre Lebensweise und ihre gemeinschaftlich erbrachten, erstaunlichen Leistungen. Es gibt also viele gute Gründe, sich für Honigbienen zu interessieren und sich um sie zu sorgen. Sich um sie sorgen und kümmern bedeutet, ihnen Lebensbedingungen zu verschaffen, die sie gesund erhalten. Das betrifft die Beschaffenheit der Unterkünfte, die der Mensch den Bienenkolonien bietet, das betrifft die Freiheiten, die der Mensch dem natürlichen Jahresablauf des *Bien* lässt, und es betrifft die Umwelt, aus der die Bienen ihre Lebensgrundlage beziehen.

Ein bienengerechter Umgang mit unseren kleinsten Haustieren und eine entsprechende Aufmerksamkeit der Umwelt der Bienen gegenüber hat sehr viel weitreichendere Folgen, als es auf den ersten Blick erscheinen mag. Eine bienengerechte Umwelt hilft allen Lebewesen, die über ein vielfältiges Blühpflanzenspektrum indirekt mit den Bienen verbunden sind.

Die achtungsvolle Wertschätzung der Bienenkolonien, die wir in unserer Obhut und Verantwortung haben, verschafft nicht nur dem Imker ein gutes Gefühl, sondern vor allem den Bienen Daseinsbedingungen, die sich in einer langen Evolutionszeitspanne als bienenoptimal herausgebildet haben. Honigbienen sind sehr belastbar. Diese Stärke des *Bien* sollten wir aber nicht missbrauchen, zumal auch diese Belastbarkeit zunehmend erkennbar an Grenzen stößt.

Die im vorliegenden Buch zusammengestellten Vorträge haben ein auf diese Lebenswelt der Honigbienen aufbauendes Erfahrungswissen als Leitthema. Ein daraus abgeleiteter Aufbruch in eine entsprechende imkerliche Praxis heißt, die natürlichen Wege der Honigbiene zu ihrer Gesunderhaltung stärker in den Mittelpunkt zu rücken. Die vom Autor beschriebenen und bildunterstützten Fäden aus seiner Praxis sind ein Ansatz dazu. Eine Wertschätzung und Achtung unserer unmittelbaren Natur als sinnstiftende Erfahrung führen dazu, auch über den Beutenrand der Imkerei hinaus zu denken und zu handeln.

Prof. Dr. Jürgen Tautz
HOBOS / we4bee, Universität Würzburg

VORWORT

Am Anfang hatte ich Bienen, jetzt haben die Bienen mich.

Diese Aussage hörte ich zum ersten Mal von meinem Imkervater. Die tiefe Bedeutung erfuhr ich erst einige Jahre später, als sich in mir selbst die Verbindung zu den Bienen eingestellt hatte, die diesem Satz innewohnt.

Von ihm, mit seinen über dreißig Jahren Imkererfahrung, durfte ich nicht nur die Handhabung eines Stockmeißels und das Imkerhandwerk insgesamt erlernen, sondern konnte ein Jahr lang mit ihm seine Bienen durch das Bienenjahr begleiten:

Der wunderschön zwischen einem Waldstück und einer großen Streuobstwiese gelegene Stand, die Spannung beim Öffnen der Beutendeckel, die erste von mir selbst gehaltene Wabe voll mit Bienen waren für mich der Einstieg in die Faszination Imkerei.

Aus der langjährigen Erfahrung meines Imkervaters heraus an die Imkerei herangeführt und zugleich angesteckt vom „Bienen-Virus", entwickelte ich nicht nur langsam einen eigenen Blick auf die Bienen, vielmehr begann ich, die Umwelt mehr aus der Sicht der Bienen zu sehen. Viele Fragen stellten sich mir aus dieser Sicht meines neu gewonnenen Betrachtungsstandortes.

Am Anfang hatte ich Bienen, jetzt haben die Bienen mich.

Blick auf meinen ersten Bienenstand mit weidenden Schafen im Hintergrund.

Auf der einen Seite gab es Imker, die zwar mit viel Erfahrung schon seit Jahrzehnten imkerten, aber sich viele dieser Fragen gar nicht stellten. Trotz ihrer jahrelangen Erfahrung und entsprechend individuellen Antworten konnten mich ihre Erklärungen nicht zufriedenstellen.

Ich begann durch Veränderungen in der Betriebsweise Erfahrungen mit und von den Bienen zu gewinnen: So stellte ich zunächst alle Beuten meines Imkervaters vom Deutsch-Normal-Maß (DN) in Kunststoff (Segeberger Beute) auf Holz im Zandermaß (ZA) um und experimentierte mit Zargen- und Wabengrößen. Zum ersten Mal tauchte bei mir ein ungutes Gefühl auf, als ich in den Ausbildungen lernte, wie man in Styropor imkert, wie man den Königinnen ihre Flügel schneidet, um sie am Schwärmen zu hindern, wie man mit Zuckerwasser einfüttert, nach der Honigernte, wie man die Rähmchen von hier nach dort, von unten nach oben umsortiert. Als noch unerfahrenem Neuimker wurden mir Betriebsweisen erklärt, die nach ökonomischen Gesichtspunkten ausgerichtet waren und dabei im Verein so vertreten wurden, dass sie oft keinen Widerspruch duldeten.

Dennoch versuchte ich, mit weniger oder gar ohne die gängigen, teils chemischen Behandlungen, meine Völker gesund zu halten, und fragte mich, was für die Bienen natürlich und zugleich für den Imker machbar ist. Einige Ansätze brachten bereits kleine Erfolge, andere Veränderungen hatten in einem Jahr viele tote Bienenvölker zur Folge. Ich sah immer mehr ein, dass ich mit einem

Imkerliche Arbeiten mit dem Stockmeißel habe ich als Handwerk von meinem Imkervater erlernt.

Imkergrundkurs und meinem guten Willen allein so nicht sehr weit kommen konnte. Neben der Lektüre verschiedener Werke zur Imkerpraxis und -theorie versuchte ich daher bei möglichst vielen und möglichst verschiedenen Imkern, viele und vor allem *andere* imkerliche Sichten und praktische Betriebsweisen kennenzulernen. Dazu besuchte ich verschiedene Bio- und Großimker, sprach mit diversen Imkerfachhändlern, diskutierte auf Messen und Imkerausstellungen mit namhaften Buchautoren und belegte diverse Fort- und Weiterbildungen an Bieneninstituten.

Auf Grundlage der so gesammelten neuen Erfahrungen aus der vielfältigen Imkerschaft und dem ein wenig tieferen Verständnis für die komplexen Lebensstrukturen der Honigbiene entschied ich mich nach ein paar Jahren, in Einraumbeuten (Dadant $_{\text{mod.}}$) mehrere Stände mit nur jeweils wenigen Völkern pro Stand aufzubauen. Die Aufbauten (Beutenböcke) entwarf ich wesentlich höher als üblich und die Abstände und Einflugwinkel der Bienenvölker variierte ich so weit wie möglich.

EIN NEUER IMKERVEREIN WIRD GEGRÜNDET

In der zum überwiegenden Teil noch in Segeberger Kunststoffbeuten arbeitenden Imkerschaft der Umgebung stießen diese andersartigen Betriebsweisen und Beutenformate auf unerwartet heftigen Widerstand. Mit dem Drang, die vielfältigen Vorstellungen einer artgerechten Imkerei dennoch umzusetzen und

Bei der Honigernte gemeinsam mit Vereinskollegen im Imkerverein.

sie zudem auch mit anderen teilen zu können, gründete ich daher mit einer kleinen Gruppe interessierter Imker im Frühjahr 2015 einen eigenen Verein, den Imkerverein *DER SCHWARM* Königswinter e. V.

Über die erzeugten Schwingungen der kreativen Individualisten des neu gegründeten Vereins hinaus kommunizierten wir mit anderen gleichgesinnten Vereinen und Instituten, tauschten uns aus und organisierten schon bald den *Ersten Siebengebirgs-Imkertag*. Besonders stolz waren wir, als wir Herrn Prof. Dr. Jürgen Tautz, einen der renommiertesten Bienen-Experten, für das Hauptreferat des Imkertages gewinnen konnten.

Auf der Festveranstaltung zum 200-jährigen Bestehen des wohl ältesten Imkervereins Deutschlands, dem 1815 als Ambrosius-Bruderschaft gegründeten Imkerverein Straelen, hatte ich erstmalig mit Prof. Tautz Kontakt aufgenommen. In der dann folgenden Vorbereitung zu diesem Termin tauschten wir einige E-Mails aus, führten einige Gespräche und legten uns auf ein Thema fest. Der von ihm dann auf dem 1. Siebengebirgs-Imkertag gehaltene Vortrag *Die natürlichen Wege der Honigbiene zu ihrer Gesunderhaltung* wie auch er als Mensch selbst beeindruckten uns alle nachhaltig. Wir hatten in Abstimmung mit ihm den Vortrag zum Glück aufgezeichnet, denn schon kurz nach dem Vortrag erhielt ich mehrere Anfragen, ob dieser Beitrag irgendwo nachzulesen sei.

Dieses Interesse von Teilnehmern und die Unterstützung, die ich von Jürgen Tautz erhielt, waren der ursprüngliche Anstoß zu diesem Buch. Im Kapitel

Natürliche Gesunderhaltung der Honigbiene habe ich in Abstimmung mit ihm den von der Rede- in die Schriftform übertragenen, leicht redigierten und bebilderten Vortrag zum Nachlesen festgehalten.

IMKERKURSE, SCHULUNGEN UND VORTRÄGE

Durch diesen und einige andere Kontakte mit Bienenforschern wurde mir bewusst, wie wenig wir eigentlich von den Honigbienen verstehen und wie sehr wir nur unsere imkerlichen Bedürfnisse auf die von uns angewendete Betriebsweise übertragen. Was in den unumstößlich quadratischen Wänden der Bienenkisten für die Bienen angenehm sein sollte, entsprach zumeist nur einer Interpretation der imkerlichen Sicht auf die Bienen.

Neben den Tätigkeiten als Vorsitzender des Imkervereins *DER SCHWARM* baute ich meine Imkerei insbesondere in der Anzahl der Standorte weiter aus. Anfragen zu meinen eigenen und zu den Erfahrungen der Mitglieder des Vereins führten dazu, dass wir seit dieser Zeit in jedem Jahr mindestens einen großen Imkerkurs geben. Auch immer mehr Firmen und Schulen interessierten sich zunehmend für Bienen oder baten um Unterstützung beim Aufbau einer Imkerei. Einige „imkerliche Fäden" aus den digitalen Kursunterlagen, den Vorträgen und den AGs sind bildunterstützt zusammengestellt und fließen insbesondere in die Kapitel *Naturerfahrung von Angang an* und *Imkern? Natürlich von den Bienen lernen!* ein.

Imkerliche Fortbildungen zu Wespen, Hornissen und Wildbienen, wie auch ein mehrtägiger Zeidlerkurs, führten mich 2016 zur *Seeley-Tagung*, einem von Mellifera e. V. veranstalteten Drei-Tage-Seminar in Rosenfeld mit Prof. Thomas Seeley. Bei der Signierung seines Bestsellers *Bienendemokratie* lernte ich Prof. Thomas Seeley ein wenig kennen und so traute ich mich einige Wochen später, ihn nach den Rechten für die drei von ihm auf der Tagung gehaltenen Vorträge zu fragen. Nachdem ich auch bei Mellifera e. V. dankenswerterweise die Genehmigung für eine Veröffentlichung erhielt, fand ich in meiner Tochter (die als Studentin der „Mehrsprachigen Kommunikation" auf dem Gebiet des Englischen mächtiger ist als ich selbst) dankbar eine Übersetzerin, die diese Tonaufzeichnungen der Seeley-Tagung ins Deutsche übersetzte und verschriftlichte. Die umfangreichen Arbeiten, die ich anschließend noch gemeinsam mit dem Autor redigierte, wurden überaus freundlich von Prof. Seeley mit den Worten: *„Do this!"* und von Jürgen Tautz an Tom Seeley mit *„Thank you for supporting Manfred!"* im gemeinsamen E-Mail-Austausch wunderbar motiviert. Diese so verarbeiteten drei Vorträge der Seeley-Tagung sind im Kapitel *Über Bienenvölker in freier Natur* festgehalten.

Versuche mit Naturwabenbau. Rähmchen mit wellenförmiger Mittelwand im gesamten Brutraum lassen den Bienen Platz für ihren (Drohnen-)Naturbau.

Nach den Vorträgen von Tom Seeley und der neu gewonnenen Sichtweise, wie Bienen in der Natur, ohne Eingriffe der Imker, leben und sich vermehren, wieder zurück in der eigenen Imkerei, wuchs in mir das Unbehagen, meine Bienenvölker weiter wie bisher imkerlich zu behandeln. Durch Versuche mit Naturwabenbau, die Erfahrungen aus der Zeidlerei und Ansätze zu einem neuen Schwarmmanagement bemühte ich mich um eine bienengerechtere Betriebsweise. Dennoch blieb ein Unbehagen in all dem, wie ich imkerte und was ich den Bienen antat. In den Fortbildungen zum Honig- und Bienensachverständigen wurde uns erklärt, wann man 60- und wann man 85 %ige Ameisensäure einsetzen darf und soll. Es ging darum, wie man Symptome behebt, und nicht darum, was die Ursachen der Bienenkrankheiten sein könnten. Das Unbehagen wurde so zur Erkenntnis, dass wir mit der erlernten „Betriebsweise" doch einiges falsch machen. Auf Seminaren, Vorträgen und auf Tagungen wie u. a. auf der Utrechter Konferenz „Learning from the bees" suchte ich also weiter nach Wegen und Antworten. Auf dem Bienensymposium 2018 in Weimar schließlich, auf dem auch Tom Seeley wieder referierte, wurde mir eine Türe geöffnet. So, als hätte ich bisher ein Brett vor dem Kopf gehabt, wurde mir eine Blickrichtung geöffnet:

> *Warum haben wir die Zusammenhänge bislang nur aus der Sicht des Imkers betrachtet und nicht die Erkenntnisse darüber, was wildlebende Bienen benötigen, als Richtschnur in unsere imkerlichen Tätigkeiten mit einbezogen?*

Angesichts dieser Entwicklung war es eine besondere Freude, in Weimar denjenigen kennenzulernen, der uns mit seinen langjährigen Forschungen und Erfahrungen dazu einen möglichen Weg aufzeigen konnte. Der in seinen imkerlichen und wissenschaftlichen Bemühungen versucht, Wege aus der Umklammerung der Abhängigkeiten heraus zu finden, der es wagt, das *Weiter-wie-bisher* zu durchbrechen.

In seinem Vortrag auf dem Bienen-Symposium 2018 hat Torben Schiffer viele der rund 400 Teilnehmer angeregt, eine imkerliche Revolution mit anzustoßen. In Gesprächen am Rande der in den Folgemonaten von ihm gehaltenen Vorträge in verschiedenen Städten konnte ich ihn gewinnen, diese *neuen Wege in der Imkerei* auch in einem Vortrag bei uns im Siebengebirge zu erläutern. Sein gleichnamiger Vortrag, den er dann im Mai 2019 auf Einladung unseres Imkervereins DER SCHWARM im Siebengebirge hielt, beeindruckte und veränderte auch die Teilnehmer bei uns in ihrer Einstellung und damit deren imkerliche Betriebsweisen nachhaltig. Das beeindruckende, über dreistündige Plädoyer für eine artgerechte Bienenhaltung und für eine neue Ausbildung in der Imkerei hatten wir aufgezeichnet und – in Abstimmung mit ihm – habe ich dann diesen Vortrag in eine gekürzte Schriftform im Kapitel *Neue Wege in der Imkerei* überführt.

So bildet die Abfolge der Kapitel in diesem Buch die Entwicklung meiner, und wie ich immer öfter erfahre, vieler anderer Imker nach. Zu Beginn steht die Faszination für ein unbekanntes Lebewesen aus vielen Individuen, stehen die weit gestreuten Schwerpunkte noch offen, für die man sich als Neuimker in der Imkerei interessieren kann. Die imkerlichen Ausbildungsangebote von den Grundkursen bis hin zu Fortbildungs- oder Sachverständigenkursen nehmen dann jedoch den meisten Naturinteressierten den eigentlichen Bezug zum Lebewesen Bien weg und vermitteln vor allem ökonomische Ziele der Imkerei.

AUSBLICK IN DIE ZUKUNFT

Es geht darum zu verstehen, wie Bienen sich natürlich, ohne Eingriffe des Imkers, verhalten, und daraus zu lernen. Es geht nicht darum, wie die Krankheiten, die erst durch unsere Haltungsweise entstehen, wieder „bekämpft" werden. Diskussionen in der Imkerschaft über Beutenmaße, über Honigmengen und über Verfahren, wie die Völker uns effektiv nutzen und dennoch überleben, sollten wir hinter uns lassen.

Es geht um den Aufbruch in eine neue Imkerei, es geht darum, eine Imkerei anzustoßen, die sich wertschätzend mit dem Lebewesen Bien beschäftigt und sich seiner natürlichen Bedarfe wieder annähert. Wir wollen die natürlichen

Lebensgrundlagen wieder in den Mittelpunkt rücken, wir wollen verstehen, wie eine Lebensform, in der so dicht wie in keiner anderen miteinander gelebt wird, es schafft, über Millionen von Jahren zu bestehen. Eine Zeitspanne, von der wir Menschen weit entfernt sind, es *mit* und *auf* diesem Planeten schaffen zu überleben. Die heute primär ökonomisch ausgerichtete Imkerei hat vielfach diesen Blick verloren. Erkenntnisse aus der aktuellen Forschung zeigen uns, wo wir anknüpfen können, um diese neuen Wege in der Imkerei zu gehen. Es ist zunächst eine Veränderung unseres Standpunktes, der zu einer neuen Bienenhaltung führt, auch wenn das konkrete *Wie* noch nicht klar vorgezeichnet ist. Die nun beginnende imkerliche Umsetzung ist ein Prozess, der daraus zwingend folgt. Erste Ansätze und erste angestoßene Projekte geben uns Mut, mitzumachen bei einer imkerlichen Neuausrichtung, bei einer neuen Bienenhaltung.

Wir leben in einer Zeit, in der Unsicherheiten und Abgrenzungen unser Leben zunehmend bestimmen, in einer Zeit, in der wir uns mit unbedeutenden Informationen überfluten, in der die von uns technisch konstruierten Abbildungen stärker auf uns wirken als das Abgebildete selbst, als die Natur. Vielleicht, weil uns die unmittelbare Naturerfahrung abhandengekommen ist. Wir Menschen müssen etwas ändern, müssen *uns* ändern, sonst ändert sich unsere uns umgebende Natur so, dass wir von ihr nicht mehr geduldet werden.

Blühende Landschaften schaffen für morgen: Kinder am Wegesrand.

Mit dem Bedürfnis, unter diesem Aspekt „über den Beutenrand" der Imkerei hinauszudenken, habe ich im abschließenden Kapitel *Was wir tun und was wir vom Bien lernen können* in diesem Buch versucht, Fragmente aus verschiedenen Quellen, die dazu Denkanstöße geben, zusammenzutragen und eigene Gedanken dazu zu formulieren.

Die aktuelle Forschung in der Imkerei zu verstehen und sie umzusetzen, ist gerade aus diesem Grunde faszinierend und ein hilfreicher Einstieg, um unsere Zukunft *mit* der Natur, *mit* den Lebewesen, *mit* den Bienen zu gestalten.

Die selbst erlebte Freude und Faszination, die ich mit den Bienen erfahre, diese mit anderen zu teilen, in Worten und Bildern mitzuteilen, war und ist für mich auch die Motivation für dieses Buch. Die Kommunikation mit vielen Menschen, die ich durch die Beschäftigung mit einer naturnahen Imkerei machen durfte, hat mich und meine Erfahrungen neu verortet. Dank gilt besonders all denen, mit denen ich diese neu gewonnene Lebenseinstellung teile und denen ich mich freundschaftlich verbunden fühle. Sie teilen mit mir die Wertschätzung für eine unmittelbare Natur als sinnstiftende Erfahrung.

Manfred Schmitz, Königswinter

NATURERFAHRUNG VON ANFANG AN

Wer sich inmitten der wuchernden Technik noch einen offenen Sinn für die Natur bewahrt hat, dem wird die Einsicht in das Leben der Bienen zu einer Quelle der Freude und des Staunens.

Karl von Frisch (Frisch 1993, S. XI)

Wer im Frühjahr oder im Sommer einer Wild- oder Honigbiene zusieht, wie sie sich emsig auf den Blüten zu schaffen macht oder an einem Bienenstand eines Imkers am Flugloch Dutzende Bienen ein- und ausfliegen, fragt sich vielleicht, ob er oder sie (bitte Hinweis zu Gendering beachten, S. 198) etwas für die bedrohte Vielfalt dieser so wichtigen Tiere tun kann.

„Für eine blühende Vielfalt an einheimischen Blütenpflanzen im eigenen Garten sorgen ..., unnütze Pflanzen- und Insektengifte meiden ..., Nisthilfen für Wildbienen aufstellen ..., Bienenhonig von Imkern aus der eigenen Region kaufen ...“, das sind einige der gut gemeinten Ratschläge, die dann vielfach gegeben werden.

Honigbiene (Apis mellifera carnica) auf einer Brombeerblüte (Rubus fruticosus), Pollen-Nektarwert: 3-3.

In der Tat ist eine Artenvielfalt an Bienen ein Indikator für ein intaktes Zusammenspiel von Landschaft, Pflanzen und Tieren. Gefährdet wird dieses einmalig abgestimmte Gefüge nicht durch die Natur (die wir schützen müssten), sondern durch die vielfältigen Belastungen, die wir Menschen selbst direkt oder indirekt verursachen. Die nähere Beschäftigung mit den Honigbienen, die in einer Organisationsform mit derart vielen Individuen zusammenleben, ist daher ein wunderbarer Einstieg, die einzigartigen Zusammenhänge der Natur unmittelbar zu erfahren und die verlorene Wertschätzung und Achtung vor der Einheit der Natur wiederzugewinnen.

Bienen sind als Bindeglied im Gefüge der Natur ideal geeignet, Umweltwissen zu vermitteln. Sich zu bemühen, ihre ursprünglichen Lebensbedingungen zu verstehen und sich um sie zu sorgen, vermittelt ein tiefes Verständnis für die Zusammenhänge in der Natur. Ihnen ihre artgerechten Lebensbedingungen, die sie gesund erhalten, wieder zu verschaffen, bedeutet unmittelbare Naturerfahrung. Es bedeutet aber auch, den Zugang zu einer Erfahrung zu gewinnen, von der aus wir uns fragen, wie wir Menschen zurzeit mit der uns umgebenden Natur umgehen und wie wir als abhängiger Teil von ihr in ihr leben wollen.

Im Folgenden sollen drei Entwicklungen nachgezeichnet werden, die unseren gegenwärtigen Wendepunkt in der Haltung der Natur gegenüber vielleicht ein wenig klarer und unser Verhalten ehrfürchtiger machen:

1. *Die der Kooperation bestimmter Pflanzen und Tiere miteinander,*
2. *die einzelner Tierarten untereinander und schließlich*
3. *die sich geschichtlich wandelnde Beziehung zwischen Bienen und Menschen.*

KOEVOLUTION VON BESTÄUBERN UND BLÜTENPFLANZEN

Die seit Milliarden Jahren auf dem Planeten Erde andauernde Wechselbeziehung der zunächst rein mineralischen, später dann pflanzlichen und tierischen „Einheit der Natur“ (Weizsäcker 1971) hat zur Entwicklung eines lebendigen Miteinanders geführt, das wir erst im Zusammenhang beginnen zu begreifen.

Eine dieser evolutionären Entwicklungen zeigt sich in der Koevolution zwischen den frühen Pflanzenarten und der Tiergruppe, die heute den Großteil aller Tierarten ausmacht, den Insekten.

Betrachtet man die Zeitspanne von Milliarden von Jahren, in der sich das Leben auf der Erde entwickelt hat, so sind unter den Pflanzen die Blütenpflanzen eine relativ junge Entwicklung. Gräser, Sträucher und Bäume, die sich über Blüten, Samen und Früchte vermehren, gibt es erst wenige Hundert Millionen Jahre.

Nahezu im gleichen Zeitraum entwickelten sich auch die Insekten vor schon rund 350 Millionen Jahren im Erdzeitalter des Karbons. Aus marinen Vorfahren hervorgegangen, haben sie sich zur vielfältigsten und erfolgreichsten Tiergruppe entwickelt. Sie sind mit mehr als einer Million beschriebener Arten und einer mindestens ebenso großen Anzahl noch unbestimmter Arten mit Abstand die artenreichste und vielfältigste Tiergruppe unseres Planeten. Diese beiden Entwicklungen, die der Blütenpflanzen (Bedecktsamer, *Magnoliopsida*) und die der Gruppe der Insekten, haben sich gegenseitig bedingt.

Wir kennen heute ein umfangreiches ökologisches Netz von Bestäubern, wissen um die große Bedeutung der Bestäubungsleistung der Wild- und Honigbienen, Hummeln, Schmetterlinge, Käfer, Wespen, Fliegen und Schwebfliegen oder auch Wanzen. Doch wie kommen all diese Tiere dazu, Blüten von Obst, Gemüse und die vielen anderen Wildblütenpflanzen anzufliegen und sie zu bestäuben? Wie haben die Blüten bildenden Pflanzen es geschafft, ganze Tierarten für sich zu gewinnen, um ihre Befruchtung zu übernehmen? Die Antwort findet sich in der gegenseitigen Koevolution dieser Pflanzen und Tiere, die zu Bestäubern wurden.

Strategien zur Fortpflanzung

Das Leben findet immer neue Wege und es nutzt dabei die vorhandenen Bedingungen zur Weiterentwicklung. Pflanzen, die sich aus dem Meer aufmachten, das Land zu erobern, fanden zunächst das mineralische Erdreich, kohlendioxidhaltige Luft und das Sonnenlicht als Energiespender vor. An ihren Ort wurzelnd gebunden, haben sie es geschafft, daraus Stoffe und Energie aufzunehmen, um zu wachsen und sich zu vermehren (s. dazu Coccia 2019).

Eine der so entstandenen Vermehrungsstrategien ist die sexuelle Fortpflanzung der Samenpflanzen über den Pollen, der auf die Narbe der Fruchtblätter trifft und diese befruchtet. Meist geschieht dies dabei durch Fremdbestäubung, das heißt, der Pollen stammt von einer anderen Blüte als derjenigen, die bestäubt wird. Bei Pflanzen mit mehreren Blüten kann der Pollen von einer Blüte derselben Pflanze stammen (Nachbarbestäubung). Von Selbstbestäubung spricht man, wenn die Bestäubung innerhalb einer Blüte erfolgt, welche Organe beiderlei Geschlechts besitzt.

Bei der vorherrschenden Fremd- und Nachbarbestäubung muss also der Pollen aus der einen Blüte in die andere, zu befruchtende Blüte gelangen. Dazu müssen sich die ortsgebundenen Pflanzen externer Hilfen bedienen.

Die Windblütigkeit (*Anemogamie*) ist bei den Samenpflanzen die ursprüngliche Form der Fremdbestäubung. Der Pollenflug mithilfe des Windes existiert seit mindestens 300 Millionen Jahren und ist auch heute noch für viele Pflanzen von primärer Bedeutung bei der Bestäubung. Bei dieser Fremdübertragungsart werden bis zu einige Milliarden Pollen von einer Blüte bzw. Pflanze zu einem günstigen Zeitpunkt dem Wind anvertraut, um möglichst viele andere Blüten der gleichen Art zu befruchten. Da die Wahrscheinlichkeit, dass die vom Wind getragenen Pollen auf eine andere Blüte treffen, relativ gering ist, müssen die Mengen der zur Weiterverbreitung notwendigen Pollen extrem groß sein. Dieses insofern relativ unökonomische Unterfangen erfahren heute noch insbesondere Allergiker, die unter den sehr kleinen und leichten, flugfähigen z. B. Gräserpollen leiden.

Eine weitere, wenn auch seltene Form der Fremdbestäubung, erfolgt über das Wasser *(Hydrogamie)*. In stehenden oder fließenden Gewässern kommt die Nutzung des Wassers zur Bestäubung lediglich bei einigen Wasserpflanzenarten zum Tragen.

Während mit den von den Pflanzen kaum beeinflussbaren Pollenträgern Wind und Wasser die Samen nur zufällig auf die Zielblüten treffen, hat sich die *Zoophilie*, also die mit Tieren einhergehende Pollenübertragung, als eine in Koevolution erworbene Anpassung der Pflanzen (Tierblütigkeit) sehr weit und facettenreich entwickelt. Die Pflanzen haben ihre Blüten hinsichtlich Form, Farbe, Duft und Aufbau auf eine biotische Bestäubung durch bestimmte Tierarten spezialisiert.

Die dazu vom Bestäuber nutzbaren Ressourcen, wie Pollen, Nektar, Fette, (Duft-)Öle, Harze oder auch Schlafplätze, sind einzigartige Verlockungen für die ebenfalls evolutionär angepassten und sich weiterhin anpassenden tierischen Bestäuber. Die Vielfalt dieser Blüten und Insekten ist das Ergebnis von Millionen Jahren der Koevolution zwischen eben diesen Pflanzen und Tieren. Die Blütenpflanzen, also insbesondere die Bedecktsamer wie Blumen, Gräser und alle fruchtausbildenden Pflanzen, zählen zu den erfolgreichsten Arten der gesamten Flora auf dem Planeten Erde.

VON SOLITÄREN UND STAATENBILDENDEN BIENEN

Die beschriebene Koevolution bestimmter Pflanzen, die mit optischen oder olfaktorischen Auffälligkeiten insbesondere Insekten anlockten, ihre Befruchtung zu unterstützen, und auf der anderen Seite die Insekten, die den Blütenstaub als eiweißreiche Nahrungsquelle und den angebotenen, süßen Nektarsaft entdeckten, liegt in tiefer Vergangenheit. Doch auch heute noch entwickeln sich artenübergreifend Kooperationen und Symbiosen. Viele davon entdecken und verstehen wir erst langsam. Nicht nur der darwinsche Kampf ums Überleben, *Jeder gegen Jeden*, bestimmt die evolutionäre Entwicklung, auch eine gegenseitige Kooperation unterstützt den Arterhalt und eine langfristige Sicherung des Überlebens (Pilze und Bäume als Beispiel).

Eine zweite Entwicklung, tief im Brunnen der Naturgeschichte, ist die des Sozialverhaltens bestimmter Tierarten, insbesondere bestimmter Insektenarten, der sozialen Bienen. Die Belege für die Ursprünge, Gründe und Bedingungen für die evolutionäre Entwicklung der Insektengruppe der Bienen *(Apiformes)* sind rar und unsicher, denn sie beginnt weit vor der Geschichte der Menschheit.

Naturforscher gehen heute davon aus, dass die heute sozial hochorganisierten Insektenarten aus denjenigen hervorgegangen sind, die eine geringere Organisationstruktur aufwiesen.

„Wir kennen keine heute lebenden staatenbildenden Insekten, die wir als unmittelbare Vorfahren der Honigbiene betrachten können.“ (Frisch 1993, S. 256).

Uns stellen sich mindestens zwei Fragen: Wie und warum verlief bei einigen Arten eine evolutionäre Entwicklung von den zu Beginn einzeln lebenden Insekten dahingehend, dass sie im Verbund ihre Tätigkeiten und Rollen spezialisierten und in großen Gemeinschaften zusammenwuchsen? Und: Wie und warum lebt dennoch die überwiegende Anzahl der uns heute im 21. Jahrhundert bekannten Bienenarten weiterhin als Einzelwesen und nur die Honigbiene in hoch sozialen Volksgemeinschaften?

Weltweit leben heute 20 000 bis 30 000 Bienenarten in fast allen Klimazonen der Erde. Viele werden immer noch neu entdeckt, klassifiziert und erstmalig beschrieben. In Europa nimmt die Diversität der Bienenarten von den skandinavischen Ländern in Richtung Süden zu. So zählt man auf den Britischen Inseln rund 300, in Spanien oder Italien rund 1000 Arten. In Deutschland leben gut 560 verschiedene Bienenarten (vgl. Westrich, 2018; Schindler, 2017), allerdings in drastisch abnehmender Tendenz (siehe dazu im Service unter: Krefelder Studie, S. 205).

Viele Menschen sind erstaunt, dass es neben der allseits bekannten Honigbiene so viele andere Bienenarten gibt, deren vielfältiges Aussehen und deren Lebensweise sich von der staatenbildenden Honigbiene so sehr unterscheiden. Mit „Bienen“ sind umgangssprachlich daher oftmals nur die Honigbienen gemeint und mit „wilden Bienen“ diejenigen Honigbienenvölker, die sich als Schwarm vom Muttervolk eines Imkers aufgemacht haben, um ein neues Zuhause zu finden oder ohne Eingriffe des Menschen im Wald dauerhaft leben.

Wildbienen

Den Begriff Wildbiene nutzte erstmalig 1791 der Insektenforscher J. L. Christ für die vielen Bienenarten, die zwar verwandt mit der Honigbiene sind, aber keine Lobby wie diese haben (da für den Menschen nicht profitabel). Ihre vielfältigen Lebensräume, Vermehrungsstrategien, Nahrungsquellen oder Nistplätze sind daher kaum erforscht. In „Die Wildbienen Deutschlands" hat aktuell Paul Westrich (Westrich 2018) auf über 800 Seiten seine umfangreichen Recherchen zusammengestellt.

Bei manchen Arten sehen diese wilden Verwandten der Honigbiene täuschend ähnlich, andere sind viel kleiner und gleichen eher geflügelten kleinen Ameisen oder parasitieren bei denjenigen, denen sie ähneln. Sie bauen Zellen, sammeln Nektar und Blütenstaub und befruchten in Kooperation mit ihren hoch organisierten Verwandten die mannigfaltige Welt der Blütenpflanzen, teilweise hoch spezialisiert auf eine einzige Blütenart, oft in eigenartigen Lebensweisen und -formen. Die Aktions- und damit Sammelradien betragen dabei oft nur wenige Hundert Meter. Jedes Weibchen sorgt nach der Befruchtung allein für die Unterkunft und die Nahrung genau seiner Nachkommen, ohne sie jemals nach dem Schlupf zu Gesicht zu bekommen. Sie bauen ihre Nester im Freien unter

Besetzte Nisthilfen für Wildbienen.

Ästen, in leeren Schneckenhäusern, legen in hohlen Gängen ihre Nachkommen ab oder graben in Böden Gänge, an deren Enden die Eier sich, mit Futter versorgt, entwickeln.

Bei manchen Arten hingegen bauen mehrere Weibchen gemeinsam Gänge und nutzen diese in nachbarschaftlicher Kooperation zur Eiablage. Noch weiter gehen die Arten, die gemeinsam Feinde abwehren oder in größerer Gesellschaft von Weibchen in einem verlockenden Unterschlupf überwintern. Doch dieser lockere Gemeinschaftssinn wirkt sich nicht auf die innere Aufgabenverteilung der Gruppe aus, es sind weiterhin Solitär- oder Einzelbienen.

Hummeln

Diese Bezeichnung trifft hingegen nicht mehr nur auf solche Insekten zu, deren Weibchen zwar im Frühjahr alleine beginnen, Nachkommen zu produzieren, aber diese so langlebig betreuen, dass sie ihre Kinder kennenlernen. Manche dieser Arten bilden in ihrem Grad der Sozialorganisation darüber hinausgehende Übergänge zu den hoch organisierten, spezielle Aufgaben verteilenden Sozialgemeinschaften.

Die bekannteste unter ihnen ist die Hummel, deren verschiedene Unterarten auch in die Familie der Echten Bienen (Apidae) eingeordnet werden. Sie ist die einzige Biene, die es – vielleicht durch ihre Art zu fliegen und ihre leichte Unterscheidung von der Vielzahl der anderen – geschafft hat, mit einem eigenen Namen in die Alltagssprache Einzug zu halten.

In Meisenkästen oder auch in einem Mäuseloch (siehe Hinweis auf Film im Service unter Hummeln), zwischen Grasbüscheln mitten in einer Wiese, zwischen Sträuchern oder unterirdisch, baut das Weibchen in einer solitären Phase zunächst ein handtellergroßes Wabennest, in der es seine ersten Eier ablegt. Sobald die ersten weiblichen Nachkommen aus den von der Mutter versorgten Zellen schlüpfen, übernehmen sie als „Hilfsweibchen" die Versorgung der weiteren Nachkommenschaft. Nicht mehr nur im kommunalen Nebeneinander, sondern in einer sozialen Aufgabenverteilung wächst dann das Hummelvolk bis zu mehreren Hundert Individuen im Jahr heran. Darunter sind in der späteren Phase männliche und voll ausgebildete weibliche Hummeln, die das genetische Erbgut ins nächste Jahr tragen. Die wenigen geschlechtsreifen Weibchen, die noch im Spätsommer begattet werden, suchen im lockeren Boden oder in Erdlöchern, die im Frühjahr von der Sonne erwärmt werden, nach einem trockenen Unterschlupf, um die Kälte des Winters zu überstehen. Wenn den Jungköniginnen ihre bis in den Herbst hinein gesammelten Vorräte an Nektar und Pollen, in ihrem Körper eingelagert (bis zu 200 mg Nektar, das sind mehr als 1/4 des Lebendgewichts), ausreichen, beginnen sie ihrerseits, sehr früh im nächsten Frühjahr, einen geeigneten Nistplatz zu suchen, um ihre eigenen Völker aufzubauen.

Die alten Mütter hingegen, die Hummelköniginnen des Vorjahres, wie auch deren anderen Töchter und Söhne, verenden jedoch noch im ersten Jahr.

Während die Weibchen der Solitärbienen die Eier in ihre eigenen Nester legen, die kommunal lebenden Bienen sich z. B. Eingang oder Verteidigung teilen, bilden die Hummeln mit gemeinsamer Brutfürsorge und -pflege schon eine soziale Lebensgemeinschaft. Verschiedene Wespenarten, wie auch die größte in Mitteleuropa lebende Wespe, die Hornisse (*Vespa crabro*), gehören ebenso zu dieser Gruppe der sozialen Insekten.

Honigbienen

Die Honigbienen (damit sind hier und im Folgenden die Westliche Honigbiene, *Apis mellifera,* oder auch Europäische Honigbiene mit ihren Unterfamilien gemeint) bilden durch ihren Zusammenschluss von unabhängigen Organismen zu Superorganismen die nächste Stufe in der Hierarchie der Komplexität lebender Systeme. Bei ihnen haben sich

- eine gemeinsame Nestgründung,
- eine Teilung in fruchtbare Geschlechtstiere und unfruchtbare Hilfstiere,
- eine gemeinsame, kooperative Brutfürsorge und -pflege durch mehrere Tiere,
- mehrere unterscheidbare Teilgruppen (Kasten), die arbeitsteilig verschiedene Aufgaben erfüllen,
- ein Zusammenleben mehrerer Generationen (Mutter mit ihren Töchtern und Söhnen),
- eine gemeinsame Nahrungsbeschaffung, -bevorratung und -verteilung zur Überbrückung von Mangelzeiten, insb. der Überwinterung und
- der soziale Futteraustausch unter den erwachsenen Tieren (Trophallaxis),

in der evolutionären Entwicklung ausgebildet.

Die Verbände, die diese Voraussetzungen erfüllen, werden als staatenbildende, hoch oder komplex eusoziale Arten bezeichnet. Zu diesen hoch eusozialen (*von griechisch εὐ = gut und lateinisch socialis = die Gesellschaft betreffend, kameradschaftlich*) Arten zählen insbesondere die Hautflügler (Hymenoptera). Neben den Honigbienen gehören hierzu auch Ameisen oder Termiten. Unerforscht und wenig bekannt sind einige wenige andere Lebewesen mit eusozialem Verhalten wie die im Meer lebenden Knallkrebse (*Synalpheus regalis*) oder die an Land lebende Nagetierart der Nacktmulle (*Heterocephalus glaber*). (Vgl. Duffy 1996, Welsh 2013)

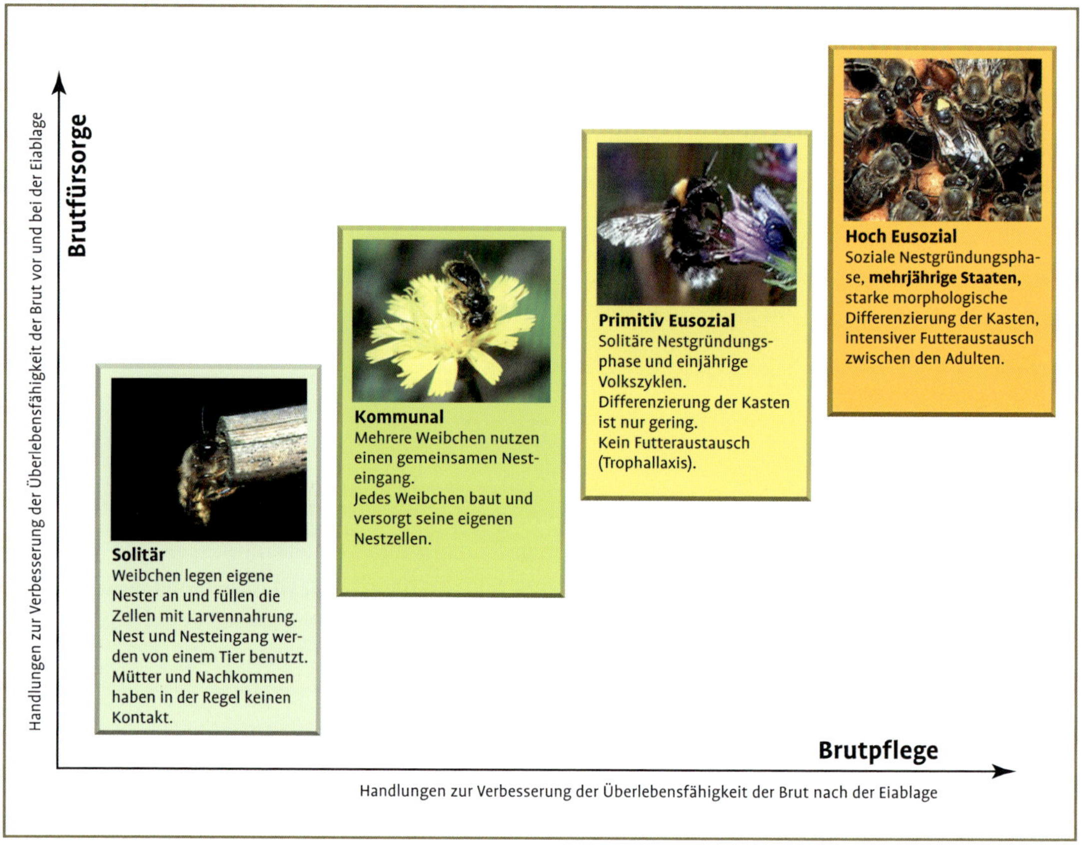

Brutfürsorge

Handlungen zur Verbesserung der Überlebensfähigkeit der Brut vor und bei der Eiablage

Solitär
Weibchen legen eigene Nester an und füllen die Zellen mit Larvennahrung. Nest und Nesteingang werden von einem Tier benutzt. Mütter und Nachkommen haben in der Regel keinen Kontakt.

Kommunal
Mehrere Weibchen nutzen einen gemeinsamen Nesteingang. Jedes Weibchen baut und versorgt seine eigenen Nestzellen.

Primitiv Eusozial
Solitäre Nestgründungsphase und einjährige Volkszyklen. Differenzierung der Kasten ist nur gering. Kein Futteraustausch (Trophallaxis).

Hoch Eusozial
Soziale Nestgründungsphase, **mehrjährige Staaten,** starke morphologische Differenzierung der Kasten, intensiver Futteraustausch zwischen den Adulten.

Brutpflege

Handlungen zur Verbesserung der Überlebensfähigkeit der Brut nach der Eiablage

Brutfürsorge und Brutpflege von solitär bis hoch eusozial (nach Schindler 2017).

Diese verschiedenartige Ausprägung von (eu-)sozialem Miteinander findet sich sowohl in der *gegenwärtigen* Tiervielfalt wieder als auch in der Entwicklungs*geschichte*, die sich scheinbar wie in einer aufsteigenden Komplexität des Zusammenlebens von Einzelwesen zu hoch eusozialen Lebensgemeinschaften entwickelt hat.

Symbiosen, Räuber und Parasiten der Bienen

Keine dieser solitär bis hin zu den hoch eusozial lebenden Lebensformen ist dabei gegen Feinde vollkommen geschützt. Denn parallel zu dieser kooperativen Entwicklung entwickelten und bilden sich damals wie heute in Fauna und Flora immer auch solche Arten aus, die in einer symbiotischen, räuberischen oder parasitären Art und Weise ihren Fortbestand sichern und sich anpassen. 30 % aller Bienenarten leben parasitär. Nicht selten haben sich die einen aus den anderen entwickelt oder sind sogar nahe miteinander verwandt (siehe dazu die umfangreich bebilderten Ausführungen in Westrich 2018, S. 81 f.).

Kein Lebewesen existiert für sich alleine, keines kann ohne die Vielzahl anderer Lebensformen existieren. Die dabei von uns definierte Unterscheidung zwischen *Nützling* und *Schädling* hat sich in unserer Sprache tief verfestigt. Für ein Bienenvolk in einem hohlen Baum ist das am Höhlenboden entstandene Biotop existenziell lebensnotwendig und nicht nach Nützling und Schädling unterscheidbar. Das vom „Vormieter" hinterlassene und durch eigene Hinterlassenschaft gebildete *Gemüll* bildet einen Teil der Lebensgemeinschaft. Zwischen den darin lebenden Spinnentieren, Asseln und vielzähligen Mikroorganismen besteht eine gegenseitige Abhängigkeit von Fressen-und-gefressen-Werden bzw. von Gesundheitssymbiosen. Der Übergang von nützlichen und feindlichen Mitbewohnern ist dabei fließend und oft gar nicht zielführend beim Versuch, die gemeinsamen Lebensräume zu beschreiben.

Auch die solitär lebenden Bienen sind in ihrem oft kleinen Lebensraum mit einer Vielzahl von Pflanzen und Tieren verknüpft. Manchmal leben sie in großen Kolonien der gleichen Art nahe zusammen und schlüpfen zeitgleich mit ihren Artgenossen aus dem Boden. Wie bei manchen Mücken-, Fliegen- oder Schmetterlingsarten finden sich nahezu gleichzeitig viele Individuen ein, um so eine Befruchtung und damit Vermehrung sicherzustellen. Hunderte bis Tausende bodenbrütender Wildbienen kann man daher an einem Sommertag bodennah fliegen sehen. Auch vor den vom Menschen gebauten Nisthilfen (Insektenhotels) sieht man sie dann an bestimmten, warmen Frühsommertagen in großer Anzahl, zunächst die schlüpfenden männlichen Wildbienen, die schon auf die kurze Zeit später folgenden, weiblichen Artgenossen warten, um sie zu begatten.

Die Anzahl der Individuen wird auch hier von den ihnen gegenüberstehenden parasitären und räuberischen Arten begrenzt. *Kleptoparasitäre* Bienenarten haben es auf Futter, Baumaterial oder gar auf die Brut abgesehen. Sie stehlen diese oder übernehmen direkt das gesamte Nest. Nur die *Sozialparasiten* sind noch radikaler: Diese Arten bauen erst gar kein eigenes Nest oder sorgen sich um Futter, sondern lassen ihre Brut direkt von anderen Bienen aufziehen. Westrich nennt z. B. die Kuckuckshummel (*Bombus-Psithyrus*) als typisches Beispiel eines Sozialparasiten (vgl. Westrich 2018, S. 82).

Neben den vielen anderen Lebewesen, die mit den Bienen in einem ausgeglichenen Wechselspiel stehen, sind die Vögel besonders zu erwähnen, nicht als Räuber, sondern eher als Nutznießer und Entsorger. Sie profitieren von den vielen meist kurzlebigen Insekten oder aber auch von den Larven der Bienen, die sie manchmal auch aus Nisthilfen herauspicken. Die Bedeutung als Nahrungsspender im Naturgefüge wird deutlich, wenn man bedenkt, dass ein einziges Honigbienenvolk den Vögeln pro Jahr in einer Größenordnung von bis zu einigen Kilogramm Nahrung in Form von toten Bienen anbietet.

VON BIENEN UND MENSCHEN

Die dritte Entwicklung ist die Geschichte der Beziehung zwischen der Honigbiene, die sich seit mehr als 40 Millionen Jahren auf dem Planeten entwickelt hat, und dem vor wenigen Hunderttausend Jahren auftauchenden Homo sapiens. Beide, der frühe Mensch und die Biene, haben sich aus Südostafrika kommend bis heute – abgesehen von den Polarzonen – auf allen Kontinenten ausgebreitet. Und beide haben sich den klimatischen Schwankungen angepasst und sich in vielen Bereichen, zumindest in Grenzen, unabhängig von ihrer Umwelt gemacht.

Menschen trafen Vorsorge in Bezug auf die Herstellung von Kleidung, Häusern, die Nutzung des Feuers und externer Wärmequellen sowie Nahrungsbeschaffung, Anbau und schließlich Herstellung von Lebensmitteln. Bienen suchten sich geschützte Baumhöhlen mit ausreichend dicken Wänden, sammelten den in der Blütezeit eingetragenen Energievorrat in Form von Honig. Ohne diesen Vorrat können sie Kältephasen der Wintermonate nicht überleben, sie erfrieren. Entsprechend wird dieser Vorrat geschützt und im Falle eines räuberischen Angriffes auf Leben und Tod verteidigt. Zwischen der eigenen Art der im Wald in größeren Abständen von durchschnittlich knapp einem Kilometer lebenden Bienenvölker finden höchst selten Räubereien statt, wie wir von den Untersuchungen durch Thomas Seeley wissen. Doch verschiedenste andere Waldbewohner sind bemüht, zumindest einen Teil dieses wertvollen Energievorrats, besonders in den kälteren, nahrungsarmen Wintermonaten, zu räubern. Insbesondere der im Wald umherstreunende dunkle Bär findet mithilfe seines Geruchssinns den süßen Vorrat der Bienenvölker unwiderstehlich. Auch wenn das nur einer der Gründe ist, warum Bienenvölker Baumhöhlen oberhalb von fünf oder mehr Metern bevorzugen, hat sich das Abwehrverhalten der Bienen bei dunklen Angreifern evolutionär eingebrannt. Es muss in den Jahrtausenden zwischen Bienen und Bären einige Abwehrkämpfe zwischen kräftigen Tatzen und vielen Stichen ins Gesicht gegeben haben. Dunkel gekleidete Neuimker erfahren dies leidvoll auch heute noch.

Aus der Sicht der Bienenvölker ist der Homo sapiens, ebenso wie der Bär, zunächst ein Räuber ihrer Produkte. Mit den ersten Begegnungen zwischen den Bienen und den Menschen, vermutlich vor mehr als 12 000 Jahren, entwickelte sich eine zunächst einseitige Beziehung. Der menschliche Jäger sucht im Wald nach einem Bienenvolk mit Honigvorräten und entnimmt trotz der sich durch Stiche verteidigenden Insekten einen Teil des Honigs.

Die geschichtliche Beschreibung dieser Beziehung ist natürlich die aus Sicht des Räubers und Kultur schaffenden Menschen selbst. Zumeist wird sie anhand der Bienenprodukte, wie Honig, Wachs etc., oder ausschließlich entlang der

Entwicklung der von den Menschen gebauten Bienenunterkünfte verfolgt. Zu wenig wird dabei der Aspekt unserer Sichtweise auf die Biene selbst, auf unsere Einstellung und das damit einhergehende Wissen und die Erfahrung vom natürlichen Leben der Biene beachtet. Neben dem Aspekt der Bienenprodukte und dem Aspekt der Entwicklung der Imkerei (Behausungen, Betriebsweisen) soll im Folgenden daher auch reflexiv auf die Veränderung unseres Blickwinkels auf die Biene, auf unsere „Bienenideologie" geachtet werden.

Aspekt Bienenprodukte

Die online unter dem Stichwort *Geschichte der Imkerei* und aus vielen Imkerfachbüchern bekannte Felsenzeichnung ist wohl der älteste Beleg für die Begegnung zwischen Mensch und Biene. In der als *Honigjäger* bekannten, acht- bis zwölftausend Jahre alten Felszeichnung aus mesolithischer Zeit erkennt man eine auf einen Baum gekletterte schlanke Person, die mit einer Hand Honig und/oder Wachs aus einer Bienenhöhle hoch am Baum entnimmt, und in der anderen, von Bienen umschwirrt, ein Sammelgefäß hält.

Neben dem erlegten Wild, den Insekten und den gesammelten Körnern und Früchten stand seit dieser Zeit, nun als etwas ganz Besonderes, süßer Honig auf dem Speiseplan derjenigen, die es verstanden, Bienenbehausungen zu finden und Honig zu entnehmen. Über Jahrtausende hinweg lernten die zumeist noch

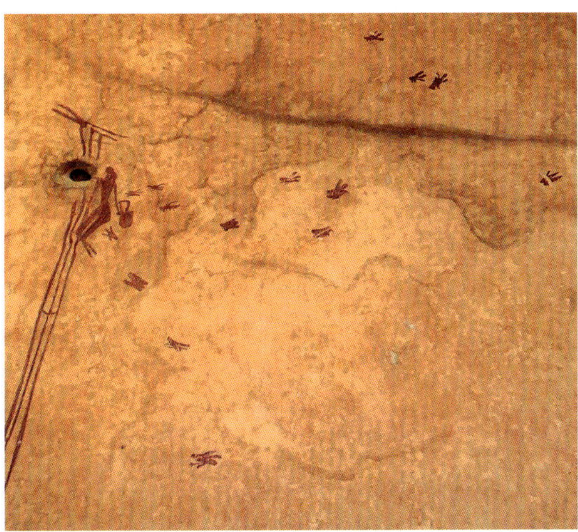

In den Cueva de la Araña (bei Bicorp, nahe Valencia, Ost-Spanien) wurden in den 1920er-Jahren einige kleine Höhlen mit levantinischer Höhlenmalerei entdeckt, die von der UNESCO als Weltkulturerbe erklärt wurden. Darunter ein Honigsammler an einem Bienennest, der ein Gefäß zum Abtransport der Honigwaben hält.
Diese ca. 10 000 Jahre alte prähistorische Felsenzeichnung ist die älteste Honigjäger-Darstellung Europas. Rechts eine grobe Umzeichnung.

als Jäger, dann in sesshaften Gruppen lebenden Menschen die Produkte der Bienen zu schätzen. Mit Bildung größerer Ansiedlungen und später in den frühen Hochkulturen Nordafrikas, Asiens und Südeuropas, wurde Honig als *göttlicher Nektar* geschätzt und verehrt. Hinzu kam das von den Bienen hergestellte und von Menschen erbeutete Wachs. Bienenwachs war besonders im Mittelalter als Lichtquelle der oberen Schicht im Alltag auf den Burgen und Schlössern und in den Kirchen und Klöstern ein wichtiger Rohstoff. Er erhellte, zu Kerzen geformt, kulturübergreifend Jahrtausende menschlichen Beisammenseins. In der Medizin, der Kunst und in der Technik (u. a. zum Abdichten) war das Bienenwachs Jahrhunderte hindurch unersetzlich. Mit der Einführung der Öllampen und später des elektrischen Lichts wurde das Bienenwachs immer weniger als Lichtquelle eingesetzt.

Die Produkte, die wir uns seitdem von den Bienen nehmen, seien es Honig, Wachs, Pollen, Propolis oder gar das Gift der Bienen, zur eigenen Nahrung, Nutzung in Kultur oder Medizin, spiegeln auch die technische Entwicklung und den jeweiligen Zeitgeist wider.

Honigbiene auf Lavandin (Hybride aus der Gattung Lavendel, Lavandula), Nektar-Pollenwert: 4-2 in unserem Kräutergarten.

Bienen waren für den Menschen sowohl nutzbare Wesen, von denen wirtschaftlich Produkte genommen werden konnten, als auch Objekte, deren Zusammenleben faszinierte und in die, aus dem jeweiligen Zeitgeist heraus, vieles interpretiert wurde.

Aspekt Ideologie

Im alten Ägypten, vor rund 5000 Jahren, wurden Tiere mystisch verehrt und Bienen waren als Symbol der Pharaonen hoch angesehen (siehe Hannig 2001). In den nachfolgenden Hochkulturen der Griechen und Römer wurden Bienen als leuchtende Vorbilder für den Menschen gepriesen. Bedeutende Denker befassten sich mit den *Vögeln der Muse*, bezeichneten die Bienen als *Boten der Götter*. Aristoteles (384 bis 322 v. Chr.) betrieb erste wissenschaftliche Studien an Bienen, wunderte sich dabei über bestimmte Verhaltensweisen wie die Blütenstetigkeit oder den Bienentanz, konnte diese jedoch auch in seiner verfassten Tierkunde (*Historia animalium*) nicht erklären und interpretierte fälschlich die Sammelflüge der Bienen als das Sammeln von Wachs (vgl. Hinweis im Kapitel *Natürliche Gesunderhaltung der Honigbiene*, S. 91).

Der Bienenstaat diente in der kulturellen Entwicklung des Menschen zunehmend zur Übertragung, Deutung und Machtausnutzung der jeweiligen Erklärungsmuster einer geschichtlichen Sicht. In einer aktuellen Dissertation (Stripf 2018) entlarvt der Autor Rainer Stripf von der Antike bis zum 18. Jahrhundert die jeweiligen kulturhistorischen Sichten auf die Bienen, als „vereinfachtes Modell, komplexe Staatsformen und Regierungspraktiken metaphorisch aufleuchten zu lassen“ (Stripf 2018, S. 20). „Der politische Verwendungszweck der Bienensymbolik korrelierte [...] mit den jeweiligen zeitgenössischen Bedürfnissen und die Metaphern wandelten sich kontinuierlich. Bienenstaat und Menschenstaat wurden immer wieder gedanklich verknüpft und durch neue Assoziationen ergänzt“ (ebd. S. 21).

Stripf zeigt mit Schwerpunkt auf die Neuzeit, „dass der Bienenstaat als Projektionsfläche für politische Gesellschaftsmodelle bis heute ungebrochen ist“ (a. a. O.).

So diente der Bienenstaat in der Kulturgeschichte als Vorbild für moralische oder sittliche Verhaltensweisen. Als ein gerechter Herrscher, der Gehorsamkeit verlangte, war der König des Bienenvolkes, der Weisel (heute als Bienenkönigin erkannt, als die Weisel bezeichnet) bis ins 17. Jahrhundert hinein hilfreich, männliche Ordnung vorzugeben. Bei Königen, Fürsten und anderen Herrschern wurden mit Wandausstattungen, Umhängen (z. B. die des Sonnenkönigs Ludwig XIV), Münzprägungen und vielen anderen Artefakten diese herrschaftlichen Symbole gefestigt.

Die Abbilder, die wir uns machen, beeinflussen unser Denken und damit auch unser Handeln. Unsere Tierhaltung im doppelten Sinn gemeint (siehe dazu: Precht 2017), die Art und Weise, wie wir sie zunächst wild erleben, manche domestizieren und ihnen eine von uns geschaffene Umgebung bauen, zeigt sich auch in der Geschichte der Bienenhaltung.

Aspekt Bienenhaltung

Schon sehr früh entwickelte sich neben der jagdmäßigen Erbeutung von gefundenen freilebenden Bienenvölkern eine von Menschen gestaltete Haltung der Bienen. Archäologische Belege deuten auf früheste Wurzeln der Bienenhaltung in Ägypten hin. Andere lassen vermuten, dass eine Bienenhaltung schon wesentlich älter ist und die Grundkenntnisse über Haltung von Haustieren, eingeschlossen der Honigbiene, vermutlich schon vor rund 7000 Jahren in den frühneolithischen Dorfkulturen Zentralasiens bestanden.

Die von Ehrfurcht den Tieren gegenüber geprägte und mit mystischen Tiersymbolen reichlich ausgestattete ägyptische Hochkultur entwickelte jedoch erstmalig eine systematische Bienenhaltung. In aufeinandergestapelten Tonröhren und mit dem Schlamm des Nils verschlossen, wurden die Tongefäße anschließend mit einem kleinen Flugloch versehen. Nachdem ein Bienenvolk eingezogen war und Honig in die selbstgebauten Waben eingetragen hatte, räucherte man den Krug aus, sodass das Volk komplett ausflog und sich eine neue Unterkunft suchte und entnahm dann aus dem nahezu bienenfreien Behälter den Honig.

Die Bienenhaltung entwickelte sich in vielen antiken Kulturen rund um das Mittelmeer und in Asien weiter fort. Unter dem Stichwort *Geschichte der Imkerei* findet sich dazu umfangreiche weiterführende und interessante Literatur.

Mit Verlusten von Kulturwissen, wie in vielen anderen Bereichen, begann im dunklen Mittelalter, auch zwischen Bienen und Menschen, ein neues Kapitel der Geschichte zwischen *Apis mellifera* und *Homo sapiens*.

Beutner oder Zeidler nannte man die gewerbsmäßigen Sammler von Honig aus den Wäldern. Sie waren zur Abwehr von Räubern und wilden Bären mit einer Armbrust ausgestattet und hoch angesehen. Um nicht tief im Wald nach Bienenbäumen suchen zu müssen, erleichterten sie sich die Arbeit, indem sie in alte, dicke und hohe Bäume Höhlen (Beuten) mit ihren Äxten hieben. Diese auf Seilen oder auf Sitzbrettern in etwa sechs Metern Höhe ausgehöhlten künstlichen Bienenbehausungen verschlossen sie mit einem Brett, das schon zuvor mit einem Flugloch versehen war. Nicht immer konnten sie im ersten Jahr danach schon Honig von einem eingezogenen Volk ernten. Vielmehr hofften

Alte Klotzbeuten erleben heute eine Renaissance. Hier ein Beispiel aus Südfrankreich mit Schieferabdeckung.

sie, dass Lage, Größe und Ausrichtung der Aushöhlung den Bedürfnissen eines wilden Bienenschwarms entsprachen.

In einer weitergehenden Entwicklung wurde nicht nur an einem stehenden Baum eine Behausung herausgearbeitet, sondern der Teil des Baumes mit der Bienenbehausung als Klotzbeute genutzt. Neben dem Vorteil der nun transportfähigen Bienenwohnung waren für den Zerfall der sich bis ins 18. Jahrhundert in Zentraleuropa gehaltenen Zunft der Zeidlerei jedoch verschiedene Entwicklungen dieser Zeit verantwortlich: die mit der Zunahme der landwirtschaftlichen Flächen, der Industrialisierung und der Stadtentwicklung einhergehenden Waldverluste, die zunehmenden Wachs- und Honigimporte und die Einfuhr von Zucker als Honigkonkurrenz (vgl. Stripf 2018, S. 27).

Übergang zur ökonomisch ausgerichteten Imkerei

Die nun transportablen Bienenwohnungen, die Klotzbeuten, stellen den Übergang zu einer planmäßigen Imkerei dar. Während zuvor den Bienen nur ein Teil ihrer Vorräte weggenommen wurde und durch vorsichtiges Ausschneiden der Waben die Bienen zur Verjüngung des Wabenbaues veranlasst wurden, spiegelt sich in den neuen Erntemethoden eine wachsende Geringschätzung des Bienenvolkes wider, bei der das Abtöten der Völker in Kauf genommen wurde, um möglichst viel Honig zu ernten. Viele vorindustrielle Entwicklungen veränderten und beschleunigten die nun aufkommende Imkerei.

Man begann mit geflochtenen Strohkörben oder Rutenstülpern, die wesentlich leichter als die schweren Klotzbeuten waren, mehrere Bienenvölker nahe am Wohnort aufzustellen. Bienen waren fortan nicht mehr Subjekte im fernen Wald, von denen Honig erbeutet werden konnte, sondern wurden zu Objekten, die beobachtet und denen künstliche Behausung angeboten werden konnte. Es entwickelte sich eine Vielzahl von verschiedenen Formen und Typen von Behausungen aus den verschiedensten Materialien.

Da die von den Bienen gebauten Waben fest mit den Oberseiten der Beuten verbunden wurden, mussten diese zur Honigernte herausgeschnitten und damit ein Großteil des Wabenwerkes zerstört werden. Eine der radikalsten Veränderungen erfuhren die Bienen, als man diesen von den Bienen in Form und Abstand selbst bestimmten *Stabilbau* durch einen *Mobilbau* ersetzte. Mit dieser sich immer weiter durchsetzenden Betriebsweise wurden den Bienen mittels in die Beute eingeführter Rähmchen der Abstand und die Form ihrer Waben vorgegeben. Imker konnten so einzeln die mit Honig gefüllten Waben entfernen und durch bereits geerntete, leere Waben ersetzen. Jede Wabe konnte je nach Beutentyp zur Seite oder nach oben herausgenommen und an anderer Stelle im Nest wieder eingebaut werden, ohne das gesamte Nest zu zerstören.

Durch die nun beweglichen Wabenrähmchen (1853, August Freiherr von Berlepsch), mit einer Wachsmittelwand (1858, Johannes Mehring) versehen, wurde die Honigernte durch die Nutzung einer Honigschleuder (1865, Franz von Hruschka) optimiert. Die Vereinfachung der imkerlichen Tätigkeiten und Anpassung der Materialien und Geometrien der Behausungen an die Bedürfnisse der Imkerschaft bestimmten die Entwicklung. Im Wettstreit um die beste Betriebsweise galt das Credo: *Dem Bien genehm, dem Imker bequem.*

Das Interesse und die Diskussionen wendeten sich zunehmend hin zu den neuesten Techniken, Verfahren und Geometrien, wobei eine Vielzahl von Beutenformen und -maßen aus verschiedensten Materialien entstanden. Die sogenannten *Segeberger Beuten* aus Hartschaum-Polystyrol im *Deutsch-Normal-Maß* sind ein solches Relikt, das sich in Deutschland bis heute hält. So wie das DN-Maß politisch als Durchschnittswert aller Rahmenmaße festgelegt wurde, so wurde auch in Organisationen die Biene mehr und mehr eine politische Biene.

Schon 1815 wurde die Ambrosius-Bruderschaft Straelen als wohl ältester Bienenzuchtverein in Deutschland gegründet und auch als Vorläufer heutiger Imkerorganisationen verstanden. Ferdinand Gerstung (1860–1925) war einer der Begründer des *Deutschen Reichsvereins für Bienenzucht*, aus dem später der Deutsche Imkerbund entstand.

„Imker und Naturforscher waren von den Bienen derart fasziniert, dass das Schrifttum über Bienen nicht versiegte und neue Erfindungen in der Imkerpraxis die Entwicklung forcierte.“ (Stripf 2019, S. 13)

Nachfolgend eine Auswahl von Bienenforschern (mit Stichworten ihres Schwerpunktes), die im 19. und 20. Jahrhundert die Entwicklung mit Methoden, Systemen oder Theorien vorantrieben (in chronologischer Auflistung, vgl. dazu Link im Service unter „Imkerforscher“):

- Christian Konrad Sprengel (1750–1816) Pflanzen-Bestäubung durch Bienen
- Lorenzo Lorraine Langstroth (1810–1895) Bienenabstand/„bee-space“
- Johann Dzierzon (1811–1906) eingeschlechtliche Vermehrung, Bienenstock
- August von Berlepsch (1815–1877) bewegliche Wabenrähmchen
- Johannes Mehring (1815–1878) künstlichen Mittelwände
- Charles Dadant (1817–1902) Rahmenmaß
- Franz von Hruschka (1819–1888) Honigschleuder
- Gregor Johann Mendel (1822–1884) Vererbungslehre
- Georg Ferdinand Gerstung (1860–1925) Gründung Reichsverein Bienenzucht (DIB)
- Émile Warré (1867–1951) Volksbeute
- Guido Sklenar (1871–1953) Kunstschwarm
- Enoch Zander (1873–1957) Bienenkunde, Honiganalyse
- Ludwig Armbruster (1886–1973) Bienenzüchtungskunde
- Karl Kehrle (Bruder Adam) (1898–1996) Buckfast-Zucht

Millionen von Jahren lebten die Bienenvölker ohne Menschen, wenige Tausend Jahre lang war der Mensch Räuber von Honig und Wachs einiger weniger Bienenvölker im Wald. In den rund 200 Jahren vom Beginn des 19. Jahrhunderts an veränderten die Menschen nicht nur den Lebensraum der Bienen durch Abholzung alter Bäume soweit, dass ihnen immer weniger natürliche Behausungen blieben, sondern sie holten auch einen immer größeren Anteil der gesamten Bienenpopulation in eine von der Imkerschaft vorgegebene Lebenswelt und bestimmten damit für die Bienen:

- den Standort (Klima, Höhe, Ausrichtung, Trachtumgebung)
- die Bienendichte, den Abstand zum Nachbarvolk (übereinander, direkt nebeneinander, eine meist hohe Anzahl von Völkern auf einem Stand)
- die Wohnungsform, Geometrie und Material ihrer Behausung (meist eckig, dünnwandig und aus verschiedenen, oft künstlichen Materialien)
- ihre Wabenstruktur, die im Mobilbau durch die Rahmen vorgegeben wurde
- wann und welche Teile des Wabenbaus entnommen, geöffnet oder das ganze Volk geteilt wurde je nach aktueller Betriebsweise des Imkers, seinen Werkzeugen und Hilfsmitteln.

Da immer größere Mengen an Honig entnommen und durch optimierte Technik leicht weiterverarbeitet werden konnten, wurde von da an eine Winterfütterung der Völker mit Zuckerwasser notwendig.

Der vielleicht größte und bis heute umstrittenste Eingriff ist der Versuch, die natürliche Selektion der Bienenvölker von Menschenhand zu manipulieren, zu steuern und für die Imkerschaft zu optimieren. Mit der Mendelschen

Vererbungslehre, der Züchtungskunde Armbrusters und den umfangreichen Kreuzungen von verschiedenen Bienen zur Buckfast-Biene durch Bruder Adam übernahm die Imkerschaft nun immer mehr die Selektion der gehaltenen Bienenvölker nach ihren Zielvorgaben.

Während der Anteil der noch wildlebenden Bienenvölker ohne imkerliche Eingriffe weiter abnahm, tauchten bei den gehaltenen Bienenvölkern nie zuvor festgestellte Krankheiten auf.

Mit Aufkommen der Krankheiten durch oder über Amöben, Bakterien, Pilze, verschiedenste Viren, später Milben und Vergiftungen wurden die ab da verwendeten bis heute praktizierten Behandlungsformen immer mehr zum wichtigsten Thema in der Imkerei.

Der Superorganismus *Bien*

Parallel zu der rasanten Entwicklung, die primär von ökonomischen Zielen geleitet wurde, gab es Menschen, deren Blick sich dennoch, oder gerade durch die Entwicklung, weiter auf die Bienen selbst richtete. Es waren Bienenforscher, die bemüht waren, diesem wunderbaren Wesen aus Tausenden Einzelindividuen näher zu kommen, es zu verstehen.

Johannes Mehring hatte die Gesamtheit eines Bienenvolkes mit dem Wesen eines Wirbeltieres verglichen (Mehring 1869) und es bürgerte sich im deutschsprachigen Raum der Begriff „der Bien“ ein. Für Mehring war das Bienenwesen mehr als die Summe seiner Teile, sondern ein zusammengehöriges Lebewesen aus Königin, Arbeiterinnen, Drohnen und dem Wabenwerk mit Brut und Vorräten (das schon dem viel später aufkommenden amerikanischen Begriff des *superorganism* entsprach). Ferdinand Gerstung entwickelte auf den Vorstellungen Mehrings basierend den Begriff vom „Organismus Bien“ und kritisierte in seiner Schrift (Gerstung 1890) die Entwicklung des Mobilbaues:

> *„Vor Einführung des Mobilbaues erschien das Volk dem Züchter stets wie ein unteilbares Ganzes, als eine unzertrennlich und unauflösbar zusammengehörige Einheit, als ein lebender Organismus, […] jetzt ist diese hochwichtige und allein berechtigte Auffassung des Bienenlebens bei gar vielen nur halbgebildeten Imkern verloren gegangen […]. Der Bienenstock ist auch bei Mobilbetrieb jederzeit als ein zusammengehöriger Lebensorganismus aufzufassen und anzusehen.“ (Gerstung 1890, S. 20)*

Viele der heute wieder aufleuchtenden neuen Sichten und Erkenntnisse basieren auf Anstößen und Vorarbeiten von Bienenforschern, die vor mehr als 50 oder 100 Jahren lebten und deren Erfahrungen noch unmittelbar aus den

Gruppenbild mit Karl von Frisch (vorne) und Martin Lindauer (links) im Forstrieder Park bei München aus dem Jahr 1953 (aus: Hölldobler 2010, S. 64).

Gedenktafel des Nobelpreisträgers Karl von Frisch.

damals nur beschränkt möglichen Beobachtungen gewonnen wurden wie z. B. die Nestduftwärmebildung von Johann Thür (Thür 1946), die im Kapitel *Neue Wege in der Imkerei* (S. 156) von Torben Schiffer aufgegriffen wird.

Zwei der größten Bienenforscher der jüngeren Vergangenheit stehen ganz besonders im Mittelpunkt der Referenten Tautz, Seeley und Schiffer: Karl von Frisch (1886–1982) und Martin Lindauer (1918–2008).

Ein unbedarfter Naturfreund schaut sich die Bienen an den Blüten oder beim Ein- und Ausflug einer Bienenbehausung an und unterscheidet kaum die verschiedenen Wesen voneinander. Imker hingegen können die größeren, mit dickeren Augen und längeren Hinterbeinen ausgestatteten Drohnen aus der Vielzahl der Arbeiterinnen am Stock als eine andere Wesensart ausmachen. Doch auch bei einer intensiven Betrachtung sind es immer nur irgendeine Arbeiterin oder irgendein Drohn und nicht beispielsweise die bestimmte Biene Nr. 12.719 oder die Biene, die gerade schon einmal aus dem Flugloch kam. Außer bei der einzigartigen Königin ist eine Individualisierung der einzelnen Wesen ohne Hilfsmittel nicht möglich. Dazu sehen sich die Schwestern, Halbschwestern oder Brüder in einem Bienenvolk zu ähnlich. Will man Aussagen zu einzelnen Bienen machen, wie etwa: Was hat genau diese, gerade ausfliegende Biene im stockdunklen Bienenhaus gemacht? Wann, wie oft und wie lang waren ihre Ausflüge, wie alt ist sie geworden? So ist dies selbst mit einer Glasscheibe vor dem Bienenhaus und konzentrierter Beobachtung nicht möglich.

Vor rund 100 Jahren haben mit einfachen technischen Hilfsmitteln der Nobelpreisträger *Karl von Frisch* und später sein berühmter Schüler *Martin Lindauer*

Karl von Frischs Nummerierung der Bienen mit fünf verschiedenen Farben. Die Ziffern ergeben sich aus Farbe und Position: Ein weißer, roter, blauer, gelber oder grüner Tupfen am vorderen Rand des Thorax bedeutet die Ziffer 1, 2, 3, 4 oder 5; dieselben Farben nahe dem hinteren Rand des Thorax versinnbildlichen die Ziffer 6, 7, 8, 9 bzw. 0. Zweistellige Zahlen werden durch zwei entsprechende Tupfen auf den Thorax gemalt, Hunderter auf dem Abdomen am hinteren Körperteil der Biene angebracht. (Vom Verf. mit Farben versehen nach Frisch 1965, S. 15, Abb. 12.)

in der Nachfolge einen einfachen, aber grundsätzlichen Schritt getan: Sie haben die Bienen individualisiert, und zwar mit einer eindeutigen Kennzeichnung der Bienen in Form von Farbpunkten auf dem Rücken der Biene. Während eine Biene an einem für die Kennzeichnung bereitgestellten Futterschälchen saugt, erhält sie z. B. einen weißen Punkt mit einfacher Malerfarbe vorn auf dem Rücken. Nun ist es genau die Biene mit dem weißen Punkt vorn oder die Biene Nr. 1. Eine andere erhält einen roten Punkt hinten auf dem hinteren Ende des Bruststückes; sie ist die Biene Nr. 7. Mit den von ihm benutzten fünf verschiedenen Farben – vorn oder hinten auf dem Bienenrücken markiert – konnte Karl von Frisch schon zehn verschiedene Bienen kennzeichnen. Mit einem zusätzlichen Farbtupfer neben dem ersten und auf dem Hinterleib einem dritten unterschied er sogar 599 verschiedene Bienen (vgl. Frisch 1993, S. 65).

Mit diesem einfachen Verfahren konnte jetzt festgestellt werden, wie oft z. B. die Biene Nr. 512 (mit grünem Punkt am Hinterleib = 500, weiß-roten Punkten am Vorderrand der Brust = 12) ein- und ausflog oder wie oft genau sie an einer bestimmten Blüte zu Besuch kam. Angesichts heutiger Datenbanken und Minisendern auf dem Rücken von digital gekennzeichneten Bienen ist diese Pionierarbeit mit Malerpinsel, Zettel und Bleistift kaum hoch genug zu bewerten. Mit großer Ausdauer und akribischer Geduld über viele Jahre hinweg führten die aufgezeichneten Untersuchungen an so individualisierten Bienen zu erstaunlichen Erkenntnissen.

Durch die erstmalig von Frisch vorgenommene und von Lindauer erweiterte Individualisierung konnten die verschiedenen Aufgaben, insbesondere der Arbeiterinnen, überhaupt untersucht und erstmalig verstanden werden.

Eine neue Bienenhaltung beginnt mit den Vorarbeiten dieser großen Forscher der Vergangenheit, die durch ihre Einstellung zu den Bienen und ihrer unmittelbaren Naturerfahrung zu Erkenntnissen gekommen sind, die uns helfen, Bienen wieder in den Mittelpunkt zu rücken und natürlich von ihnen zu lernen.

IMKERN? NATÜRLICH VON DEN BIENEN LERNEN!

Imker! Lerne im Buche der Natur zu lesen; dort sind mit ehernen Lettern die von der Schöpfung weise vorgesehenen und unabänderlichen Gesetzte eingezeichnet.

Johann Thür (1946, S. 12)

HONIGBIENEN: DAS VOLK IST DAS TIER

Im Prolog seines Bestsellers *Phänomen Honigbiene* schreibt der renommierte Bienenforscher Jürgen Tautz: „Eigenschaften, auf denen die Überlegenheit der Säugetiere beruht, finden sich in gleicher Zusammenstellung auch im Superorganismus Bienenstaat" (Tautz 2012, S. 3).

Das „Säugetier aus vielen Körpern" (ebd.) fasziniert zunehmend junge Menschen, die nicht wegen des zu erwartenden Honigs, sondern aus Interesse und Engagement der Natur gegenüber die wundersamen Wesen und ihre Schlüsselrolle im Naturgefüge besser verstehen und auch erleben wollen.

Bei der Schwarmbildung finden Bienen zu einem neuen Volk zusammen. Bei der Kunstschwarmbildung nach Sklenar kann man dieses wunderbare Naturschauspiel unmittelbar miterleben.

Und so sind es nicht wenige, die besonders in den letzten Jahren den Entschluss fassten, selbst mit der Imkerei zu beginnen. Zunehmend sind es auch Imkerinnen (Buch: Die Imkerin, von Orlow 2017), die fasziniert – vielleicht erst einmal mit wenigen Honigbienen, nicht gleich mit Tausenden von ihnen – im eigenen Garten anfangen möchten. So wie man eine Katze oder einen Hund hält oder ein Bauer auch theoretisch eine Kuh oder nur ein Huhn halten könnte.

Kann man nicht zunächst einmal eine oder nur einige Hundert Honigbienen halten, um die Bestäubung der eigenen Bäume zu sichern, etwas „für die Natur" zu tun, ein spannendes Hobby mit den noch fast wilden Tieren zu erlernen, um dabei vielleicht auch ein wenig Honig zu ernten?

Nein, das kann man nicht! Ganz gleich, wie gut sie gepflegt und versorgt würden, nach kurzer Zeit gingen diese einzelnen, wenigen Honigbienen zugrunde, denn: *Das gesamte Bienenvolk ist das Tier*.

Dies ist recht merkwürdig, denn ein so vieltausendfaches Zusammenleben ist auch bei anderen Insekten nicht die Regel. Auch bei Schmetterlingen, Libellen oder Käfern paaren sich einzelne männliche und weibliche Tiere, und die aus den Eiern schlüpfenden Jungen finden ihr Futter, ohne dass sie im Verbund von anderen Individuen gepflegt werden. Tatsächlich ist zwar theoretisch jede einzelne Honigbiene auch für sich allein überlebensfähig, denn sie verfügt über alle Organe, die eigenständige Insekten zum Überleben benötigen. Die Spezialisierung ihrer hoch eusozialen Lebensweise ist jedoch so ausgeprägt, dass sie nur in der Gemeinschaft langfristig überleben können.

Sind 1000 Bienen schon ein Bienenvolk?

Warum ist jedoch jede einzelne Honigbiene so sehr abhängig von der Gesamtheit des Bienenvolkes, dass keine von ihnen alleine überleben kann? Woraus muss ein Volk bestehen, damit es als Ganzes überlebt?

Arbeiterinnen, Drohnen und Königin

Es ist nicht allein die Anzahl der Individuen eines Bienenvolkes, das zur Sommersonnenwende aus bis zu 50 000, zur Wintersonnenwende immerhin noch aus rund 10 000 Mitgliedern besteht. Und damit sind nur die erwachsenen, umherlaufenden und umherfliegenden Bienen gezählt, nicht die Tausende in den Kinderstuben auf ihren Schlupf hinarbeitenden. Von ihnen kommen im Frühjahr, wenn sich das Volk in der Wachstumsphase befindet, 1500 oder mehr junge Bienen täglich hinzu.

Nein, neben der großen Anzahl von Individuen müssen in einem überlebensfähigen Bienenvolk die verschiedenen Bienenwesen vorhanden sein und als *ein* gemeinsames Volk miteinander kooperieren.

Auf den ersten Blick mögen alle diese Wesen gleich aussehen. Bei längerer aufmerksamer Betrachtung an einem Einflugloch eines Bienenstockes im Sommer findet man Verschiedenheiten zwischen den Individuen.

Da sieht man zunächst die vielen Hundert oder gar Tausend „normalen" Bienen, die weiblichen *Arbeiterinnen*, oft mit gelben oder rötlichen Pollen an ihren Beinen, die, wohl von den Blüten kommend, bei Sonnenschein im Frühjahr emsig ins Bienenhaus einfliegen.

Einige von ihnen sind jedoch etwas dicker und größer, haben längere Hinterbeine und auffällig große Augen; dies sind die männlichen Tiere, die *Drohnen*. Von ihnen gibt es im Frühjahr und im Sommer einige Hundert bis wenige Tausend.

Das weibliche und einzige eierlegende Wesen des Bienenvolkes, die *Königin* (die Weisel, wie sie von den Imkern genannt wird), bekommt man selbst bei stundenlanger Beobachtung am Einflugloch des Bienenstockes nicht ein einziges Mal zu Gesicht.

Neben den äußerlichen Verschiedenheiten dieser drei Bienenwesen, der ständig präsenten Arbeiterinnen, der besonders im Frühjahr vorhandenen Dohnen und der tief im Volk versteckten Königin, scheinen auch ihre Aufgaben im Volk grundsätzlich verschieden zu sein.

Wie weit begreifen wir ein Bienenvolk, wenn wir diese Aufgaben näher beschreiben? Ist nicht auch die Vermehrung des Bienenvolkes als Ganzes, des

Bienen streben in die neue Behausung zu ihrer Königin.

Biens, ein Aspekt, von dem aus wir den *Superorganismus* begreifen können? Oder unterschätzen wir gar die Bedeutung des von den Bienen erbauten Wachsgerüstes als einen Teil des Bienenkörpers? Ist vielleicht der Blick der Bienen auf ihre Innenwelt auf der einen und der Außenwelt auf der anderen Seite ein Gesichtspunkt, den Superorganismus Bienenvolk besser zu verstehen?

Grundsätzlich ist keiner dieser Ansätze eine leichte Aufgabe. Wie können wir eine individuelle Biene auf ihre Tätigkeiten hin untersuchen, wie können wir die Umwelt aus der Sicht der Bienen betrachten?

Um komplexe Strukturen wie die des Phänomens eines Honigbienenvolkes diskursiv zu beschreiben, bedarf es der Verfolgung einzelner Fäden von verschiedenen Blickwinkeln, aus denen sich langsam ein zusammenhängendes Bild entwickelt. Manches wird aus der einen Sicht zunächst noch vernachlässigt, anderes schon angedeutet, obwohl es erst im nächsten Strang erläutert wird.

In den folgenden Abschnitten möchte ich versuchen, einzelne Fäden zu ziehen, um dieses Bild vom wunderbaren Netzwerk des Lebens eines Bienenvolkes zu entwerfen.

„Es gibt wohl kaum eine Frage in der Bienenkunde, über die so viel diskutiert und geschrieben worden ist wie über die Entstehung der drei verschiedenen Wesen im Bienenstaat.“ (Nachtsheim in: Stripf 2018, S. 61)

Ein Teil eines Bienenschwarms versucht sich als Ganzes zu finden. Den noch Suchenden wird durch „Sterzeln“ (Duftmarkierung) das Ziel angezeigt.

ENTWICKLUNG UND AUFGABEN DER BIENENWESEN

Wenn wir uns bemühen, ein Bienenvolk besser zu verstehen, erkennen wir zunächst einmal nur einzelne Bienen, die auf Blüten sitzen, am Bienenstock ein- und ausfliegen, oder wenn wir in eine Bienenwohnung hineinschauen, Hunderte oder gar Tausende gleichartiger Bienen.

Die Arbeiterin

Durch die erstmalig von Frisch vorgenommene Individualisierung der Bienen (vgl. das Kapitel *Naturerfahrung von Anfang an*, S. 38) können die verschiedenen Aufgaben, insbesondere der Arbeiterinnen, überhaupt untersucht und erstmalig verstanden werden. Was macht die einzelne Biene im Laufe ihres Lebens, wie viele fliegen hinaus und wie oft tun sie das, was machen diejenigen, die im „stockdunklen“ Inneren bleiben? Das sind Fragen, die durch lange Beobachtungen und mühsames Zählen der erstmalig von Frisch und Lindauer markierten Individuen beantwortet werden konnten. Diese Erkenntnisse wurden später mithilfe modernerer Methoden und Hilfsmittel erweitert und präzisiert. Die so langsam aufgeschlüsselten Aufgaben einer Arbeitsbiene, beginnend beim Zustand der Eiablage als Stift bis zum Tode der voll ausgebildeten, flugfähigen Arbeiterin, die als erfahrene Sammlerin tätig war, sollen im Folgenden in vier Lebensphasen aufgeteilt, skizziert werden.

Wabe mit verdeckelter Arbeiterinnen- und Drohnenbrut, Weiselzellen und einem Futterkranz im Naturwabenbau.

1. Phase: Von der Stiftablage bis zum Schlupf

Als quasi noch „ungeborene Biene“ steht der von der Königin befruchtete und dann am Boden einer Arbeiterinnenzelle angeheftete Stift (das Ei) zunächst einige Stunden senkrecht, bevor er sich auf den Boden absenkt. Der liegende junge Stift findet dort den am Anfang glasklaren, später milchigen Futtersaft, das Gelée royale, aus den Kopfdrüsen der Ammenbienen zur Versorgung. Nach drei Tagen in diesem nährstoffreichen „Designfood“, als Larven so positioniert, dass sie diese erste Nahrung aufnehmen können, ohne darin zu ertrinken, vertragen die zu Larven gewandelten Stifte eine gröbere Kost, die schon mit eiweißreichem Blütenpollen und Honig angereichert ist. Die von den Ammenbienen auch hygienisch bestens versorgten Larven entwickeln sich in nur sechs Tagen zu ausgereiften Larven. In dieser kurzen Zeit legen sie derart an Gewicht zu, dass im Vergleich dazu ein neugeborenes Menschenbaby von 3 kg nach einer Woche bereits 1000 kg auf die Waage bringen würde.

Mit ausreichend Nahrung versorgt, wird die sich verpuppende Larve von ihren Schwestern in ihrer sterilen Zelle mit einer luftdurchlässigen Wachsschicht verdeckelt. So „gemästet“ entwickelt sie im Stadium der Puppe zwölf Tage lang alle Organe. In einer kompletten Umgestaltung der Larve (Metamorphose) sind zunächst die großen Augen erkennbar, dann werden nach und nach auch alle äußeren Körperteile zu festen Gliedmaßen und Flügeln ausgebildet. 21 Tage nach der Eiablage beginnt die fertig entwickelte Jungbiene sich aus der Zelle

Lichtdurchflutete Wabe mit Brut.

zu befreien und knabbert den Zelldeckel an, wobei sie außen von den fleißig arbeitenden Ammenbienen unterstützt wird.

2. Phase: Vom Schlupf der Biene (0. Tag) bis etwa zum 10. Tag

Nach dem Schlupf kann sie vom Imker erstmalig als junge Biene wahrgenommen werden. Zuvor wird eine voll entwickelte Larve von ihm nicht unmittelbar zum Volk gezählt, obwohl die Anzahl der verdeckelten Brutzellen die Anzahl der Bienen von morgen bestimmt.

Direkt nach ihrem Schlupf beginnt die Jungbiene bereits mit ihrem Innendienst. Kaum sind ihre Glieder getrocknet und gehärtet, reinigt und sterilisiert sie ihre eigene und die leeren Brutzellen in der Nachbarschaft, damit ihre Mutter (die Königin) danach weitere Stifte in die gesäuberte Kinderstube ablegen kann. Mit dem Kopf voran kriecht die junge Biene in die durch das Schlüpfen ihrer Nachbarinnen ebenfalls leer gewordenen Zellen ihrer Umgebung, um sie von Resten und Kot zu befreien. Damit werden die Zellen für die Aufnahme eines neuen Stiftes gesäubert und vorbereitet. Zusätzlich werden die Wände der Zellen gegen Pilz- und Bakterieninfektionen mit einem feinen Harzüberzug (der Propolis) keimfrei gemacht. Durch „Austapezieren mit dem bakteriziden und fungiziden Mandibeldrüsensekret wird so eine vorbildliche Hygiene" (Lindauer 1984, S. 109) geschaffen.

Darüber hinaus schützen die Jungbienen mit ihren Flugmuskeln die Brut vor dem Auskühlen. Dazu sind einige Zellen im Brutnest nicht belegt, sodass von diesen aus in alle Nachbarzellen (und darüber hinaus in die zweite oder gar dritte Nachbarreihe) hinein gewärmt werden kann (vgl. Tautz, 2012). Noch können sie gar nicht fliegen, doch im Kopf der wenige Tage alten Bienen entwickeln sich nun die Futtersaftdrüsen. Gestärkt durch die Pollenvorräte des Stockes oder gar frisch eingetragenen Pollen, gehen sie nun der Hauptaufgabe ihres jungen Lebens nach: Als Ammenbienen füttern sie ihre jungen, noch nicht geschlüpften Geschwisterlarven. Um eine einzige Larve ausreichend zu versorgen, bedarf es über 2000 Besuche. Der Arbeitsbereich der Brutpflege ist vom Zeitaufwand so intensiv, dass eine Ammenbiene umgerechnet maximal drei Larven in ihrem Leben versorgen kann (ebd., S. 140 ff.).

Zum Ende dieser Phase verlässt die rund zehn Tage alte Biene für wenige Minuten zum ersten Mal den sicheren Stock (vgl. Frisch 1993, S. 68). Während sie zuvor nur im stockdunklen Zuhause auf den Waben fleißig unterwegs war, nutzt sie nun die neu gewonnene Flugfähigkeit zu einem ersten Orientierungsflug in die nähere Umgebung.

3. Phase: Vom 10. bis ca. 17. Tag

Während sich die Arbeiterin in der zweiten Phase als Amme primär um die Betreuung der Jugend kümmert, ist sie in der dritten Phase in erster Linie um die Architektur des Nestes bemüht.

Die in der vorherigen Phase ausgebildeten Futtersaftdrüsen bilden sich zurück und ab dem 10. Tag entwickeln sich bei den Arbeiterinnen verstärkt die Wachsdrüsen. Beidseitig an ihren Bauchseiten produzieren sie bis zu je vier hauchdünne Wachsplättchen aus weißem, reinstem Bienenwachs, je knapp 1 mg leicht. Für diese „ausgeschwitzten" kleinsten Gerüstbausteine des Bienenkörpers benötigen die Architektinnen viel Energie, die sie insbesondere in Form von Honig zu sich nehmen.

Die in dieser Phase von vielen Arbeiterinnen produzierten Wachsplättchen bilden die Grundbausteine für den gesamten Wabenbau des Bienenvolkes.

Da die nun rund zwei Wochen alten Bienen bereits Flugerfahrungen haben, übernehmen sie zusätzlich das Ausräumen von toten Genossinnen und von Gemüll jeglicher Art aus dem Stock. Dazu packen sie die Abfälle insbesondere vom zu säubernden Stockboden und tragen sie im Flug eine Strecke weg vom Bienenhaus. Gegen Ende dieses Lebensabschnittes sind sie so in der Lage, Flüge in die nähere Umgebung zu unternehmen. Aber auch innerhalb des Stockes warten weitere Aufgaben auf die Arbeiterinnen. So übernehmen sie auch den von ihren von Sammelflügen heimkehrenden Schwestern eingetragenen Nektar und Pollen. Von den Pollensammlerinnen in die Zellen abgestreift bzw. weiterver-

Bienenvolk unter einer Brücke in sieben Metern Höhe. Dank für den Einsatz an die freiwillige Feuerwehr von Bad Honnef am 27.06.2016 (neun Waben bis zu 40 cm × 32 cm groß).

arbeitet zu Honig, füllen sie die Einträge in die dafür gebauten Vorratszellen. Da sich jetzt auch ihr Giftstachel entwickelt hat, widmen sich manche Arbeiterinnen gegen Ende dieses Lebensabschnittes auch der Absicherung des Stockes gegen feindliche Angriffe.

Als Wächterinnen prüfen sie die anfliegenden Bienen mit ihren Fühlern und wehren Wespen und andere Honig- und Bruträuber ab. Die an warmen Frühlingstagen zu Hunderten pro Minute einfliegenden Artgenossen weisen sich mit ihrem Stockgeruch aus, der von ihrer Königin und den häuslichen Wachs- und Trachtduftstoffen stammt und in ihrem Haarkleid steckt. So mit ihrem heimischen Duftmuster von den Wächterinnen erkannt, brauchen sie den mit kleinen Widerhaken versehenen Stechapparat der Wächterinnen nicht zu fürchten.

4. Phase: Ab dem 15. bis 20. Tag bis zum Lebensende der einzelnen Biene

In ihrem letzten und gefährlichsten Lebensabschnitt wagt sich die Arbeiterin als Sammlerin von Nektar, Pollen, Wasser und Propolis bis zu ihrem Lebensende in die Außenwelt.

Erst in dieser Phase von uns Menschen wahrgenommen, fliegt jede Sammlerin in mehr als zwanzig Ausflügen viele Tausende von Blüten an, und damit bis zu 100 km täglich. Diese sprichwörtliche Emsigkeit ist auch notwendig, da nicht jeder Tag das Ausfliegen wetterbedingt erlaubt. An regnerischen Tagen beschäftigen sich die Sammlerinnen mit den gerade notwendigen Hausarbeiten. Eile

Einige Bienen haben bei der Verteidigung ihr Leben lassen müssen. Viele Stacheln im Schutzhandschuh bei der verfügten Umsiedlung.

ist insbesondere an trachtreichen Tagen auch deshalb geboten, weil nach den ersten drei Lebenswochen den Arbeiterinnen nicht mehr viel Zeit zum Eintragen bis zu ihrem Tode bleibt. Die Vielfalt der verfügbaren Nahrung, die auch ihre Gesundheit mitbestimmt, ist ein Kriterium für ihre Lebensdauer nach dem Schlupf und diese beträgt zwischen drei und sechs Wochen. Bedenkt man, dass in der Zeit zwischen Ende April und Ende Juni täglich rund tausend betagte Arbeiterinnen sterben, ist es für das Volk eine große Arbeitserleichterung, dass die meisten davon sich dazu mit letzter Kraft vom Stock entfernen.

Gegenüber der – vom Ausschlüpfen aus der Brutzelle an gerechnet – bis zu vierzig Tagen umfassenden Lebenszeit der Sommerbienen (je nach Nektarvielfalt und Stress auch weniger oder mehr), leben die im Herbst geborenen Winterbienen mehrere Monate. Von ihrer Physiognomie her sind sie von ihren in der restlichen Jahreszeit geborenen Schwestern nicht zu unterscheiden. Sie verbrauchen jedoch nicht die in ihrem Körper gespeicherten Reserven an Pollen zur Pflege der Puppen und Larven, da es in ihrer Lebenszeit nur wenig bis keine Brut zu versorgen gilt.

Wichtig ist, dass sie mit ihrer Königin wohlgenährt, gesund und in ausreichender Anzahl durch den Winter kommen, sodass sie im zeitigen Frühjahr mit ihren Futtersaftdrüsen die dann wieder ansteigende Anzahl von Brutzellen versorgen können. Dieser Übergang von der Brutversorgung der schon älteren Winterbienen zu den im ausgehenden Winter wieder vermehrt schlüpfenden Sommerbienen bedarf einer großen Menge Eiweiß, Wasser und Futter. In dieser

Pollensammlerinnen bei der Rückkehr am Einflugloch ihrer Beute.

kritischen Phase der „Durchlenzung“ sieht der Imker gern viele eifrig einfliegende Pollensammlerinnen am Flugloch.

Zur Brutpflege liefern die aktiven Drüsen die Ammenmilch, bei der Baubiene sind die Wachsdrüsen aktiv und die Flugfähigkeit wird nicht direkt nach dem Schlupf, sondern erst nach Tagen zur Erfüllung der Sammlerfunktion erworben.

Die physiologische Entwicklung im Organismus der Arbeiterinnen steht offensichtlich im Zusammenhang mit den im Volk notwendigen Tätigkeiten. Eine zeitliche Abfolge scheint diesem Phasenwechsel innezuwohnen. Auch hier haben Frisch und Lindauer durch Versuche individualisierter, frisch geschlüpfter Bienen herausgefunden, dass die Abfolge dabei nicht starr ist, sondern dass sie adaptiv bei Bedarf reguliert und damit angepasst werden kann: Gehen zu viele Sammlerinnen verloren oder erfordert eine Massentracht mehr von ihnen, so wagen sich schon eine Woche nach ihrem Schlupf einige erst zu einem Orientierungsflug, dann zu Sammelflügen mit den Erfahreneren hinaus in die Außenwelt der Blüten. Mit dem Funktions- und Aufgabenwechsel der Arbeitsbiene im Laufe ihres Lebens stellt sich in ihrem Organismus die Physiologie um. Dieser Prozess kann aber bei Bedarf umgekehrt werden, das heißt, ältere Arbeiterinnen können bei Bedarf wieder Tätigkeiten aus ihren jüngeren Phasen übernehmen (vgl. Frisch 1993, S. 72 f.).

Honigbiene in der Blüte einer Ramblerrose, 'Bobby James'.

Die Information über eine notwendig gewordene Anpassung kann aber nur über eine perfekte Kommunikation im Bienenvolk erfolgen. Diese und viele weitere Abstimmungen im Superorganismus des Biens sind uns bei Weitem noch nicht klar.

Doch dazu später mehr; zunächst werfen wir einen Blick auf die anderen Wesen des Biens: die Drohnen und die Königin.

Die gentragenden Eltern: Drohnen und Königin

Auf den vorhergehenden Seiten wurden zunächst nur die weiblichen Bienen, die Arbeiterinnen, in ihren Aufgaben und ihrer Entwicklung beschrieben. Von einer Vermehrung durch Begattung oder einer Eiablage durch sie war allerdings bis jetzt noch nicht die Rede. Arbeiterinnen verzichten auf eigene Nachkommen und sorgen stattdessen dafür, dass möglichst viele ihrer Schwestern geboren und von ihnen gut versorgt werden; geboren von ihrer gemeinsamen Mutter und von den männlichen Bienen, die zur Befruchtung der Mutter das Sperma geliefert haben. Wie verlaufen Entwicklung und Aufgaben dieser Wesen, der Väter und der Mutter?

Entwicklung und Leben der Drohnen

Betrachten wir die erste Phase in der Entwicklung der Drohnen, so unterscheidet sie sich bis zum Schlupf kaum von der der Arbeiterinnen. Die Genetik des

Aus den leicht erhöhten (buckeligen) Zellen schlüpfen im Frühjahr die Drohnen.

von der Königin gelegten Stiftes und die Zellgröße sind jedoch bei ihnen von Beginn an entscheidend anders als bei den Arbeiterinnen. Diese sind es, die als Baubienen schon früh im Frühjahr die Anlage von Drohnen architektonisch vorbereiten. Denn die vom Volk zum Frühjahrsbeginn angelegten Zellen entsprechen nicht mehr ausschließlich denen der Arbeiterinnen mit ca. 5,3 mm Durchmesser. Zunehmend werden von den Architektinnen des Nestes auch Zellen gebaut, die im Durchmesser gut 1,5 mm größer sind. Bis zu 30 % werden in dieser Zeit diese größeren Zellen, nahe dem Kernbrutnest der Arbeiterinnen, für die männlichen Bienen angelegt. Vom Volk genau zum richtigen Zeitpunkt bereitgestellt, werden sie von der Königin ebenfalls mit einem Stift am Boden versehen. Doch hat sie diese Zellen zuvor, bei der Begutachtung und Vermessung mit ihren Fühlern, als Behausung für einen Drohn erkannt und daher bei der Ablage kein Sperma dem Ei hinzugefügt. Der Stift, aus dem sich eine männliche Biene entwickelt, ist unbefruchtet und trägt somit 100 % der Gene der Mutter, der Königin des Stockes.

Die Königin hält bei der Eiablage die Schließmuskeln des Samenbehälters geschlossen, sodass aus diesen unbefruchteten Eiern nur Drohnenbrut entsteht. Diese 1853 von Johann Dzierzon entdeckte eingeschlechtliche Fortpflanzung (Parthenogenese) wurde lange Zeit insbesondere mit der Kirche kontrovers diskutiert, Jahre später jedoch mikroskopisch bestätigt. Auch in der Tiefe benötigt der Drohn für seine volle Entwicklung mehr Platz. Nach der Verdeckelung mit einem Wachsüberzug ist die Kinderstube des Drohns neben dem größeren Zelldurchmesser auch um ca. 3 mm höher und gegenüber der Arbeiterinnenbrut als leicht erhöhte, buckelige Zelle erkennbar (Buckelbrut).

Drohnen werden allgemein unter den Imkern als faul bezeichnet und ihnen werden bis auf die Begattung der jungen Königinnen (Prinzessinnen) anderer Völker keine weiteren Aufgaben zugeschrieben. Die nur in der Zeit von April bis etwa August, in den Schwarmmonaten Mai und Juni bis zu einigen Tausenden im Volk lebenden Drohnen beteiligen sich weder an den vielfältigen Arbeiten im Stock, noch sammeln sie Nektar oder Pollen. Im sozialen Futteraustausch (Trophallaxis) erhalten sie ihre Nahrung von ihren Schwestern. 10 bis 14 Tage nach dem Schlupf werden sie geschlechtsreif und fliegen bei geeignetem Wetter, meistens in den wärmeren Stunden, zwischen 11 und 17 Uhr, mehrfach täglich aus, um nach begattungsfähigen Jungköniginnen zu suchen. Ihre Aufgabe kommt nicht unmittelbar ihrem eigenen Volk zugute, sondern zielt einzig darauf ab, die Gene der eigenen Königin in der Welt zu verteilen. Die meisten fliegen bis kurz vor Ende ihres Treibstoffvorrates ohne Erfolg wieder zurück zu ihrem Stock, um dort für einen nächsten Versuch aufzutanken, sprich, sich füttern zu lassen.

Dabei kommt es wohl recht häufig (lt. Seeley bis zu 34 % bei nahe beieinanderstehenden Beuten) vor, dass sie ihren eigenen Stock nicht wiederfinden und sich von Arbeiterinnen eines fremden Volkes füttern lassen. Dort werden sie gastlich aufgenommen, solange es noch Schwärme, d. h. auch unbegattete Königinnen in der Luft gibt (vgl. Frisch 1993, S. 62). Die von ihnen mitgenommenen Energievorräte sind dabei beschränkt, sodass sie nicht permanent in der Luft bleiben können, sondern sich auch in der Nähe auf aussichtsreichen Plätze niederlassen, um möglichst keine zur Begattung ausfliegende Jungkönigin in der Umgebung zu verpassen. An entsprechenden Tagen erlebt man dann ab 17 Uhr am Flugloch die Rückkehr von Hunderten von Drohnen, die nicht zur Erfüllung ihrer Hauptaufgabe kamen. Ihre dickeren Hinterbeine hängen dabei, gut erkennbar zur Unterscheidung von den ebenfalls einfliegenden Arbeiterinnen, lang herunter.

Dabei sind ihre sozialstärkenden Funktionen im Inneren des Bienenstockes noch nicht ausreichend erforscht (vgl. Tautz 2012). Dass sie nach Ende der Schwarmzeit, spätestens Ende August, nicht mehr im Volk benötigt werden, wird in der sogenannten Drohnenschlacht deutlich. Unfähig, selbst Nektar und Pollen zu sammeln, fliegen sie immer wieder zum Flugloch, wo sie aber fast wie fremde Eindringlinge behandelt und nicht mehr hineingelassen werden. Während ihre weiblichen Geschwister ihren Stachel zur Verteidigung und zum Angriff nutzen können, sind die Drohnen weder mit einem Stachel noch mit

Bienenkönigin inmitten ihres Hofstaates auf einem Wabenstück, das schon mehreren Jungbienen als Geburtsort diente.

anderen Waffen ausgestattet und verhungern wehrlos. Sie werden nämlich von den Arbeiterinnen nicht mehr gefüttert, sondern immer öfter von einer oder von mehreren gepackt und zum Ausgang gezerrt. Rückkehrer werden am Einflug gehindert und da schon viele Wochen vorher von den Baubienen keine Drohnenzellen mehr angelegt und von der Königin bestiftet wurden, besteht ab dem Spätsommer ein Bienenvolk nur noch aus weiblichen Bienen, das den Winter zu überstehen versucht.

Die Königin

Durch die Vorgabe der Zellengröße wird die Anzahl der Drohnen im Laufe des Bienenjahres vom bauenden Volk gesteuert. Letztendlich stellt auch das Bienenvolk fest, wann eine Königin ausgewechselt werden muss, und stößt daraufhin den „Ersetze-die-Königin-Mechanismus" (Tautz 2012, S. 133) an. Grundsätzlich kann dabei jedes befruchtete Ei vom Volk zu einer neuen Königin gezogen werden. (Die verschiedenen Gründe zur Bildung sollen im noch folgenden Abschnitt über die *Vermehrung* näher beschrieben werden.) Die Festlegung, ob aus dem Ei eine Arbeiterin oder eine Königin heranwächst, muss jedoch so früh wie möglich innerhalb der ersten Tage, besser Stunden geschehen. Denn während Arbeiterinnen und Drohnen nur in ihren ersten Tagen als Made Gelée royale erhalten, wird die als Königin angelegte Made ihr Leben lang und wesentlich öfter mit dem Designfood von den Ammenbienen gefüttert. Das heißt, die Entwicklung entweder zur Arbeiterin oder zur Königin ist primär nahrungsbedingt und wird durch die Art der Fütterung vom Volk entschieden. Die Königin ist wahrlich nicht die herrschende Regentin, wenn schon vorgeburtlich das Bienenvolk über eine Ablösung bestimmt.

Mit dem hochwertigen Sekret aus den Kopfdrüsen der Ammenbienen, dem Gelée royale, bis zur Verpuppung in einer fast haselnussgroßen Zelle, der Weiselzelle, bestens versorgt, schlüpft nach nur 16 Tagen eine junge, jungfräuliche Königin.

Oft schon, bevor sie sich ganz aus ihrer Weiselzelle befreit hat, steckt die junge Weisel ihre Mundwerkzeuge (Mandibeln) heraus und erhält von den sie erwartenden Arbeiterinnen erste Königinnennahrung zur Stärkung. Mit der Merkformel „*3-5-8 – die Königin ist gemacht*“ beschreibt der Imker, wie rasant sich die junge Königin, vom Ei ausgehend, entwickelt.

Sofort nach dem Schlupf erkundet die noch unbegattete Königin ihre nahe Umgebung, begleitet von einem Hofstaat von Bienen, die sie umsorgen. Auch für ihre weitere Entwicklung hat sie wenig Zeit: Nach einer Woche etwa ist sie geschlechtsreif und hat sich schon auf erste Übungsflüge in die nähere Umgebung gewagt. Denn nun folgt ihr gefährlichster und auch für das Volk wichtigster Ausflug. Mit mehreren Begleiterinnen geht sie zum Rand ihrer Behausung und fliegt dann auf ihrem Hochzeitsflug zum ersten Mal bis zu zehn Kilometer weit. Wenige Minuten bis zu einer Stunde ist das Volk nun weisellos und erwartet sehnlich und für die Königin sichtbar oder besser riechbar mit einem Duftfeuer ihre hoffentlich erfolgreich begattete Königin zurück. Hat sie in einem oder mehreren erfolgreichen Begattungsflügen die unterwegs lauernden Gefahren überstanden und zu ihrem Volk zurückgefunden, ist sie fortan die Königin des Bienenstocks für mehrere Jahre. Mit dem aufgenommenen, über eine Million Samen umfassenden Vorrat von verschiedenen Drohnen legt sie temperaturabhängig im Winter wenige, später im Frühjahr bis zu 2000 Eier täglich. Umgerechnet sind das bis zu mehreren Eiern pro Minute und das Gewicht der täglich gelegten Eier entspricht fast ihrem eigenen Körpergewicht (vgl. Tautz 2012, S. 118 f.).

HEIMATKÖRPER AUS BIENENWACHS

Mit den ersten Beschreibungen der weiblichen Arbeiterinnen, der Drohnen und der Königin als die drei Bienenwesen, die ein Bienenvolk ausmachen, haben wir noch nichts über die natürliche Vermehrung des gesamten Volkes erfahren. Und obwohl es naheliegt, nach dem Blick auf die Königin sich nun den Vermehrungsprozess anzuschauen, soll dies erst einige Seiten später erfolgen. Denn wir haben noch nicht das Ganze eines Volkes beschrieben, es fehlt der Heimatkörper aus Bienenwachs: *das Gerüst des Organismus.*

Bienen beim Bau des Wabenwerkes – das größte Organ des Superorganismus.

Die tiefe Bedeutung der Bienenwaben für die Funktion des Organismus wurde in der Vergangenheit und wird auch heute noch unterschätzt. Als Wohnraum, Speicherplatz, Brutstätte, Sinnesorgan, Kommunikations-, Gedächtnis- und Immunsystem ist das Wachsgerüst keine Umwelt, sondern integraler Bestandteil des Volkes. In Millionen von Jahren der evolutionären Entwicklung haben sich seine verschiedenen Funktionen und Aufgaben herausgebildet. Als Teil des Superorganismus werden Bienenwaben in Zusammensetzung, Geometrie und Funktion von den Bienen selbst hergestellt, an die vorgefundene Unterkunft angepasst und individuell gebaut.

Funktion und Aufgabe des Wabenbaus

Allein mit Wachs aus ihren eigenen Körpern und dem Harz von Pflanzen haben sie seit Millionen Jahren erfolgreich ihre Unterkünfte und ihre Innenwelt erschaffen und ebenso gegen Feinde verteidigt wie an Klimaveränderungen angepasst.

Aus den acht Wachsdrüsen der rund zwei Wochen alten Arbeiterin „ausgeschwitzt", mit den Hinterbeinen und mit dem Mundwerkzeug bearbeitet, werden aus Tausenden der weniger als 1 mg leichten Wachsplättchen die Waben gebildet. Eine enorme Energieleistung insbesondere der Bienen eines Schwarmes, die zum Überleben des Volkes schnellstmöglich die ersten 5000 Zellen im neuen Zuhause erschaffen müssen (vgl. Tautz 2012, S. 161 ff.). Vieles ist dabei noch gar nicht erforscht. Beispielsweise ist nicht bekannt, wie oft eine Baubiene diese Wachsplättchen pro Tag oder in ihrem ganzen Leben zu produzieren vermag. Viel Energie in Form von Honig benötigen die Bienen jedenfalls, um auch nur ein einziges Gramm Wachs zu erstellen. Nach Jürgen Tautz werden für 1200 g Wachs, die für ein mittelgroßes Nest benötigt werden, 7,5 kg Honig an Energie aufgewendet (ebd. S. 159). Die Geschwindigkeit, mit der sie die Waben bauen, ist dabei ebenso verblüffend wie ihre Zusammenarbeit und die Präzision der Zellen.

Der Bau der Waben erfolgt stets von oben nach unten. Sobald vom Bautrupp erste Wachsklümpchen an der Oberseite der Behausung angekittet sind, werden Wachsteile nach unten gezogen und dann zu beiden Seiten der senkrechten Wachswand ausgebaut. Dabei ketten sich die Baubienen senkrecht aneinander, um lebendige Brücken für ihre bauenden Schwestern zu bilden bzw. von der Schwerkraft vorgegeben ein Lot zu bilden. Zum Bauen der einzelnen Zellen bildet eine Biene zunächst rund um sich herum eine Rundwabe. Die besondere Eigenschaft des Wachses, bei Temperaturanstieg nur langsam den Aggregatzustand von fest nach flüssig zu wechseln, nutzen die Bienen, indem sie das Wachs auf 40 °C erwärmen und es dadurch zum Sechseck als Optimum mit den Nachbarzellen fließen lassen. Die sich physikalisch einstellenden ebenen Wände zwischen den zuvor runden Zellen formen sich zu 0,07 mm dünnen und vollkommen flachen Seiten.

Doch nicht allein die Exaktheit der einzelnen Zellen, sondern auch der Abstand und die Anordnung der von der Decke der Behausung nach unten gebauten Waben zueinander, entsprechen dem in Millionen Jahren entwickelten Bienenoptimum. Der als *„bee-space“* bekannte, 1851 von Lorenzo L. Langstroth entdeckte Abstand, den die Bienen zwischen den Waben einhalten, beträgt rund 8 mm. Bei einem größeren Abstand bauen die Bienen eine weitere Wabe dazwischen, bei einem kleineren Abstand wird die Lücke mit Wachs und Propolis verklebt. Genauso bedeutend, aber weniger beachtet ist die Anordnung der Waben zueinander. Der Verlauf ist zwar immer parallel, verläuft aber nicht in Geraden (wenn er nicht durch die Holzrahmengeometrie vom Imker vorgegeben wird), sondern schlängelt sich kunstvoll im zur Verfügung stehenden Raum der Behausung. So erreichen die Bienen die an das jeweilige Klima angepasste notwendige Durchlüftung oder Wärmeisolierung.

Optimierungen mit Propolis

Außer im Zellenbau und im Bau der Waben haben die Bienenvölker evolutionär weitere Optimierungen entwickelt. Zum Wachs nutzen sie die Propolis, das Kittharz von Pflanzen, als Beimischung im Wachs. Neben der primären Nutzung der antibiotischen Wirkung von Propolis werden beim Bau winzige Röllchen der Propolis dem Wachs beigemischt und damit die Stabilität erhöht. Durch diese eingebaute Armierung mit kleinen Schnipseln von Propolis wird das Wachs besonders widerstandsfähig gegen Temperaturschwankungen. Die Ränder der Zelloberkanten werden so verstärkt und dienen dem „comb-wide web" (Tautz), mit dem die Bienen über feinste Schwingungen auf den Waben kommunizieren (siehe dazu: Tautz 2012, S. 183 ff.).

Nur mit dem von den Bienen selbst hergestellten, reinen und unverfälschten Bienenwachs mit seinen über 300 Inhaltsstoffen kann ein Bienenvolk diese innere Lebenswelt bauen und in ihr gesund wachsen und sich mit ihr vermehren. Die Meldungen von sterbenden Bienenvölkern durch Wachsverfälschungen oder gar Wabenvorgaben aus anderen Materialien (Verfälschungen aus Asien, FLOWHIVE aus Kunststoff) verwundern angesichts der komplexen Funktion des Heimatkörpers aus Wachs nicht. Wabenvorgaben, Ansätze oder ganze Mittelwände, soweit sie vom Imker eingesetzt werden, sollten daher aus natürlichen Bienenwachskreisläufen gewonnen werden.

INNEN- UND AUSSENWELT: ENERGIEKREISLAUF DER BIENEN

Bienen erstellen aus sich heraus die perfekten Baustoffe für ihre Innenwelt her. Sie produzieren eine auf ihre jüngsten Nachkommen abgestimmte Nahrung, sie gewinnen aus der Außenwelt Stoffe, deren Eigenschaften sie nutzen oder die sie für sich umwandeln. Sie geben der Außenwelt aber auch etwas zurück, was im Naturgefüge dieser Lebewesen wiederum eingebaut und benötigt wird. Ein perfekter Energie- und Kommunikationsaustausch zwischen der Innenwelt der Bienen und ihrer Außenwelt.

Die Kommunikation der Bienen untereinander und die darin eingebettete Übertragung wichtiger Informationen aus der Außenwelt an die Mitglieder des Staates sind Schwerpunkt aktueller Bienenforschung (wie in den Kapiteln *Natürliche Gesunderhaltung der Honigbiene,* siehe S. 91, und *Über Bienenvölker in freier Natur,* siehe S. 114, beschrieben wird). Neben der Kommunikation fasziniert auch der Austausch von organischer und anorganischer Materie zwischen der sich in Millionen Jahren verändernden Außenwelt und der von den Bienen geschaffenen Innenwelt. Im gegenseitigen Austausch mit der Außenwelt, insbesondere mit Pflanzen, aber auch anorganischer Materie wie Wasser sowie den abiotischen Veränderungen, haben Bienen zu einer optimalen Lebensweise gefunden und die ausgebildeten Sinnesleistungen der Bienen zu optimalen Hilfen beim Austausch mit der Umwelt geführt. Viele von diesen Fähigkeiten gehen weit über die Sensibilität des Menschen hinaus, und nur durch hochauflösende, technische Messmethoden und berührungslose Untersuchungen wurden und werden diese langsam erkannt und entschlüsselt (siehe beispielsweise HOBOS von Prof. J. Tautz, im Service S. 204).

Aus der Fülle dieser Sinnesleistungen sollen hier einige nur beispielhaft beschrieben werden (vgl. Frisch 1965, 1993; Lindauer 1954, 1984; Tautz 2012, 2017, 2019; sowie Ritter 2014, 2016).

Sinneswahrnehmungen der Bienen

Mit ihren zwei Komplexaugen (Facettenaugen), zusammengesetzt aus zahlreichen Einzelaugen (Ommatidien), können sie ein Farbspektrum aufnehmen, welches auf das der Blüten abgestimmt ist. Im Vergleich zum für uns sichtbaren Spektrum ist es in den kurzwelligen Bereich verschoben. Ultraviolette Farbanteile sind für sie sichtbar, der für uns sichtbare rote bis infrarote Bereich weniger. Mit den drei Punktaugen (Ocellen) zur Steuerung der Tagesaktivität können sie im Flug hell und dunkel unterscheiden, sie dienen auch zur Entfernungsmessung. Bienen schätzen Entfernungen anhand des sich ändernden Landschaftsmusters ab, sie nehmen die Schwingungsrichtung des Lichtes wahr, um sich daran zu orientieren, auch wenn die Sonne durch Wolken oder Nebel für uns Menschen nicht sichtbar ist.

Die in der Natur vorkommenden komplexen Blütenformen sowie andere zahlreiche Wachstumsvorgänge der Pflanzenwelt (Fibonacci-Folge) haben bei den Bienen dazu geführt, dass sie eher komplexe Formen unterscheiden können als die für uns einfach unterscheidbaren geometrischen Formen. Die Fibonacci-Folge ist eine nach dem italienischen Mathematiker Leonardo da Pisa (1170–1250), genannt Fibonacci, benannte Zahlenfolge, bei der jedes Element aus der Summe der beiden vorherigen Zahlen gebildet wird (1, 2, 3, 5, 8, 13, 21, 34, 55, 89, 144, 233 usw.). Diese Folge taucht auch in der Natur, u. a. in der typischen Anzahl von Blütenblättern oder Spiralen von Samen auf. Blüten besitzen selten 2, 4 oder 6 Blütenblätter, eher 5, 13, 21 oder 34, oder bei Sonnenblumen findet man 21, 34, 55 oder 89 Spiralen von Kernen. Bienen haben sich offensichtlich auf die sich evolutionär komplex entwickelten Formen der Pflanzen eingestellt.

Auch die Geschmacksnerven der Bienen sind optimal an ihre Bedürfnisse angepasst. Abhängig von der Üppigkeit des jahreszeitlichen Trachtangebotes nimmt eine Biene mit dem Rüssel ihrer Mundwerkzeuge die Süße des Blütennektars erst ab einer Konzentration von über 4 % war. „Eine Rohrzuckerlösung von etwa 2 %, die für uns noch sehr deutlich süß schmeckt, können sie nicht von reinem Wasser unterscheiden" (Frisch 1993, S. 94). Im Gegensatz zum hochempfindlichen Geruchssinn ist der zuckersensible Geschmackssinn begrenzt empfindlich, um ökonomisch Nektar einzutragen: Zu geringe Anteile von Zucker lohnen sich offenbar für die Nektar eintragenden Bienen nicht. Dabei hinterlassen sie für ihren nächsten Anflug und den ihrer Schwestern Duftmarken an den geleerten Blüten, wobei dieser Duft zeitlich synchronisiert etwa dann wieder verblasst, wenn die Blüte neuen Nektar produziert hat. Manche Blütenpflanzen, wie die Rosskastanie (*Aesculus hippocastanum*), unterstützen sogar aktiv diese Kennzeichnung durch eine Farbveränderung ihrer Blüte und zeigen so an, dass sie bereits besucht (und damit bestäubt) wurde. Die Antennen der Bienen, ihre Fühler, sind nicht nur hochauflösende Tastorgane, sondern wahre Wunderwerke der Sinneswahrnehmung. Für mehrere Sinne ausgelegt, sind sie mit ca. 20 000 feinsten Sensoren ausgestattet. Honigbienen können mit ihnen Blüten von Blumen auch noch in Kilometern Entfernung riechen, und das dreidimensional, das heißt hinter einem Duft noch einen weiter entfernten, anderen wahrnehmen. Die beweglichen Fühler steuern im Wendeglied der Antenne, dem Johnstonschen Organ, die Flügelschlagfrequenz zur Anpassung an die Luftströmungen im Flug.

Als Volk sind die Bienen wahre Wärmekünstler. Sie regeln im Brutnest die Wärme sehr genau auf 34,8 °C und die Luftfeuchtigkeit auf etwa 40 %.

Die Sinne der Honigbienen haben sich in Jahrmillionen speziell an die Bedürfnisse angepasst und wirken komplexer miteinander als nur das Riechen, Schmecken, Fühlen, Sehen und Hören bei uns Menschen. Einige Sinne sind deutlich empfindlicher als beim Menschen, wie der Riechsinn, andere Sinne besitzen wir Menschen gar nicht. So nehmen Bienen elektrostatische Ladungen und magnetische Felder wahr. Damit können sie das Erdmagnetfeld spüren und die Ausrichtung des Wabenbaus bei gleichzeitig arbeitenden Bautrupps steuern. Sobald im Brutnest ein künstliches Magnetfeld das der Erde überlagert, richten sie ihre Waben nach diesem aus oder bauen gar in anderen, zylindrischen Formen ihr Nest (siehe dazu Frisch 1993, S. 162 f.).

Mit den oben nur angedeuteten Sinnesleistungen konnten die Bienen in den Millionen Jahren der Entwicklung und Anpassung an ihre Außenwelt Produkte gewinnen, verarbeiten und mit der eingetragenen Energie sich eine bienenoptimale Innenwelt schaffen.

„Ein Bienenvolk ist die wunderbarste Art der Natur, Materie und Energie in Raum und Zeit zu organisieren.“ Jürgen Tautz (in Tautz 2012, S. I)

Nektar, Pollen und Propolis

Nektar und Honigtau als Heiz- und Betriebsmaterial auf der einen Seite und der eiweißreiche Blütenpollen, insbesondere für die heranwachsende Brut, auf der anderen, stellen die wichtigsten Energien dar, die die Bienen aus der sie umgebenden Natur entnehmen und umformen. Besonders im Frühjahr sind Sammlerbienen mit dicken *Pollenhöschen* zu sehen, sie tragen das unentbehrliche Eiweiß für die heranwachsenden Körper der jungen Bienen ein. Der in Zellen

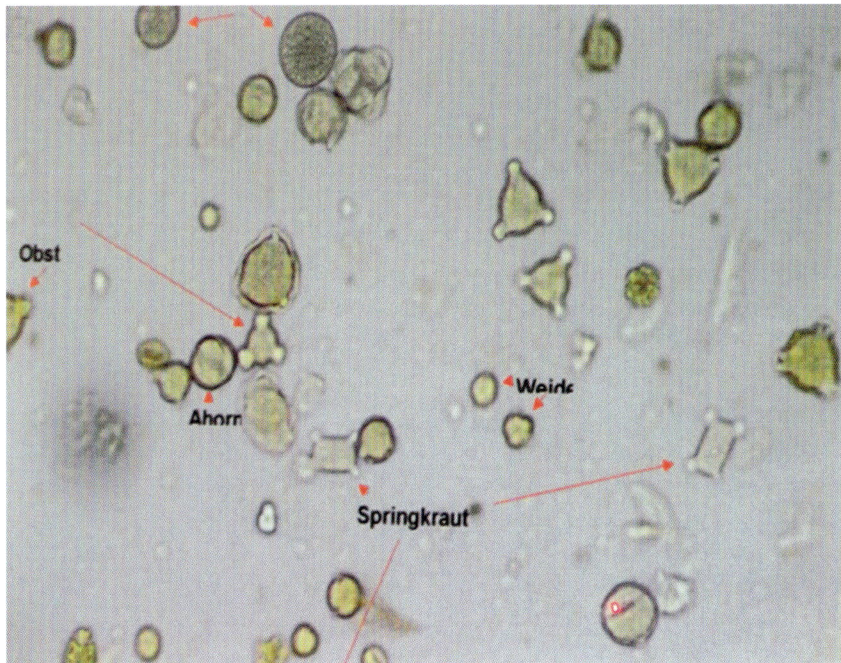

Mikroskopische Aufnahme von verschiedenen Pollen im Honig (Dank an das Fachinstitut Bienen und Imkerei, Mayen).

eingelagerte, mit Wachs zur Konservierung überzogene Pollen ist dabei nicht so attraktiv wie der frisch eingetragene.

Gegenüber den Pollensammlerinnen können die Nektarsammlerinnen als solche nicht so leicht ausgemacht werden. So sorgen sie aber nicht nur für die Energie des Tages, sondern tragen in der Haupttrachtzeit den Vorrat für den gesamten Winter ein. Auch der Eintrag des besonders im Frühjahr für die Brut notwendigen Wassers kann nicht unmittelbar beobachtet werden.

Aus dem von Pflanzen zum Verschließen von Verletzungen, zur Abwehr von Schadinsekten und zum antibakteriellen Schutz ihrer Knospen entwickelten Harz wird von den Bienen durch Anreicherungen mit Wachs, Pollen, ätherischen Ölen und Speichelsekreten Propolis gewonnen. (Die) Propolis (*aus dem Griechischen: „pro polis = vor der Stadt“*) hat eine antibiotische, antibakterielle Wirkung. Sie ist zur Gesunderhaltung dieses Organismus, der aus so vielen eng zusammenlebenden Körpern besteht, lebensnotwendig. Zur Auskleidung von Brutzellen, Waben sowie der rauen Innenwände der Behausung als Schutz unter anderem gegen Schimmel, zur Abdichtung von Ritzen und zur Ausrichtung des Wabenbaues ist Propolis als Schutz „vor der Stadt“ für den des Bienenstaates unersetzlich.

SCHWÄRMEN FÜR DIE VERMEHRUNG

Ein Bienenvolk vermehrt sich durch Schwärmen. Die meisten Imker versuchen, dies mit allen Mitteln zu verhindern. Der Schwarmtrieb müsste jedoch, wenn es alleine um das „Sich-wohl-Fühlen" des Volkes ginge, positiv bewertet werden. (Wolfgang Ritter auf dem 2. Siebengebirgs-Imkertag)

Jedes Lebewesen trachtet nach Vermehrung, zum Ausgleich von Verlusten, zur Verbreitung in andere Regionen und zur Überlebenssicherung der Art durch Genanpassung.

Faszination einer Schwarmtraube: Einige Hundert Bienen halten sich am Ast fest und rund 10 000 ketten sich mit der Königin im Zentrum daran, bis ein endgültiges Zuhause von den Kundschaftern des Schwarms gefunden wird.

Verschiedene Formen der Vermehrung

Ob durch Zellteilung oder mittels zweigeschlechtlicher Fortpflanzung, über Befruchtung und die damit verknüpfte Bereicherung der Erbanlagen im Dienst der Gene, hat die Selektion dabei verschiedenste Formen entwickelt.

Die Vermehrung des Superorganismus Bien stellt dabei einen Sonderfall dar. In der geschlechtlichen Fortpflanzung von Tieren und Pflanzen sind die aus der Vereinigung entstandenen Nachkommen nach einer bestimmten Zeit wieder zur Vermehrung und zur Weitergabe der Gene an die nächste Generation fähig. Beim Lebewesen Bien ist der sexuelle Akt von Königin und Drohnen nicht unmittelbar mit dem Beginn einer Vermehrung des gesamten Organismus gebunden. Viele Hunderttausend Töchter und Söhne werden geboren, aber nur rund einmal im Jahr vermehrt sich ein Volk. Der Zyklus des Lebens eines Bienenvolkes und die Teilung durch Schwärme sind wohl miteinander verzahnt, sind aber grundsätzlich zwei verschiedene Prozesse.

Beides zusammen, den zeitlich unbegrenzt lebensfähigen Zyklus eines Bienenvolkes auf der einen und das Potenzial zur Vermehrung auf der anderen Seite, nennt Jürgen Tautz: „*die vermehrte Unsterblichkeit*" (Tautz 2012, S. 37).

Vorbereitung der jungen Königin

Um zunächst den Zyklus im Laufe eines Bienenjahres (vom 1. August bis zum 31. Juli des Folgejahres) zu beleuchten, knüpfen wir an die bereits angedeutete Entwicklung der Bienenkönigin an. Wie dort (S. 54 f.) beschrieben, gibt es unter den ganzjährig zahlenmäßig überwiegenden Arbeiterinnen eine weibliche Biene, die nicht am Flugloch ein- und ausfliegt. Diese zeichnet sich durch einen längeren, schlanken Hinterleib aus und zeigt sich dem flüchtigen Beobachter kaum. Viele Imker bemühen sich mit allerlei Tricks, diese besondere Biene zu finden: die Königin des Volkes.

Als befruchtetes Ei beginnt ihr Dasein wie bei den Arbeiterinnen. Jedoch hat das Volk hier schon sehr früh etwas Besonderes geplant. Während befruchtete Stifte in Standardzellen für Arbeiterinnen und unbefruchtete in etwas größeren Drohnenzellen bis zum Schlupf aufwachsen, wird für eine zukünftige Königin eine besondere Zellenform von den Architektinnen des Volkes zur Verfügung gestellt. Zunächst als offenes Näpfchen zumeist am unteren Rand einer Wabe angelegt, wird nach Eiablage durch die „amtierende Königin" von den Arbeiterinnen eine fast haselnussförmig große Zelle aus Wachs ausgeformt.

Die Entwicklung dieses weiblichen Stiftes in der Weiselzelle wird von den Ammenbienen besonders forciert. Anders als bei den Arbeiterinnen und Drohnen, deren Nahrung nach den ersten Tagen mit Pollen gestreckt wird, wird diese

Eine offene und mit einer Larve gefüllte, eine geschlossene und eine bereits von einer Jungkönigin verlassenen Weiselzelle am unteren Rand einer Wabe.

Larve weiterhin mit diesem wertvollen Königinnenfuttersaft, dem Gelée royale, gefüttert und der Ausbau der besonderen „Weiselzelle" wird gepflegt und geschützt. Die Entwicklung dieses besonderen Wesens geht dabei rasant schnell voran. Nach nur acht Tagen verpuppt sich bereits die Larve in der verschlossenen Weiselzelle und weitere sieben bis acht Tage später steckt die fertige Jungkönigin bereits ihre Zunge aus dem angeknabberten Zellendeckel und erhält ab sofort ihr Leben lang von den Ammenbienen ihre Edelnahrung, das Gelée royale.

Zunächst hat sie noch Mühe, trotz der Hilfe einiger Ammenbienen, mit ihrem langen Hinterleib aus der Weiselzelle zu schlüpfen, was bis zu einer Stunde dauern kann.

Der Hochzeitsflug

Wenn sie das geschafft hat und erwartungsvoll von den Arbeiterinnen umsorgt und gefüttert wird, erreicht die noch unbegattete Jungkönigin bereits nach sechs bis sieben Tagen ihre Geschlechtsreife. Im Vergleich zur Entwicklungsdauer der Drohnen, die vom Ei bis zur Geschlechtsreife 40 Tage benötigen, ist die der Jungkönigin mit 22 Tagen (16 plus 6) wesentlich kürzer, als evolutionäres Ergebnis eines Wettrennens mit der Zeit. An warmen und trockenen Mittagsstunden startet sie die gefährlichste Mission ihres Lebens, den Begattungsflug.

Ob sie zuvor erste Übungsflüge gemacht hat oder in Begleitung von erfahrenen Sammelbienen ausfliegt, ist nicht sicher belegt, da nur schwer zu beobachten. Jedoch fliegt sie eher zu einem bis 10 km weit entfernten Drohnensammelplatz als zum nächstgelegenen. Da sie nur wenige Minuten am Drohnensammelplatz zur Begattung mit den dort bereits wartenden Drohnen benötigt, hat sie mit ihrer mitgeführten Energie einen größeren Flugradius. Der Grund ist die höhere Wahrscheinlich für eine Genmischung, wenn sie vom eigenen Volk weg auf Drohnen von anderen Völkern trifft.

Nach der Begattung durch mehrere Drohnen fliegt sie mit dem Geschlechtsapparat des letzten Drohns als *Begattungszeichen* zurück zu ihrem Volk. Dieser wird von den Arbeiterinnen sofort entfernt und die Königin beginnt ihre Regentschaft im Heimatvolk. Für mehrere Jahre zeigt sie durch permanente Ausschüttung und Verteilung ihrer Pheromone dem Volk an, dass sie als einzig voll entwickeltes Weibchen gesund und stark genug ist, um für die Nachkommenschaft zu sorgen. Die Fürsorge und Pflege einschließlich der Fütterung der Stockmutter übernehmen vollständig die Arbeiterinnen, sodass die Königin, die Weisel, sich ausschließlich um das Ablegen der Stifte, seien es unbefruchtete männliche oder befruchtete weibliche, kümmern kann. Ihr Vorrat an Sperma reicht die ersten drei bis vier Jahre aus, um in der Wachstumsphase des Volkes täglich bis zu 1500 Eier zu legen (vgl. z. B. Frisch 1993, S. 34). Auch wenn die Legeleistung im Spätsommer abnimmt und nach mehreren Frosttagen im Winter für einige Tage oder Wochen ganz aussetzt, stiftet sie in ihrem ersten Königinnenjahr etwa 200 000 Mal. Abzüglich der unbefruchteten Drohnen geht bei einer solchen Legeleistung auch der gewaltige Vorrat an Sperma im dritten und vierten Jahr langsam zur Neige. Zur Verringerung dieses Vorrats kommt hinzu, dass sie das in ihrer Samentasche gelagerte Sperma über Jahre hinweg frisch und aktiv halten muss. In der gesamten Regentschaftszeit verlässt die Königin dabei nicht auch nur einmal ihr stockdunkles Zuhause. Permanent erhält sie königlichen Futtersaft, legt Eier in die vom Volk zur Verfügung gestellten Zellen, gibt Botenstoffe ans Volk ab und wird von den Ammenbienen wie von einem Hofstaat rund um die Uhr gepflegt (vgl. a. a. O.).

Doch wieso verzichten bis zu 50 000 weibliche Bienen in einem Volk auf die Weitergabe ihrer Gene und unterstützen lebenslänglich stattdessen ihre Mutter dabei, möglichst viele (Halb-)Schwestern und Brüder aufzuziehen?

Strategien zur Arterhaltung

Die Vereinigung von Männchen und Weibchen ist ein Schritt zur Fortpflanzung, der aber nicht unbedingt unmittelbar eine Zeugung von Nachkommen bedeuten muss. Mit der verzögerten Entwicklung eines Embryos in ihrem Beutel kann z. B. eine Kängurumutter kritische, zu trockene Zeiten überbrücken. Die mengenmäßig extrem hohe Speicherung von Sperma aus nur einer kurzen, für die Bienenkönigin gefährlichen, weil außerhalb des Stockes stattfindenden Begattung, ist eine Sicherheitsmaßnahme, die sich in Jahrtausenden selektiv herausgebildet hat. Mit über einer Million Spermien von bis zu 20 unterschiedlichen Drohnen in ihrer Samentasche (vgl. Tautz 2012, S. 118) kann sie mehrere Jahre lang ihr Volk aufrechterhalten, ohne auch nur einmal ihre sichere Behausung zu verlassen. Dieser lebenslang für Nachkommen ausreichende Samenvorrat steht in Wechselwirkung mit den damit von der Fortpflanzung befreiten, nicht voll ausgebildeten anderen Weibchen. Diese können in der hoch eusozial entwickelten Gemeinschaft andere Spezialaufgaben übernehmen und das Vollweibchen entlasten, das sich ausschließlich der Fortpflanzung widmet. Solange durch den ständigen Futteraustausch ihr Duft an alle Arbeitsbienen und damit im ganzen Stock verteilt wird, besteht Gewissheit über Anwesenheit und auch Zustand der Königin. Bleibt dieser auch nur für eine Stunde aus, so spürt das gesamte Volk seine Weisellosigkeit, also den Zustand ohne Königin, und beginnt alles dafür zu tun, möglichst schnell eine neue heranzuziehen.

Sind in einem solchen Fall noch *Brutzellen mit jüngster Brut*, also mit höchstens ein bis zwei Tage, besser nur Stunden alten Stiften vorhanden, so werden diese Zellen erweitert und sorgsam und ausschließlich mit Weiselfuttersaft, dem Gelée royale, angefüllt. Mit diesen nachträglich geschaffenen Weiselzellen (Nachschaffungszellen), die wie kleine Rüssel aus dem Wabenwerk herausstehen, versucht sich das Volk eine (Ersatz-)Königin zu ziehen.

Verliert ein Volk ihre Königin und hat zudem *keine jüngste Brut*, aus der es eine neue Königin heranziehen könnte, so werden aus immer mehr weiblichen Arbeiterinnen sogenannte Drohnenmütterchen, das Volk wird drohnenbrütig. Selbst eine vom Imker in das drohnenbrütige Volk hinzugegebene Königin wird von den legenden weiblichen Bienen nicht mehr akzeptiert und getötet. In den nur gering ausgebildeten Eierstöcken der Arbeiterinnen reifen Eier heran, die von ihnen ungeordnet, zum Teil mehrfach in eine Wabenzelle abgelegt werden. Diese sind natürlich nicht befruchtet, wodurch sich ausschließlich Drohnen daraus entwickeln. Mit diesem letzten Akt des Volkes, das zum Tode verurteilt ist, können die Gene des Volkes potenziell noch an andere Königinnen weitergegeben werden.

Damit geschlechtsreife Drohnen überhaupt zeitlich mit den Hochzeitsflügen unbegatteter Königinnen anderer Völker zusammentreffen, müssen im Volk schon sehr früh Drohnenzellen angelegt werden. Mindestens 40 Tage, bevor die erste geschlechtsreife Königin eines anderen Volkes zur Begattung hinausfliegt, sind Zellen für männliche Bienen angelegt. Auch wenn Drohnen jeweils nur den nächstgelegenen Sammelpatz von ihrem Volk aus anfliegen, um möglichst lange dort auf eine Königin hoffen zu können, sind es nur einige wenige, die tatsächlich zum Begattungserfolg kommen. Dass bis zu 20 Drohnen eine Königin begatten, ist der Grund, warum bisher von der Königin als einzige Mutter, aber von mehreren Vätern die Rede war.

Es ist ein besonderes Erlebnis, auf einem Drohnensammelplatz einen Hochzeitsflug in zehn oder mehr Metern Höhe zu erleben: Wie in einem Schweif, folgen Hunderte von Drohnen in schnellem Flug einer einzigen Königin, die durch ihren wilden Kurvenflug hoch über dem Boden nur die flugschnellsten und kräftigsten Drohnen zum Zuge kommen lässt.

Alle diese von verschiedenen Völkern stammenden Drohnen, die den Samenvorrat der Königin im Flug füllen, leben nach der Begattung nur noch eine kurze Zeit. Ihr Geschlechtsapparat bleibt im Hinterleib der Königin stecken, reißt ab und verursacht den baldigen Tod noch am Drohnensammelplatz. Der zweite Drohn und ebenfalls alle nachfolgenden reißen den jeweils von ihren Vorgängern stecken gebliebenen Geschlechtsapparat heraus, bevor sie ihren Samen in die Geschlechtsöffnung der Königin pumpen. Nach weniger als 20 Minuten ist das beeindruckende Schauspiel vorbei und sowohl die junge Königin, deren Samenspeicher nun von mehreren Drohnen gefüllt ist, als auch alle nicht erfolgreichen Drohnen fliegen zurück zu ihren jeweiligen Völkern.

Ein einziges Mal habe ich das Glück gehabt, ein solches Naturschauspiel zu erleben. Während eines Zeidler-Workshops in der Nähe einer Waldlichtung glaubte ich zunächst einen Schwarm zu hören. Dann sah ich jedoch in Höhe der Baumspitzen, pfeilschnell und schwer verfolgbar, die wie zu einer Spitze zulaufende Verfolgerschar von mehr als 100 Drohnen. Sie jagten hoch über der Lichtung mit dem Geräusch eines hektischen Schwarms der vorneweg fliegenden Königin hinterher. Nach rund 15 Minuten war es ganz plötzlich wieder so ruhig und bienenfrei wie zuvor. Mit den Teilnehmern des Workshops diskutierten wir noch einige Zeit, von welchen uns bekannten Bienenständen in der Umgebung die Königin und von wo die Drohnen gekommen waren, ob dieser Platz regelmäßig zum Treffpunkt solcher Spektakel genutzt würde und ob es bestimmte Besonderheiten oder Bedingungen für Drohnensammelplätze gibt. Neben dem Naturschauspiel eines Schwarms ist dies ein ganz besonderes Ereignis, dass man so schnell nicht vergisst.

Komplizierte Verwandtschaft

Alle Arbeiterinnen eines Volkes haben in der Königin ihre Mutter und über das von der Königin aufgenommene Sperma auch einen Vater. Da eine Königin bei ihrem Hochzeitsflug von mehreren verschiedenen Drohnen begattet wird, sind jeweils eine bestimmte Anzahl der Arbeiterinnen Vollschwestern, andere nur

Der Schwarm kurz nach dem Abgang in der Luft: In wenigen Minuten bilden die mehr als 10 000 Schwarmbienen dort eine Traube, wo sich die Königin niederlässt.

Halbschwestern, je nachdem, von welchem Vater-Drohn des Samenvorrates sie stammen. Drohnen haben hingegen nur eine Mutter.

Dieser Prozess der Weiselbildung und der Befruchtung durch Drohnen anderer Völker kann jedoch auch vom Volk angestoßen und durchgeführt werden, obwohl eine gesunde, junge und ausreichend Stifte legende Königin im Volk vorhanden ist. Dann ist er darauf ausgelegt, ein Tochtervolk und somit eine Vermehrung des Volkes zu organisieren.

Das Anlegen von Drohnenzellen in einem Volk ist der erste Schritt zu einer möglichen Vermehrung eines anderen Volkes. Die Variation der Gene ist bei der Vermehrung von Bienenvölkern gesichert, da zwei Völker niemals die gleichen Väter haben können. Der von den Drohnen beigesteuerte anteilige Genpool ist einmalig, weil alle Drohnen, die erfolgreich eine Jungkönigin begatten konnten, nach dem Akt gestorben sind. *Die Vermehrung eines Bienenvolkes per Teilung bei gleichzeitiger Erzeugung von Geschlechtstieren kombiniert die erfolg-*

reiche Strategie der Einzeller (Teilung) mit der von Vielzellern (mit geschlechtlicher Zeugung).

Eine Bienenkolonie kann theoretisch vom alten Ägypten bis heute überleben. Die drei Wesen dieses „ewig lebenden" Volkes, die Königin, die Drohnen (im Austausch mit anderen Völkern) und die Arbeiterinnen konnten sich in diesem langen Zeitraum vielmals erneuern, das Bienenwesen, der Bien jedoch könnte den Zyklus ewig fortsetzen.

Natürliche Teilung durch Schwärme(n)

Die Vermehrung über die Teilung des gesamten Volkes hat notwendigerweise einen kritischen Punkt. So wie die Teilung einer einzelnen Zelle ein komplexer und erstaunlicher Vorgang ist, so bedarf die Teilung des Superorganismus von der Entscheidung bis zum erfolgreichen Abschluss einer reibungslosen Abstimmung der beteiligten Lebewesen. Wer entscheidet über eine Teilung, wann und warum, welche Wesen teilen sich auf, wohin zieht der neue Teil, welcher Teil erhält welche Vorräte? Auf diese und auf viele weitere Fragen haben die Bienenvölker im Laufe ihrer Entwicklung perfekte Antworten gefunden, deren Genialität wir erst jetzt beginnen zu verstehen.

Der kritische Punkt in diesem komplexen Teilungsprozess ist der Übergang von *„wir sind noch ein Volk"* zu *„wir sind jetzt zwei Völker"*.

Überall dort, wo die Königin des Schwarms sich (kurz) niedergelassen hat, bilden sich zunächst kleine Bienentrauben, dann sammeln sie sich gemeinsamen am Platz der Königin, meist nur wenige, max. 50 Meter vom Muttervolk entfernt.

Wie schon bei der Anlage der Drohnen im Frühjahr spielen die Arbeiterinnen des Bienenvolkes auch hier die zentrale Rolle. In ihnen entwickelt sich eine immer stärker werdende Kraft, den Teilungsprozess in verschiedenen Handlungsschritten immer weiter voranzutreiben. Tom Seeley drückt mit seinem Bestsellertitel „Bienendemokratie" (Seeley, 2014) genau das aus, dass nämlich Bienenvölker aufgrund interner (und für uns kaum zugänglicher) Informationsflüsse Entscheidungen fällen, die einzelne Bienen nicht in der Qualität fällen könnten.

Auftauchende Ansätze von Weiselnäpfchen, vom Imker Spielnäpfchen genannt, sind vielleicht schon eine Stimmungsanfrage: „Sollen wir?". Das Verschließen der mit Pollen gefüllten Zellen mit einer dünnen Wachsschicht ist ein weiteres Signal. Diese Haltbarmachung der Eiweißvorräte für den zurückbleibenden Teil des Volkes wird vom Imker als „glänzender Pollen" genauso gedeutet. Sind dann schließlich mehrere Weiselzellen (von den Arbeiterinnen) angelegt und von der Altkönigin bestiftet, ist der Teilungsprozess eine beschlossene Sache. Der Drang sich zu teilen, ist auf natürliche Weise nicht mehr zu stoppen. Im Wettlauf mit den aus Sicherheitsgründen angelegten anderen Weiselzellen ist die erste Jungkönigin nach 16 Tagen (oder gar schon ein wenig früher) schlupfreif. Was geschieht, wenn sie in das Volk hineinschlüpft, wo doch noch die amtierende Königin im Volk herumläuft?

Auch für dieses kritische Zusammentreffen ist vorgesorgt. Mit der Anlage und der Entwicklung von Weiselzellen und den durch Fütterung der darin gezogenen Larven mit ausschließlich Königinnenfuttersaft zu Jungköniginnen, wird die alte Königin ebenfalls auf die bevorstehende Teilung vorbereitet. Wieder sind es die Arbeiterinnen, die diese mit weniger Gelée royale füttern und zur Bewegung animieren. Die bislang ihre Regentin umsorgenden Bienen treiben und schubsen die Altkönigin, auf das sie beweglicher und flugfähig werde.

Zeitlich mit der schlupfreifen Jungkönigin abgestimmt, ist es dann soweit, dass der Übergang, die Teilung bald erfolgen kann. Ein Zusammentreffen der alten mit einer der jungen Königinnen würde zu einem Kampf und zur Tötung der vom Volk mühevoll gezogenen Jungkönigin führen. Daher stimmen sich beide akustisch zur Minimierung von Verlusten ab: Das *Tüten und Quaken* sind akustische Signale zwischen zwei Königinnen, die so laut sein können, dass diese Abstimmung sogar von einem aufmerksamen Imker außerhalb der Beute gehört werden kann. Die zum Schlupf bereite Jungkönigin „fragt" mit ihrem Quaken an, ob die Altkönigin noch da ist. Antwortet diese mit einem Tüten, weil z. B. ein Regenschauer ihren Abflug verzögert, bleibt die Jungkönigin noch in ihrer Zelle. Erfolgt keine Antwort, kann sie sich ins Volk wagen. Diesen Signalaustausch kann die neue Jungkönigin nun ihrerseits, zum Nachteil der ggf.

Tsunami-Effekt: Kurz vor dem Schwarmabgang kommen noch viele Flugbienen zurück zur wichtigsten Entscheidung: Wer geht, wer bleibt?

vorhandenen und später schlüpfenden anderen Jungköniginnen nutzen, um diese im Stock aufzustöbern und zu töten.

Noch bevor die zuvor flugfähig gemachte Altkönigin die Behausung verlässt, haben sich die abziehenden Schwarmbienen mit so viel Honig versorgt wie nur möglich. Wie sie diese Aufteilung durchführen, ist nicht hinreichend bekannt. Es handelt sich um einen Querschnitt aller mittelalten Bienen (vgl. Tautz 2012, S. 43). Nur wenige ältere Bienen verstärken die rund 10 000 bis 20 000 Individuen, die sich zum Aufbruch mit der ihr bekannten alten Königin in eine noch nicht bestimmte neue Behausung aufmachen.

Der eigentliche Schwarmabgang kündigt sich auch von außerhalb der Bienenbehausung an. Wie bei einem Tsunami, bei dem das Wasser erst zurückfließt, bevor die große Welle alles überflutet, kehren noch etliche Flugbienen ins Volk zurück, um wenige Augenblicke später, in einem Schwall von Bienen aus dem Flugloch herauszuströmen. Mehr als tausend pro Minute steigen hinauf, bilden eine unruhige, immer größer werdende Wolke, kreisen suchend mal um einen Baum, dann doch wieder um einen anderen in der Nähe. Sie lassen sich zunächst in kleinen, dann in immer größeren Gruppen an Blättern oder Ästen nieder. Der Duft der mitgeflogenen Königin bestimmt die Auswahl, ist sie jedoch flugunfähig, kehrt der Schwarm wieder zurück und sammelt sich um die am Boden liegende Altkönigin. Hat sie sich jedoch endgültig, meistens in der Umgebung von weniger als 50 m vom Muttervolk entfernt, niedergelassen, sammeln sich immer mehr Schwarmbienen um sie herum an dieser Stelle. Nach durchschnittlich weniger als einer Stunde bildet sich eine Schwarmtraube aus allen sich dann verketteten Schwarmbienen mit der Königin im Mittelteil. Energiesparend verharren sie dort, bis die „Kundschafter-Bienen“ ein neues Zuhause gefunden haben (siehe S. 62 ff. und 117 ff.).

Das als Traube im Baum für maximal einige Tage verharrende Schwarmvolk muss schnellstmöglich eine neue Behausung finden. Es kann aber, mit der mitgeführten, legefähigen Königin und dem Honigvorrat in den Mägen der Schwarmbienen ausgestattet, dann sofort mit dem Wabenbau und anschließend mit der Anlage von neuer Brut starten.

Die zurückbleibende, noch unbegattete Jungkönigin im Muttervolk hat noch ihren Begattungsflug vor sich, findet aber in der vorhandenen Behausung ausreichend viele Arbeiterinnen, Waben, Larven, Honig und Pollen vor.

Beide aus einem Volk vermehrten Volksteile können im Laufe des Bienenjahres noch stark genug werden und noch ausreichend Wintervorräte einlagern.

Beim Schwarmfang bietet der Imker nachdrücklich dem Schwarm eine Unterkunft an.

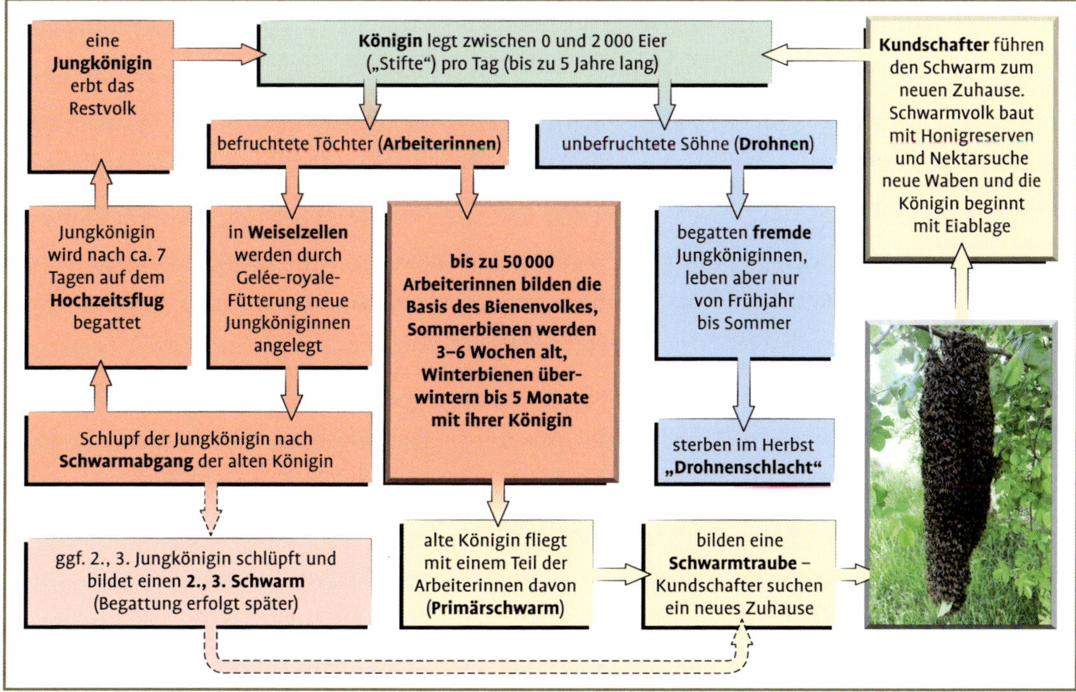

Der komplexe Schwarmprozess im Zusammenhang grafisch dargestellt.

Durch die Brutunterbrechungen sowohl beim geschwärmten Volk als auch beim zurückbleibenden Muttervolk werden Milben in der Brut und alle Brutkrankheiten minimiert. Die natürliche Teilung durch Schwärmen ist eine evolutionär „eingebaute" Gesundheitsmaßnahme.

VON DER BLÜTE BIS ZUM HONIG

Alles Lebendige steht mit der Umwelt in vielfachem Austausch von Energie und Materie. Neben der Sonnenenergie benötigen sowohl Pflanzen als auch Tiere wie auch die Gattung Homo sapiens Energie in Form von Zucker oder Fett, verschiedene Eiweiße, Mineralstoffe und Vitamine. Diese Stoffe werden mit verschiedensten Methoden beschafft und aufgenommen.

Energiegewinnung aus Nektar, Honigtau und Pollen

Bei Honigbienen wird die Heiz- und Betriebsenergie aus Nektar von Blüten und aus Honigtau gewonnen.

Während der zur Bestäubung lockende süße, zuckerhaltige Nektar direkt von den Blüten angeboten wird, ist der Honigtau ein Ausscheidungsprodukt von verschiedenen Blatt- *(Aphidina)* und Schildläusen (*Coccina*), die den Siebröhrensaft verschiedener Nadelbäume anzapfen und zuckerhaltig wieder ausscheiden. Honigtau kann auch als dicker, klebriger und zuckerhaltiger Film direkt von Blättern oder Nadeln mancher Bäume oder Sträucher von den Bienen aufgenommen werden.

Das insbesondere für die heranwachsende Brut unentbehrliche Eiweiß sammeln die Bienen in Form von Pollen von den Blüten in ihrer Umgebung. Dieser ist reich an Mineralien und Vitaminen und wird von den Bienen entweder mit Nektar angereichert und als Bienenbrot direkt verfüttert oder eingelagert und bei längerer Lagerungsabsicht mit einem Wachsüberzug konserviert. Während die Pollensammlerinnen leicht an ihren weißen, gelben oder orangefarbenen Pollenhöschen beim Heimflug als solche erkennbar sind, können Nektarsammlerinnen oder auch die Wasserholerinnen nicht so leicht erkannt werden. Besonders im Frühjahr, bei starker Bruttätigkeit und bei hohen Temperaturen im Hochsommer zur Kühlung durch Verdunstung wird bis zu einem halben Liter Wasser pro Volk am Tag benötigt. Die größte Wassermenge jedoch wird beim Prozess der Umwandlung von Nektar zu Honig, beim Trocknen des bis zu 70 % wasserhaltigen Nektars, gewonnen.

Nektar und Pollen werden das gesamte Jahr über benötigt, als Energie für jeden Tag, als Vorrat für kalte oder verregnete Übergangszeiten und in unseren Breiten zur Überbrückung der Winterzeit. Die in einem Jahr insgesamt von einem Volk benötigte Menge an Nektar und Pollen ist nur schwer zu bestimmen.

Mit ihren Mandibeln (Mundwerkzeuge) saugt die Biene den Nektar auf, der mit verschiedenen Stoffen (Enzyme, Invertasen) aus den Futtersaftdrüsen angereichert und mehrfach getrocknet, zu wertvollem Honig wird.

Ein Großteil wird sofort verbraucht, die notwendige Heiz- oder auch Kühlenergie ist abhängig vom Klima, vom Standort, von der Isolierung und der Größe der Behausung, der Größe des Volkes, den Störungen (durch den Imker) und vielen anderen Faktoren. Die Angaben in der Literatur schwanken zwischen 120 kg Nektar und 20 kg Pollen (Ritter 2014, S. 77) und 300 kg Nektar und 30 kg Pollen (Friedmann 2017, S. 24) pro Jahr. Für die hiesige Überwinterung benötigt ein durchschnittlich starkes Volk rund 20 kg Honig in einer Magazinbeute und etwa 5 kg in einer Baumhöhle (vgl. Schiffer 2019).

Eintrag über das Bienenjahr – TrachtNet

Einen besonderen Blick auf den Eintrag und Verbrauch eines Volkes erhält man, wenn man sich das sich verändernde Gewicht eines gesamten Bienenstockes kontinuierlich ein Jahr lang detailliert anschaut. Das Mayener Fachzentrum für Bienen und Imkerei (FBI) hat unter Leitung von Dr. Christoph Otten die in den 1970er-Jahren verloren gegangene Tradition der jahresübergreifenden Aufzeichnung von imkerlich relevanten Daten wiederaufgebaut. So werden heute mithilfe von bundesweit rund 400 elektronischen Tracht-Waagen die Gewichtsveränderungen (Beute, Waben, Bienen und Vorräte insgesamt) im 5-Minuten-Takt durch von Solarenergie gespeiste Sender systematisch aufgezeichnet und im Internet jedem Interessierten zur Verfügung gestellt (Näheres im Service unter: TrachtNet).

Unter einer Beute aufgestellt, liefert eine solche Waage des „Ägyptervolkes“ nicht nur dem Standimker aufschlussreiche Informationen, sondern allen interdisziplinär arbeitenden Schulen, Gymnasien und Instituten sowie allen im

In der Bienen-AG des Gymnasiums auf der Rhein-Insel Nonnenwerth haben wir die Bienenvölker nach alten Hochkulturen benannt. Hier das Volk der Ägypter, das seit 2016 mit einer TrachtNet-Waage ausgestattet ist.

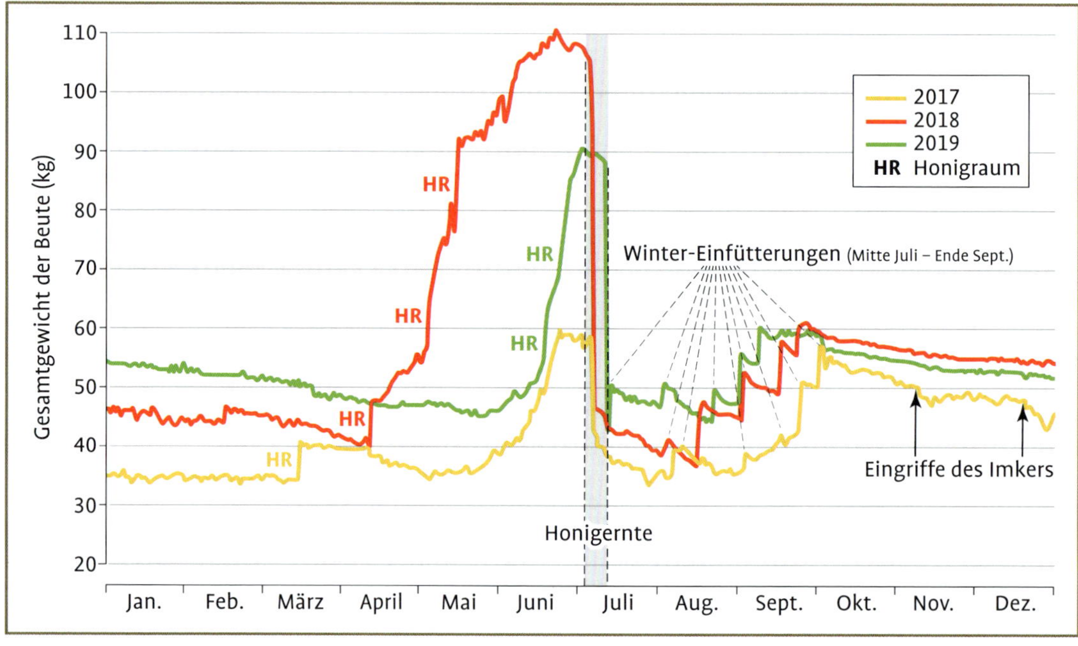

Verlauf des Gesamtgewichtes der TrachtNet-Waage Nr. 1042 auf Nonnenwerth für die Jahre 2017 bis 2019.

regional vergleichbaren Klima arbeitenden Imkern. Was bei genauerer Betrachtung des Verlaufes an Erkenntnissen gewonnen werden kann, zeigt beispielhaft die oben dargestellte Entwicklung des Beutengesamtgewichtes der Waage Nr. 1042 im Verlauf von drei Jahren.

Zu Beginn der drei Jahre bis Anfang März verlaufen die Gewichtskurven erstaunlicherweise kaum nach unten. Es wird im Bienenvolk nahezu ebenso viel eingetragen, wie verbraucht wird. Das Volk hat noch nicht seine volle Stärke erreicht und wird in den kalten Monaten Januar und Februar in seiner Ruhe nicht (vom Imker) gestört. Es verbraucht nur ein Minimum an Energie, da es, in einer Traube geschlossen, nur relativ wenig Wärme verliert.

Dass sich durch Witterung, Volksstärke oder Einfluss durch den Imker jeder Jahresverlauf anders (und oftmals überraschend) entwickelt, zeigen die drei Graphen des gleichen Volkes am gleichen Standort für die Jahre 2017 bis 2019, die, alle sehr verschieden, manchem Imker Rätsel aufgeben.

Da ein Bienenvolk bei zu geringen Reserven (weniger als 4 kg) die kritische Situation zu spüren scheint und oft als unruhig oder aggressiv erlebt wird oder zur Räuberei neigt, ist ein möglichst durchgängiges Trachtband (Nektar- und Pollenangebot) und ein immer ausreichend vorhandener Honigkranz wichtig.

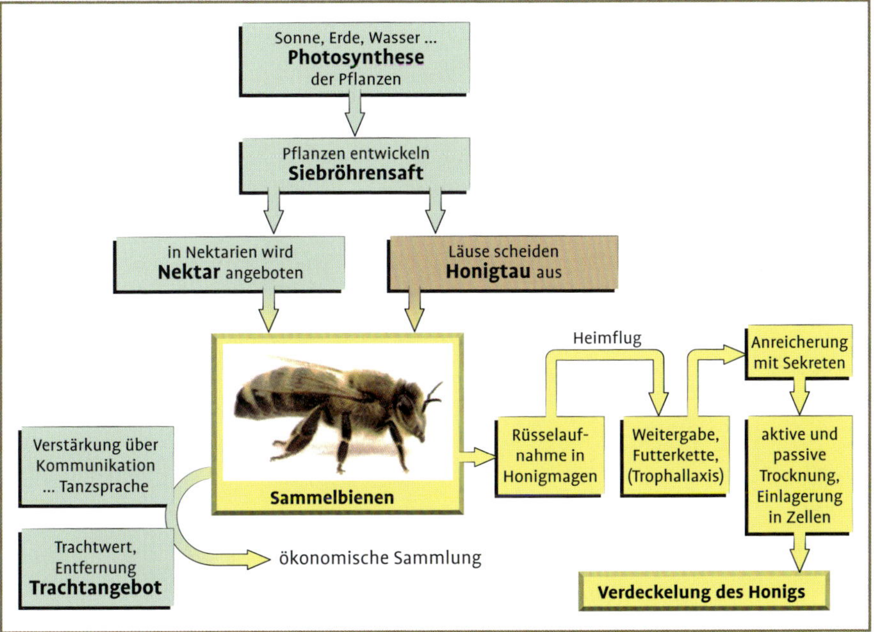

Prozess der Honiggewinnung.

Die Entfernung zur Nektarquelle, die Qualität (Zuckergehalt), die angebotene Menge pro Blüte, die Anzahl der Blüten und vieles mehr werden mit der möglichen Reichweite von den Sammlerinnen „berechnet“: „Lohnt sich die Quelle oder verbrauche ich zu viel Energie für den Flug dorthin und zurück?“, so scheinen sie für ihr Volk zu kalkulieren. Mit 0,4 g können Sammlerinnen fast die Hälfte ihres Körpergewichtes in ihrem Honigmagen aus einer Blüte zu ihrem Volk transportieren und ihren Schwestern im Stock übergeben. Sie stärken mit der Übergabe des Nektars (Trophallaxis) die sozialen Bindungen zum Volk und übermitteln gleichzeitig Informationen über die gefundene Quelle, über Geschmack und Duft des weitergegebenen Nektars.

Weiterverarbeitung im Bienenstock

Die weitere Verarbeitung der energie- und vitaminreichen Kost übernehmen die Stockbienen. Wenn sie den gelieferten Nektar nicht sofort für sich oder die Brut benötigen, reichern sie bei der Weitergabe an ihre nächsten Schwestern den Nektar mit Sekreten und keimtötenden Inhaltsstoffen an. Der zur Einlagerung noch zu hohe Wassergehalt wird in einem mehrere Tage dauernden Prozess in aktiven (fächelnd) und passiven (in unverschlossenen Zellen) Schritten getrocknet. Hat der so zu Honig verarbeitete, dickflüssige Vorrat einen Wassergehalt von weniger als 20 % erreicht, wird er durch eine dünne Wachsschicht von den Bienen in den oberen Zellen, entfernt vom Einflugloch, verschlossen und eingelagert.

Honigbienen beim Honigeintrag auf einer Honigwabe.

Kommunikation ist lebenswichtig

Hat eine Biene eine lohnende Quelle gefunden, finden sich überraschend schnell viele weitere Bienen an dieser Stelle ein. Zu schnell, als dass andere diese ebenfalls rein zufällig gefunden haben könnten. Der Grund: Erfolgreich gefundene Futterquellen werden von den Sammelbienen an andere weitergegeben. Diese zuerst vom Altmeister der Bienenforschung (und mit dem Nobelpreis dafür geehrten) Karl von Frisch erkannte und beschriebene Kommunikation ohne Sprache über die Position der Futterstelle ist bis heute weiter erforscht und ergänzt worden (siehe HOBOS von Prof. J. Tautz). Zum Schwänzeltanz (Angabe bei größeren Entfernungen) und dem Rundtanz (bei Entfernungen zur Nektarquelle unter 100 m) kommen viele neue Elemente wie der „Brauseflug" (Tautz) hinzu. Die gesamte Kommunikation ist ein Geflecht aus Mitteilungen über Schwingungen beim Tanz auf den Waben und Duft- und Geschmackshinweisen auf die sich lohnende Energiequelle. Der vielfach beschriebene Schwänzeltanz, der durch die Ränderverstärkung der Waben mit Propolis zum „comb-wide-web" (Tautz) optimiert wird, deutet dabei nur einen kleinen Aspekt der umfangreichen Bienenkommunikation an.

AUFBRUCH IN EINE NEUE IMKEREI

Wir begreifen so lange nicht, was wir tun, bis wir erfahren, was die Natur täte, wenn wir nichts tun würden.

Frei übersetzt nach Wendell Berry, vgl. Zitat in: Seeley 2019, S. 1

BIENENGESUNDHEIT STÄRKEN STATT KRANKHEITEN BEKÄMPFEN

In den vergangenen beiden Kapiteln wurde ein Blick auf die Geschichte der Imkerei, auf das Wesen des Biens und auf die wunderbaren Fähigkeiten der Bienen geworfen. Durch die ökonomisch-technische Entwicklung insbesondere

Naturwabenbau ohne äußeren Schutz unter einer Fußgängerbrücke. Hat das Schwarmvolk keine Behausung gefunden? Wie waren die Auswahlkriterien für diesen außergewöhnlichen Nistplatz?

in den letzten Jahrzehnten hat sich geschichtlich die Bienenhaltung auf ein ökonomisches Maximum hin bewegt. Imker ernten ein Vielfaches an Honig im Vergleich zu den Ernten vor fünfzig oder vor hundert Jahren, die Bienenvölker sind größer und die Königinnen legestärker. Dabei haben wir vielfach unter der Annahme gelebt, dass das, was gut für uns war, auch gut für die Bienen war.

Wir haben uns geirrt. Wir müssen unsere Einstellung, unser Handeln so verändern, dass das, was gut für die Bienen ist, gut für uns sein wird. Dies setzt voraus, dass wir uns bemühen, die Welt der *natürlich lebenden Bienenvölker* kennenzulernen und das umsetzen, was gut für sie ist. Unser Ziel muss sein, das natürliche Leben der Honigbienen zu verstehen – wie sie ihre Nester bauen und wärmen, ihre Jungen aufziehen, ihre Nahrung einsammeln, ihre Fortpflanzung durch Teilung vollziehen, wie sie gemeinsam mit vielen anderen Lebewesen in enger Gemeinschaft leben und wie sie sich im Einklang mit den jeweiligen klimatischen Gegebenheiten und den Jahreszeiten angepasst haben. Wir sehen nur ein „Kompensationsverhalten" (T. Schiffer) der Bienen, solange wir die Bienenvölker in den nach rein ökonomischen Gesichtspunkten von uns geschaffenen Behausungen beobachten und ihr natürliches Verhalten daraus ableiten wollen. Die größten Anstrengungen richten wir auf die Abwehr der resultierenden Krankheiten und auf ihre „Bekämpfung" durch Behandlungen mit immer neuen Präparaten und Methoden. Dabei haben wir übersehen, dass die moderne Imkerei selbst seit rund 100 Jahren die reinigende Wirkung der Naturauslese behindert (vgl. J. Guth 2017), weil wir nach nur imkerlichen Kriterien versuchen, die Selektion selbst zu übernehmen. Wir haben die Augen davor verschlossen, dass durch unsere von ökonomischen Aspekten geprägte Imkerei, durch eine auf unsere Ziele gerichtete Auswahl bei der Vermehrung wir selbst für die Bienen die größte Belastung darstellen.

Nur der natürliche Selektionsdruck unter dem Einfluss von unzähligen Kriterien und den sich wandelnden Bedingungen der Natur bewirkt, dass die Strategien gefördert werden, die das Überleben und die Verbreitung der Bienen langfristig absichern. Wenn zu einer neuen Bienenhaltung auch die Verantwortung gehört, die für ein Bienenvolk übernommen wird, bedeutet dies, ihm auch *die* Lebensbedingungen zurückzugeben, die es gesund erhält.

Beschaffenheit des Standortes

Die Lebensbedingungen der Außenwelt der Bienen können wir imkerlich nur begrenzt beeinflussen. Die Verschmutzung, Vergiftung und die klimatische „Selbstverbrennung" (Schellnhuber 2015) der Erde durch uns Menschen ist eine weitaus größere und dringendere Problematik. Sie zeigt aber auch ursächlich vergleichbare Symptome und ist mit jener verknüpft. Jedoch die unmittelbar imkerlich beeinflussbaren Bedingungen, insbesondere die der Innenwelt der Bienen, liegen in unserer Hand. Als Imker sollten wir unsere Energie weniger im Karussel der Krankheitsbekämpfung vergeuden, als vielmehr auf die bienengerechten Bedingungen einer Bienenbehausung Wert legen, die eine notwendige Voraussetzung für die Gesundheit der Bienen darstellt.

Diese beginnen beim *Standort*, den wir den Bienen durch unsere Standortwahl anbieten und von dem aus sie dann ihr Leben lang mit der im Umkreis verfügbaren Außenwelt im Energieaustausch stehen. Die monokulturelle, einseitige Bepflanzung immer größerer landwirtschaftlicher Flächen macht es in manchen Regionen schwer, einen Standort zu finden, der für Insekten geeignete und über das ganze Jahr verteilte Nahrung bietet. Orts- oder Stadtränder sind heute oft bunter und bieten den Wild- und Honigbienen ein durchgängigeres Trachtband an als industriell genutzte Landwirtschaftsflächen. Doch aktuelle und wohl noch mehr zukünftige Auflagen und Anreize aufseiten des Gesetzgebers, Naturfelder-Aktionen von immer mehr Naturorganisationen oder auch unmittelbare Kommunikation mit den Verantwortlichen lassen auf einen Wandel zu einer wieder größeren Pflanzendiversität hoffen.

Ein solcher Standort, den die Bienen sich auch selbst ausgesucht hätten, befindet sich zudem versteckt, weit vom nächsten Bienenvolk entfernt, möglichst hoch und trocken. Um diesen natürlichen Bedürfnissen möglichst nahezukommen, habe ich z. B. versucht, meine Völker in den letzten Jahren von zunächst auf Vierer-, dann auf Zweier-, nunmehr auf Einer-Beutenböcken mit Mindestabständen und verschiedenen Einflugwinkeln zueinander und so hoch wie möglich aufzustellen.

Bienenstand mit zwei separat aufgestellten (Dadant-)Beuten auf dem Gelände des JUFA-Hotels in Königswinter.

BEUTENKLIMAFORSCHUNG

Die Diskussionen um das „richtige" Magazinbeutenmaß sollten vorbei sein. Eine bienengerechte Innenwelt sollte primär ein gesundes Klima und die dazu notwendigen Bedingungen ermöglichen. Die derzeit im Fokus stehende Beutenklimaforschung zeigt, dass glatte Wände, rechte Winkel und Ecken, geringe Isolierung und damit schimmelbildende Feuchtigkeit ursächlich für viele Krankheiten verantwortlich sind.

Welche Behausung und welchen Standort suchen sich die Kundschafter dieses wunderbaren Schwarms? Eine eckige Kiste?

Ein Schwarmvolk hat sich im Mai 2019 in den ersten Schiffer-Tree einquartiert.

Verbesserungen wie etwa durch eine in einer Magazinbeute auf der Innenseite angebrachte, zusätzliche achteckige Isolierung (mit der z. B. Mirko Lunau u. a. experimentiert) müssen dabei immer ganzheitlich angegangen werden. Verbessert man nur eine Bedingung einseitig, kann es durch diese Veränderung insgesamt eine Verschlechterung bedeuten. Ein für die Bienen leichter regelbares Innenklima bedeutet, dass auch die Innenwände naturrau, das Flugloch weiter unten, dass Deckel und Boden den Bedingungen angepasst sind und vieles mehr. Torben Schiffer hat rund zehn Jahre daran geforscht, Magazinbeuten unter diesen Aspekten bienengerechter zu gestalten.

Bienengerechte Geometrie der Behausung

Wenn wir uns von der rechteckigen Beutenform zu einer bienenoptimaleren Geometrie hin bewegen, hat dies unmittelbare Konsequenzen für die Nutzung von gängigen Magazinrahmen. Durch eine zusätzliche Isolierung außen an einer konventionellen Beute wird keine Verbesserung der Innengeometrie für die Bienen erreicht. Eine zusätzliche Innenisolierung (z. B. mit porösem Totholz oder Naturbrandkork), die zugleich die Geometrie der Behausung verbessert, kann einen möglichen Weg darstellen, verhindert dabei notwendigerweise aber die Nutzung der Mobilbaurahmen. Doch der damit notwendige Naturwabenbau und die Wahrung der Integrität im Brutraum durch frei von den Bienen zu bauende Waben sind ein anzustrebender Baustein zur bienengerechten Haltung. Annäherungsversuche an die Geometrie einer Baumhöhle durch zusätzliche,

Drei Fächlerinnen am runden Einflugloch eines SchifferTree in drei Metern Höhe.

nach innen abgerundete und raue Dämmung mit von den Bienen frei zu bauenden Brutwaben können wertvolle Erfahrungen liefern. Wir fangen neu an, in einem Prozess mit diversen Übergangsstadien bienengerechtere Behausungen zu entwickeln und damit die Gesundheitsbedingungen der Bienen zu verbessern.

Der Eintrag von Energie aus der Außenwelt in ihre Innenwelt, das Wabenwerk mit ihrer Brut, ist für die Bienen das Wichtigste für ihr Leben und für ihr Überleben. Die großen Mengen von Nektar und Pollen sind durch die unzureichende Geometrie und die dadurch notwendige große Volksbildung bedingt. Die enorme Menge an entnommenem Honig durch den Imker heizt letztlich die Spirale weiter an, diese Übermengen einzutragen. Die dafür aufgewendete Zeit beansprucht alle Zeitreserven und die Zeiten, die in natürlichen Bienenhöhlen für die Gesunderhaltung (Putzen, Auskleiden) genutzt würden. Durch eine bienengerechtere Geometrie und eine nur geringe, einmalige Entnahme im Frühjahr geben wir den Bienen wieder Zeit, sich selbst um ihre Gesundheit zu kümmern, anstatt dass wir ihre Krankheiten zu bekämpfen versuchen. Immer mehr Neuimker wollen anstatt an großen Honigmengen sich lieber an gesunden Völkern erfreuen.

Die *Vermehrung*, die Teilung eines Bienenvolkes, ist eines der phantastischsten Naturschauspiele, die wir unmittelbar erleben können. Nur wenige Menschen, die den Auszug eines Volkes, das Sammeln von über 10 000 Bienen an einem nahe gelegenen Ast und die dann folgende Suche nach einem neuen Zuhause erleben und ein wenig die Bedeutung dieses Ereignisses für das Volk begreifen, sind nicht beeindruckt und voller Staunen.

Sehen lernen: Ehrfurcht und Staunen beim Anblick einer großen Schwarmtraube.

Maßstäbe und Methoden in der heutigen Imkerei

In der heutigen Imkerei wird versucht, diesen natürlichen Prozess der Vermehrung und zugleich der Gesundung durch diverse Methoden und Maßnahmen zu verhindern. „Meine Bienen sollen nicht abhauen und den Honig dahin mitnehmen, wo sie ja doch wild nicht überleben", so ist immer noch die vielfache Meinung. So haben viele Imker noch nie einen Schwarmauszug oder eine Schwarmtraube erlebt, da sie gelernt haben, wie die natürliche Vermehrung verhindert wird. Noch nicht geschlüpfte Jungköniginnen werden „abgedrückt" oder aktiven Königinnen werden ihre Flügel abgeschnitten, um ihren Ausflug im Schwarm zu verhindern. Züchter legen stattdessen Kriterien wie Sanftmut und hohen Honigertrag als Bewertungsmaßstäbe zur Selektion von Königinnen und Drohnen an. Mit dieser Auswahl ziehen sie auf Belegstellen oder mithilfe von künstlicher Besamung große Mengen von Königinnen zum Verkauf an die Imkerschaft.

Wir selektieren in immer größerem Maße alle Bienenvölker nach den ökonomischen Kriterien der Imkerei. Dabei vermag nur die Natur durch hoch komplexe genetische Anpassungen das langfristige Überleben einer Art zu sichern. Wenn wir diese Selektion durch die Natur nicht ausschließen wollen, dann muss ein möglichst hoher Anteil an wildlebenden Honigbienenvölkern dies für das Überleben der Honigbiene tun können. Daher der notwendige Schutz und die Verbreitung der Bienenvölker, die ohne Eingriffe durch uns, sich selbst überlassen, durchkommen. Die Forderung nach einem Artenschutzprogramm für Honigbienen durch Jürgen Tautz, Torben Schiffer u. a. meint genau das. Ihre Aufrufe zu Meldungen, wo wildlebende Honigbienenvölker gefunden werden, dienen der wissenschaftlichen Begleitung und dem Schutz dieser Völker.

Rückkehr zur Baumbienenhaltung?

Erleben wir nun eine Rückkehr der Baumbienenhaltung, einer auf den neuesten Forschungen basierenden neuen Zeidlerei? Es werden neue Behausungen für Honigbienen im Wald gesucht. In Russland und einigen anderen osteuropäischen Ländern hat die Baumbienenhaltung überlebt; kehrt sie nun in den Westen zurück? Zeidlerkurse haben Zulauf (siehe Service S. 205, Zeidlerkurse) und die methodische Suche nach wildlebenden Bienenvölkern als modernem, naturnahem Hobby, dem *bee hunting* oder *bee lining*, taucht vermehrt in Büchern und Artikeln auf.

Schauen wir in andere Länder, so verstärkt sich der Eindruck, dass wir offen für neue, naturnahe Bienenhaltung sein sollten. Offene Bienenhaltungskreisläufe,

In lokalen afrikanischen Betriebsweisen (hier in Äthiopien) nutzen Imker den natürlichen Schwarmtrieb zur Gesunderhaltung der Völker. Dadurch können diese Völker sich selbst überlassen werden ohne Behandlung.

die einen Schwarmprozess bewusst einsetzen, gibt es in Äthiopien (vgl. Arbeiten von W. Ritter). Vielfältige Erfahrungen aus immer mehr Regionen verschiedener Länder (u. a. in Wales) zeigen uns mögliche Wege der Bienenhaltung ohne den imkerlichen Einsatz von Maßnahmen zur Krankheitsabwehr.

Verknüpfung von alter und neuer Imkerei

Aufklärung über die vielseitigen Aspekte einer neuen Sicht in der Imkerei, einer neuen Bienenhaltung, und eine entsprechende Ausbildung sind notwendig. Die Bereitschaft, unser eigenes Tun zu überdenken, wächst insbesondere in der jungen Imkerschaft. Dabei zeigen uns die eigentlich außerordentlich robusten Lebewesen, dass wir die Belastungsfähigkeit der Bienenvölker erreicht haben und neue Wege in der Imkerei gehen müssen.

Die alte und die neue Bienenhaltung stehen sich in diesem Veränderungsprozess nicht an einer Kluft gegenüber, sondern können gemeinsam den Weg zu einer Imkerei im Einklang mit den Bienen finden. So wie ich persönlich die Erfahrungen meines Imkervaters mit den Erkenntnissen der aktuellen Forschung und meinen Erfahrungen zu verbinden suche, so können mit neuen Blickwinkeln und neuen Erfahrungen der Respekt und die Achtung nicht nur den Bienen, sondern der Natur als Ganzes gegenüber, zurückgewonnen werden.

IMKEREI IM EINKLANG MIT DEN BIENEN

Ist dieser Übergang ein Ausweg aus einer Krise der Imkerei (der Landwirtschaft insgesamt) und wohin führt diese Entwicklung?

Noch vor rund 50 Jahren, vor Einschleppung der Varroamilbe, waren Haupt- oder Nebenerwerbsimkereien mit über 30 Völkern und Honigernten von rund 15 kg pro Volk und Jahr die Regel. Es wurde möglichst wirtschaftlich gearbeitet, da der eigene, lokale Honig, vom Hof aus verkauft, nur einen geringen Preis erzielte. Die Qualität spielte kaum eine Rolle, die Bienenkrankheiten nahmen zu (Faulbrut als „Schweinepest" der Imker).

Heute, Ende der 2010er-Jahre, gibt es zunehmend Freizeitimker, die als Hobby- oder Kleinimkereien mit weniger als 12 Völkern hohe Honigmengen von über 30 kg pro Volk ernten. Die verbesserte Vermarktung hat zu steigenden Preisen und zu höheren Honigqualitäten geführt.

Als Standard gelten Gesundheitsüberprüfungen durch Futterkranzproben, Qualitätssicherung und Zertifikate, behandelt wird überwiegend mit Ameisen- und Oxalsäure gegen die Varroamilbe (*Varroa destructor*).

Morgen, in nicht allzu ferner Zukunft, werden immer mehr Naturimker nur ein oder wenige Bienenvölker als Lebensgefühl betreuen. Neben den zum großen Teil importierten Billighonigen werden dann Liebhaberpreise für Edelhonige in Feinkostgeschäften geboten. Bienengesundheit und artgerechte Bienenhaltung werden im Fokus stehen.

Was bedeuten diese Entwicklungen für uns Imker in unserem konkreten imkerlichen Tun und was für diejenigen, die sich für eine „gedeihliche Natur“ (Lesch), für das „Genie der Honigbiene“ (Tautz) interessieren und ein Teil dieser Entwicklung werden wollen?

Beginn einer neuen Imkerei

Je nach derzeitiger Betriebsweise und Intention, vom konventionellen *Honig*-Imker bis zum reinen *Natur*-Imker, kann jeder durch Umsetzung einiger oder mehrerer Punkte zur neuen Bienenhaltung, zum Aufbruch in eine neue Imkerei, beitragen:

- **Lokale Bienenrassen.** Nur Bienenrassen, die an ihren Standort, an das lokale Klima angepasst sind, können sich gesund entwickeln, ohne dass sie zu viel Energie verbrauchen für einen klimatischen Ausgleich.
- **Natürliche Vermehrung.** Bienenvölker weiseln um, sobald ihre Königin zu alt oder schwach ist. Drohnen anderer Völker im Umkreis von bis zu 10 km begatten die neue, junge Königin. Durch Einfangen von Schwärmen der umliegenden, ggf. auch wildlebenden Völker in der Umgebung mithilfe von Schwarmfangbeuten oder auch durch Kunstschwärme können neue Völker gewonnen werden. Schwärmen ist die einzige natürliche Vermehrung und zugleich eine Gesundheitsmaßnahme der Bienen.
- **Außenwelt: Abstände zwischen den Völkern.** Wildlebende Bienenvölker haben einen durchschnittlichen Abstand von fast einem Kilometer relativ zueinander. Bienenstöcke sollten so weit wie möglich auseinander aufgestellt werden. Schon Abstände von 20 m mit verschiedenen Einflugrichtungen (zwischen Ost und Südwest) veringern den Verflug und damit die Krankheits- und Varroaübertragung erheblich.
- **Innenwelt: Geometrie des Brutraumes.** Der möglichst zusammenhängende Brutraum sollte eher hoch als breit sein und dem Volk ein Volumen von 30 bis 60 Litern (dm^3) bieten. Die Kriterien für die Nestduftwärmebindung sollten möglichst weit erfüllt werden. Das heißt u. a. eine gute Isolierung, ein kleines Eingangsloch im unteren Viertel. Falls Honig entnommen werden soll, den aufgesetzten kleinen Honigraum nur für kurze Zeit von den Bienen bei Massentracht im Frühjahr für wenige Wochen füllen lassen, um ihnen nicht zu viel Arbeitszeit für Tätigkeiten und Verhalten zu stehlen, die der Gesunderhaltung dienen.

- **Propolisierung der Wände.** Die Innenwände der Behausung sollten grob aufgeraut sein oder direkt aus grobem Holz bestehen. Dies fördert ihre Propolisierung und die Bienen bilden so eine antimikrobielle Umhüllung um die Waben, und die Stockluft und das sich bildende Wasser nehmen antibiotische Stoffe auf.
- **Temperaturstabilität durch Isolierung.** Die Isolierung der Außenwände sollte dem örtlichen Klima entsprechen. Das Volk soll im Winter mit nur geringem Energieaufwand die Temperatur im Innern konstant halten können. Jedes Nachjustieren kostet Energie, die in Form von Nektar von außen hereingeholt werden muss, kostet mehr Bienen und mehr Brut, die wiederum mehr Energie benötigen.
- **Bodennähe meiden.** Bienenstöcke sollten so hoch wie möglich aufgestellt werden. Auch wenn dies nur begrenzt möglich ist, unterstützt jede Erhöhung des Abstands vom Boden die Gesunderhaltung der Bienen im gesamten Bienenjahr, auch während der Reinigungsflüge bei noch niedrigen Temperaturen.
- **Drohnen- und Arbeiterinnenzellen frei bauen lassen.** Den Bau der Brutzellen sollten wir soweit wie möglich dem Bienenvolk überlassen. Imkerliche Vorgaben behindern oder verhindern die bienenoptimalen Bedingungen beim Bau ihres Wachsgerüstes. Auch die Möglichkeit, bis zu 25 % ihres Wabenbaus als Drohnenzellen anzulegen, sollte nicht beschränkt werden. Drohnen sind als Geschlechtstiere für die Weitergabe der Gene im Umkreis verantwortlich. Überschreitet die verstärkte Vermehrung der Varroamilben in den Drohnenzellen eine für das Volk kritische Menge, so ergreifen gesunde Völker Maßnahmen, diese zu begrenzen.
- **Imkerliche Störungen vermeiden.** Jede Störung der Neststruktur sollte vermieden werden, sodass die funktionale Organisation jedes Nestes des Volkes erhalten bleibt. Die ggf. vorhandenen und zu Kontrollzwecken herausgenommenen Rahmen müssen in ihren ursprünglichen Positionen und Ausrichtungen wieder eingesetzt werden. Jede imkerliche Störung verursacht über Tage einen erhöhten Energieaufwand im Volk.
- **Natürliche, giftfreie Standorte.** Von Bienenstandorten, die so weit wie möglich von Pflanzen entfernt liegen, die mit Insektiziden und Fungiziden kontaminiert sind, nehmen die Flugbienen die geringsten Mengen an Giftstoffen auf. Durch die Unterstützung von Aktivitäten, die sich um eine Reduzierung des Gifteinsatzes in der Natur bemühen, werden Boden, Gewässer, alle Insekten, ja alles Lebendige inklusive uns Menschen, weniger vergiftet. Artenreich und ganzjährig verteilt, Blühendes pflanzen, wo immer es möglich ist, um der Tendenz zur Monokultur entgegenzuwirken: Bienen können keine Blumen pflanzen.
- **Minimale Honig- und Pollenentnahme.** Jede Entnahme von Honig und Pollen zwingt das Volk zu Mehraufwand von Energie und Zeit, schwächt es

und macht es anfälliger für Feinde und Krankheiten. Daher sollte die Wegnahme der von den Völkern gesammelten und verarbeiteten Stoffe so gering wie möglich ausfallen.

- **Chemiefrei von den Bienen lernen.** In der Summe werden alle genannten Maßnahmen mittel- und langfristig die Völker stärken und besser gegen Krankheiten einschließlich der Varroamilbe und ihrer Folgeschäden schützen, als die Betriebsweisen, die mit chemischen Behandlungen ihre Genetik verarmen und schließlich die Honigbiene aussterben lässt. Nur eine natürliche Selektion vermag Honigbienen 40 Millionen Jahre lang zu erhalten und dabei ständig an die veränderten Umweltbedingungen anzupassen (vgl. u. a. Darwinian Beekeeping in: Seeley 2019, S. 277 ff.; Schiffer 2020).

Was schon vor 70, 100 oder mehr Jahren von vielen damals lebenden Bienenforschern beim unmittelbaren Erleben der Bienenvölker erkannt und mit viel Aufmerksamkeit und Ausdauer niedergeschrieben wurde, wird heute mit wesentlich genaueren Methoden und technischen Hilfsmitteln (z. B. im HOBOS-Projekt des Bienenforschers Jürgen Tautz) wiederentdeckt und beschrieben. Manche Erfahrung, die vor der Einführung des Mobilbaues gemacht wurde, verbindet sich mit den heutigen Erkenntnissen zu einem klareren Bild von dem, was ein Bienenvolk ausmacht und leistet. Es ist die Biene selbst, die sich gesund erhält, solange wir ihr die Bedingungen nicht wegnehmen, die sie braucht, um diese Gesundungsmaßnahmen anzuwenden.

NATÜRLICHE GESUND-ERHALTUNG DER HONIGBIENE

Bienenpuppen sind die einzigen Lebewesen überhaupt, eingeschlossen Pilze, Pflanzen und alle Tiere [...], die überhaupt kein Immunsystem haben. Jeder mehrzellige Organismus kann sich gegen Bakterien wehren, hat irgendeine Abwehr, irgendetwas. Bienenpuppen haben nichts, gar nichts. Das ist schon sehr erstaunlich.

Jürgen Tautz auf dem 1. Siebengebirgs-Imkertag, 2016

Inhalt dieses Kapitels ist der **Vortrag von Prof. Dr. Jürgen Tautz**, HOBOS-Team der Uni Würzburg, auf dem 1. Siebengebirgs-Imkertag des Imkervereins DER SCHWARM Königswinter e. V., am 17.04.2016 im Kloster Heisterbach in Königswinter. Die flüchtige Rede aufgefangen, transkribiert und von der Rede- in die Schriftform übertragen von Manfred Schmitz.

EINLEITENDE WORTE

Vielen Dank, dass ich hier sein darf, dass ich in diesen wichtigen Termin eingebunden bin. Das ist die Geburt – nicht für den Imkerverein DER SCHWARM, der ja schon seit neun Monaten existiert –, aber für die Veranstaltungsserie ist es eine wunderschöne Geschichte. Ja, und es ist auch wunderschön, dass derart viele Interessentinnen und Interessenten hier und heute zusammengekommen sind.

Was mir gerade in den Sinn kam, als Sie Tom Seeley zitierten: Man muss nicht oder man darf nicht allzu optimistisch sein, dass wir's hinkriegen wie die Bienen. Bei den Bienen ist das Individuum begrenzt intelligent, aber die Gemeinschaft, die Sozietät der Bienen ist hochintelligent. Bei uns Menschen hat man fast den Eindruck, dass es umgekehrt ist: Einige Individuen sind sehr intelligent und alles, was gemeinschaftlich zustande kommt, läuft nicht. Aber das wäre ein Thema für eine andere Veranstaltung.

Prof. Tautz auf dem Ersten Siebengebirgs-Imkertag 2016.

In der Vorbereitung zu diesem Termin mit Herrn Schmitz haben wir einige E-Mails ausgetauscht, einige Gespräche geführt und uns auf dieses Thema festgelegt. Und wenn ich Sie für etwa eine Stunde hier interessiert halten kann, dann freut mich das.

DIE BEDEUTUNG DER HONIGBIENE IM NATURGEFÜGE

Die wahre Bedeutung der Honigbiene im Naturhaushalt ist noch gar nicht so lange bekannt. Erst 1793 zeigte es uns ein Berliner Grundschullehrer – Christian Konrad Sprengel – in seinem Buch *Das entdeckte Geheimnis der Natur im Bau und in der Befruchtung der Blumen* (Sprengel 1793).

Bis dahin hat man geglaubt, Bienen besuchen Blüten, um dort – wie es Aristoteles festgehalten hatte – Wachs zu sammeln. Die Waben sind aus Wachs gebaut – Bienen besuchen die Blüten – was machen die da? Sie sammeln Wachs. Und wie es nicht selten passiert, wenn eine Autorität irgendetwas loslässt, wird es 2000 Jahre lang nachgeplappert, auch wenn es der größte Blödsinn ist. Erst der Herr Sprengel hat entdeckt, dass es eigentlich die Bestäubung ist, die die Bienen beim Besuch der Blüten, beim Sammeln von Nektar und Pollen, durchführen.

Die Honigbienen besuchen dabei – weltweit betrachtet – etwa 170 000 verschiedene Spezies an Blütenpflanzen. Das ist gigantisch!

Es wäre ein Thema für einen eigenen Vortrag, sich darüber auszulassen, wie es die Bienen eigentlich schaffen, diese 170 000 verschiedenen Blütenpflanzen zu unterscheiden, auseinanderzuhalten. Diese enorme Bestäubungsleistung ist die uns am weitesten bekannte biologische Funktion der Bienen.

Ich möchte Ihnen in einem kleinen Einschub einmal vorstellen, dass – wenn man das komplexe Naturgefüge genau betrachtet – man immer wieder Neues und Überraschendes entdecken kann. Zum Beispiel die Honigbiene als Schädlingsbekämpfer. Jetzt mögen Sie vielleicht etwas gespannt sein, was jetzt kommen wird. Eine der wesentlichen Schädlingsgruppen in Gärten, auf Feldern sind Raupen bestimmter Schmetterlingsspezies.

In nachfolgender Abbildung ist zum Beispiel eine Kohlraupe (*des Großen Kohlweißlings, Pieris brassicae, Anm. d. Verf.*) auf einer Kohlpflanze zu sehen. Diese Raupen sind selbst beliebte Beute für Wespen. Wespen sind Fleischfresser, sind Räuber. Wespen jagen diese Raupen und in der Natur läuft immer dieses Spiel des Räuber-Beute-Wettlaufs. Die Raupen haben ein Frühwarnsystem erfunden. Auf ihrer Körperoberfläche gibt es feinste Härchen, die viel dünner sind als

Die Raupe des großen Kohlweißlings (Pieris brassicae) bevorzugt Kohlblätter als Nahrung.

die, die man hier sehen kann. Es gibt hauchdünne Härchen, die fangen an zu schwingen, wenn die Luft sich bewegt. Luft wird bewegt zum Beispiel durch den Flügelschlag anfliegender Wespen. Es entsteht einfach eine Strömung, die lässt diese Härchen schwingen, und Raupen erkennen auf diese Weise bis auf einen Meter Entfernung eine fliegende Wespe. Was kann eine Raupe dagegen tun? Sie bleibt einfach stehen. Das ist das Beste, was eine Raupe tun kann, weil Wespen ihre Beute optisch suchen. Wespen sehen Bewegungen sehr gut. Deshalb ist es am ungeschicktesten, wenn man von einer Wespe umschwärmt wird, sie mit diesen schnellen Handbewegungen abzuwehren. Da denkt sich die Wespe „wunderbar, danke – jetzt weiß ich, wo es langgeht“. Langsame Bewegung oder gar keine existiert für die Wespe nahezu nicht.

Dies führte in meiner Arbeitsgruppe vor zwei, drei Jahren zu folgender Überlegung: Die meisten Menschen haben große Schwierigkeiten, Wespen und Bienen auseinanderzuhalten, vielleicht geht es den Raupen genauso? Also haben wir zwei Gärten angelegt, große Gärten, etwa halb so groß wie dieser Raum, in dem wir uns gerade befinden, mit einem Gaze-Zelt umgeben und mit Sojapflanzen, mit Paprikapflanzen bepflanzt. In beiden Zelten gleich viele Pflanzen und wenn man Studenten hat, die fleißig zählen können, hat man darauf geachtet, dass auch gleich viele Blätter dran sind an den Pflanzen in beiden Gärten. Beide Gärten wurden mit gleich vielen Raupen besetzt. Der einzige Unterschied zwischen diesen beiden Gärten war, dass in einem Bienen herumfliegen durften, im anderen nicht. Und das Ergebnis zeigen die Fotos auf der folgenden Seite.

Nach einer halben Woche sahen die Pflanzen in dem Garten, in dem keine Bienen fliegen durften, so aus (siehe Foto links), im Garten, wo die Bienen geflogen sind, so (siehe Foto rechts). Das heißt, wir haben eine Reduktion im

Blätter mit viel Blattverlust.

Blätter mit wenig Blattverlust.

Blattverlust von etwa 70 %. Weniger Blattverlust, nur wenn Bienen da sind – warum? Die Raupen halten die Bienen für Wespen (gleiche Flügelschlagfrequenz, gleiche Größe, gleicher Wind) und bleiben stehen, permanent stehen. Die kommen nicht zum Futtern. Und das ist eine enorme Bremse.

Wir haben dann in einem nächsten Schritt, um dieses Ergebnis in der Natur zu verifizieren, einen Biowinzer in der Schweiz gesucht, der das mitgemacht hat. Er hat also in seinen Rebzeilen Wildblumen angesät, wir haben dort Bienenvölker aufgestellt. Es ging dort um den Traubenwickler (*Eupoecilia ambiguella*), das ist auch ein Schadschmetterling, dessen Raupe die Weinbeeren anknabbert, die dann anfangen zu schimmeln und einfach kaputtgehen. Gleiches Ergebnis: weniger Schädigungen, wenn Bienen da waren. Nicht null, das wäre der Idealzustand, aber eben weniger. Und eine Anregung, die man somit aufgreifen kann, ist, dass man auch mit solchen Methoden Schädlingsbekämpfungen angehen sollte. Nur Gift ist sowieso schlecht und nur Bienen reichen nicht, aber irgendeine intelligente Mischung.

Dies wollte ich nur einschieben, da auch das eine Rolle der Bienen war, die einfach nicht gesehen worden ist, weil sie auch sehr subtil abläuft.

Bienen und Blüten

Hier sehen wir eine Biene (siehe Foto rechts), die ihre Mundwerkzeuge in die Blüte hineinsteckt, Nektar sammelt und bei der am Hinterleib, am Pelz, Pollen hängen bleibt, den sie dann auf dem Heimflug mit den freien Beinen, die ihr dann zur Verfügung stehen, zu den Pollenklümpchen eben an diesen Hinterbeinen zusammenpackt.

Honigbiene mit einzeln sichtbaren Blütenpollen am Hinterleib.

Pflanzen überhaupt gibt es seit knapp drei Milliarden Jahren, das Leben insgesamt etwa viereinhalb Milliarden Jahre. Die Blütenpflanzen, die wir kennen, die unsere heutige Lebenswelt dominieren, existieren erst seit wenigen Hundert Millionen Jahren und sie haben zunächst erst mal recht unspektakulär ausgesehen.

Also wenn Sie heute einen Blumenstrauß verschenken würden aus dieser Zeit, den kriegen Sie vor die Füße geschmissen. Das waren grüne Stängel, oben mit kleinen Staubbeuteln, mehr gab es da nicht, weil der Hauptliebesbote zur Ausbreitung der Pollen der Wind war. Windbestäubung ist eine sehr ineffektive Geschichte. Man braucht eine gigantische Menge an Pollen, weil eben nicht vorhergesehen werden kann, ob überhaupt und wenn ja, in welcher Richtung der Wind weht. Das kann jeder nachempfinden, der sein Auto z. B. an einer blühenden Kiefer stehen gelassen hat, das dann rundum schön eingepudert ist. Das ist wirklich Verschwendung.

Die ersten Kontakte mit Insekten als Bestäuber waren für die Pflanzen etwas unerfreulich. Man kann dies auch heute noch beobachten:

Nachfolgende Abbildung zeigt einen einheimischen Käfer, kein tropischer, weil er schön glänzend metallisch aussieht, sondern ein Rosenkäfer (Cetoniinae). Ein bisschen kleiner als ein Maikäfer, den vielleicht manche von Ihnen noch kennen. Rosenkäfer fressen Blüten, sie essen die Blüten auf, nahezu komplett. Dabei bestäuben sie die Blüten, zumindest das, was von den Blüten noch stehen bleibt, also den Rest. Das klappt ganz gut, ist aber aus Sicht der Pflanze immer noch nicht ganz so effizient.

Rosenkäfer (Cetoniinae) auf einer Sonnenblume (Helianthus annuus).

Es war ein geradezu genialer Quantensprung in der Entwicklung, als dann etwa vor gut 100 Millionen Jahren „sanfte“ Bestäuber erfunden worden sind. Zu dieser Zeit etwa kam die Farbe in die Pflanzenwelt; die Blüten wurden bunt und groß und duftend, um eben untereinander um die Bestäuberinsekten konkurrieren zu können.

Wie wir Menschen uns in den Tausenden von Jahren entwickelt haben, hängt genau damit zusammen: Vor etwa 12 000 Jahren – und das liegt noch gar nicht so unendlich weit zurück – betrug die weltweite Population des Menschen etwa fünf Millionen, weltweit! Heute gibt es Städte, deren Namen wir nicht kennen, die 20 bis 25 Millionen Einwohner haben. Warum waren das so wenige? Die Lebensgrundlage war die Jagd, war das Sammeln. Damit kann man einfach nicht mehr Menschen nachhaltig satt bekommen.

Dann etwa um den Zeitpunkt vor rund 10 000 Jahren, im Zweistromland (*dem heutigen Gebiet Vorderasiens zwischen den Flüssen Euphrat und Tigris, Anm. d. Verf.*) zu allererst, wurde die Landwirtschaft erfunden. Der Mensch wurde sesshaft und hat Nutzpflanzen angebaut. Das hat es den Menschen erlaubt, in immer größerer Dichte zusammenzuleben, hat ihn sesshaft gemacht. Und die Gründung von Städten ist erst unter solchen Lebensbedingungen möglich geworden.

Es ist schon spannend, sich klarzumachen, dass die menschliche Entwicklung völlig anders verlaufen wäre, wenn es keine Bestäuberinsekten, vor allem nicht die Honigbienen gegeben hätte. Diese Rolle wurde den Menschen erst durch Christian Konrad Sprengel bewusst. In der Konsequenz und in der Bedeutung der Bienen für uns Menschen ist es eine Tatsache, dass wir etwa ein Drittel unserer Lebensmittel, fest oder flüssig, der Bestäubungsleistung der Honigbiene verdanken: alle Obstsorten, die meisten Gemüsesorten.

Wenn wir uns mit den Bienen beschäftigen und uns Gedanken machen, wie wir den Bienen helfen können, sie gesund zu erhalten, dann ist das nicht nur deswegen gut, weil wir von ihnen fasziniert sind, weil sie spannend sind und weil sie unser Hobby sind, sondern weil wir sie brauchen. Heute sind wir über sieben Milliarden Menschen auf dem Globus und selbst bei gerechter Verteilung der Lebensmittel wird es schon recht knapp. Und wenn die Prognosen stimmen, sollen wir im Jahr 2050 neun Milliarden Menschen sein, und ohne Honigbiene geht das nicht, grundsätzlich nicht.

Ohne Bienen geht es nicht – Rettung der Lamarckii-Rasse

Die Bienenhaltung durch den Menschen geht sehr weit zurück. Bienen wurden bereits vor etwa 2500 Jahren in Tonröhren gehalten. Das war damals die Art bzw. die Rasse *Apis mellifera lamarckii.*

Dazu startet das HOBOS-Team aus Würzburg gerade eine Rettungsaktion, da die Lamarckii dort vom Aussterben bedroht ist. Sie droht zu verschwinden, weil dort in Ägypten das passiert ist, was leider an vielen Orten passiert (und was einige wenige Großkonzerne auch bei vielen unterschiedlichen Kartoffelsorten in Südamerika anrichten), dass nämlich den Leuten Dinge eingeredet werden wie: „Die kleinen Krüppel schmeißt ihr weg, nehmt unsere Standardsorte". Das wurde auch gemacht, doch dann kommt irgendein Virus und alles ist dahin. In Ägypten wurde also die Lamarckii durch die Carnica ersetzt, mit dem Ergebnis, dass dort jetzt Riesenprobleme auftauchen, die Bienenvölker sterben dort in unglaublichen Mengen und diese ägyptische, ursprünglich einheimische Biene ist fast verschwunden. Es gibt noch 600 Kolonien in ganz Ägypten. Die kaufen wir gerade zusammen, konzentrieren sie und versuchen sie durch den genetischen Flaschenhals zu retten (vgl. Friedmann 2016).

Mit Glück können wir es schaffen. Dabei hilft uns finanziell ein Unternehmen in Lübeck, bei dem es zudem Sinn macht, dass sie sich auch um Bienen Gedanken machen. Jedenfalls, in Ägypten werden heute noch diese Tonröhren für die Haltung der Bienen verwendet. Bienen wurden also gehalten, nicht wegen der damals noch unbekannten Bestäubungsleistung, sondern um ihrer Produkte willen: Honig, Wachs, Propolis.

Beobachtungen von Johannes Mehring – das Volk ist der Bien

Ein einfacher Mann, Johannes Mehring (1815–1878) war Tischler, ein sehr guter Naturbeobachter, Imker und zudem ein sehr kluger Mann. Ihm kam die Idee in den Kopf, dass ein Bienenvolk insgesamt mehr sein müsste als die Ansammlung, als die Summe dieser vielen Zehntausend Individuen, die da beisammen sind.

Er hat das Gesamtwesen „der Bien" genannt. Das ist für uns heute eine total gängige Geschichte, auch in der Wissenschaft. Vor Jahrzehnten kamen aus Amerika die Idee und der Begriff des „Superorganismus", ohne zu realisieren, wo der Begriff eigentlich herkommt. (Abgesehen davon, dass in Amerika keine deutsche Literatur gelesen oder verstanden wird, auch übersetzte Literatur wird ignoriert.) Wir bestehen sozusagen auf dem Begriff: der Bien. Der Herr Mehring übrigens wurde nicht glücklich mit dieser Idee. Ich habe mich eingelesen in uralte Imkerzeitungen. Da wird er nur beschimpft, man macht sich über ihn lustig, wie kann man so einen Blödsinn von sich geben, dass das Bienenvolk *ein* Lebewesen wäre. Er hat sein Leben sehr deprimiert zu Ende gebracht. Auch deswegen glaube ich, sollte man solche Leute nicht ganz vergessen.

Der Bien – über 30 Millionen Jahre sehr erfolgreich, was uns verwundert aus Gründen, die ich Ihnen gleich darstellen möchte.

Fossile Honigbiene Apis (Synapis) henshawi dormiens aus der Lagerstätte Rott (Hennef/Sieg), Alter ca. 25 Mio. Jahre.

Und um etwas Lokalkolorit reinzubringen: Das älteste mir bekannte Fossil einer Honigbiene (ich muss zugeben, dass mir Herr Schmitz diesen Tipp gegeben hat) ist dieser Abdruck, der hier in dieser Gegend gefunden worden ist. Es ist schon faszinierend, dass diese Biene schon fast alles hatte, was eine Biene auch heute hat. Die Sammelkörbchen zum Beispiel, die sind alle schon vorhanden gewesen.

BIENENGESUNDHEIT

Warum wundern wir Biologen uns darüber, dass es überhaupt noch Honigbienen gibt? Es sind zwei Problemkomplexe:

Hohe Populationsdichte

Der erste ist: Bienen leben in enorm hoher Populationsdichte, und zwar zeitlebens dichter als jedes andere Lebewesen. Selbst Ameisen oder Termiten leben nie derart dicht auf einem Haufen, ja fast Klumpen, wie die Bienen. Das heißt, eine einzige kranke Biene, ein einziges krankes Individuum müsste eigentlich rapide zu einer Epidemie in dieser Kolonie führen und diese zum Zusammenbrechen bringen. Es scheint in den vielen Tausenden Jahren wohl nicht so oft passiert zu sein, da sie bis heute nicht ausgestorben ist.

Ein dichtgedrängtes Bienenvolk auf Naturwaben veranschaulicht die enorm hohe Populationsdichte.

Bienenspezifische Erkrankungen

Das zweite Problem ist: Es gibt kein anderes Insekt, bei dem derart viele Krankheiten bekannt sind wie bei der Honigbiene. Nicht, weil andere nicht untersucht worden wären, es gibt viele und gute Untersuchungen von Krankheiten anderer Insekten, die man wissenschaftlich analysiert hat. Die Idee ist, Krankheiten als biologische Schädlingsbekämpfer bei Schadinsekten einzusetzen. Bei keinem sind so viele Krankheiten bekannt wie bei den Bienen.

Da haben wir einmal Bakterien, wir haben Pilze, Einzeller, dann die Varroamilbe und eine lange Liste an Viruserkrankungen, die viel länger ist, als hier beispielhaft wiedergegeben. Wie kann es sein, dass ein Organismus, der so dicht beisammen lebt, bei derart vielen Krankheiten nicht ausgestorben ist?

Es muss aufseiten des Biens Tricks geben, Erfindungen geben, die ihm helfen, zu überleben. Damit haben wir uns in Würzburg viele Jahre intensiv beschäftigt und haben das „Gesundheitsforschung" genannt. Bewusst nicht „Krankheitsforschung", sondern „Gesundheitsforschung", nicht weil das positiver klingt, sondern einfach, weil wir wissen wollten, wie halten sich Bienen eigentlich von sich aus selbst gesund.

Adulte Weibchen der Varroamilbe (Varroa destructor) auf Bienen im Puppenstadium.

Natürliches Problem 2: Viele bienenspezifische Krankheiten

Bezeichnung des Krankheitserregers	Erreger-Organismus
Amerikanische Faulbrut *(Paenibacillus larvae)*	Bakterien *(Gram-positiv)*
Europäische Faulbrut *(Melissococcus pluton)*	Bakterien *(Gram-positiv)*
Kalkbrut *(Ascospaera apis)*	Pilz *(Ascomycotina)*
Nosema *(Nosema apis)*	Protozoe *(Microsporidia)*
Varroa *(Varroa destructor)*	Milbe *(Parasitidae)*
Tracheenmilbe *(Acarapis woodi)*	Milbe *(Parasitidae)*
Amöbenruhr *(Malpighamoeba mellificae)*	Amöben *(Entamoeba histolytica)*
Akutes Bienen Paralyse Virus *(ABPV)*	*Dicistroviridae, Cripavirus*
Sackbrut Bienen Virus *(SBV)*	*Pivcornaviridae, Iflavirus*
Flügel Deformations Virus *(DWV)*	*Pivcornaviridae, Iflavirus*
…	…

(© by J. Tautz, vom Verfasser neu erstellt und ergänzt)

Wir haben dabei eine Reihe von Abwehrstrategien entdeckt:

Eigene Abwehrmaßnahmen der Bienen

- Einmal die Anlage und Bau des Nestes ist enorm wichtig. Man könnte etwas flapsig sagen, das ist ‚Feng-Shui im Bienenstock'. Die Bienen schaffen sich ihre Umgebung, und zwar so, dass sie ihren eigenen Bedürfnissen gegenüber optimiert ist.
- Der zweite Punkt ist die adaptive Verhaltensänderung der befallenen Tiere. Was heißt das denn? Wenn eine Sammelbiene, eine Flugbiene erkrankt, können wir relativ schnell Veränderungen in ihrem Gehirn beobachten. Es gibt feine Methoden, bei denen man die Kontaktstellen zwischen den Nervenzellen (Neuronen) untersuchen kann. Das Gehirn bestimmt das Verhalten bei den Bienen, genau wie bei uns Menschen. Diese Veränderung im Gehirn der Bienen hat zum Beispiel zur Folge, dass sie desorientiert werden. Sie finden nicht mehr nach Hause. Und so reinigt sich der Bien mit der gleichen Methode, wie sich ein Körper von kranken Zellen reinigt. Das ist ein wenig unappetitlich, aber Eiterbildung ist genau das gleiche Prinzip, der Körper stößt kranke Zellen ab, das Bienenvolk stößt kranke Individuen ab. Das geht gut unter natürlichen Verhältnissen, unter denen die Kolonien in Abständen von fünf, sechs oder sieben Kilometern voneinander im Wald – die Biene ist ein Waldinsekt – wohnen. Eine Biene, die nicht fit ist, findet nicht mehr nach Hause und geht ein – draußen, nicht im Stock. Wir imkern mit einem Volk neben dem anderen, möglichst in langen Reihen, möglichst

mit 100 oder 1000 Völkern, wenn ich Profi bin, d.h., eine kranke Biene findet irgendein Volk, wodurch der Reinigungsmechanismus der Bienen in sein Gegenteil pervertiert wird. Die Art, wie wir Bienenvölker aufstellen, dient eher der Verbreitung von Krankheiten.

- Dann der dritte Punkt: das Entfernen kranker Tiere aus dem Stock. Bienen erkennen Nestgenossinnen mit Problemen und entfernen diese. Wir haben keine Ahnung, woran die Bienen erkennen können, dass einzelne Individuen krank sind, dass sie infiziert sind, aber es klappt.
- Physikalische Barrieren sind sehr gute Schutzmechanismen gegen eindringende Bakterien. So wie bei den Menschen die Haut schützt beispielsweise die Cuticula, eine Wachsschicht, die Bienen nach außen hin gegen Infektionen. Hinzu kommt ein komplexes, angeborenes Immunsystem.
- Zelluläre Immunabwehr in Form von Wundheilung; Phagozytose (*aktive Aufnahme von Partikeln in eine Zelle, Anm. d. Verf.*); Nodulation (Wurzelknoten, die mit stickstoffbindenden Bakterien eine Symbiose eingehen); Einkapselung; Prophenoloxidase-Aktivierung (*Abwehrsystem bei geschädigten Geweben, Anm. d. Verf.*)
- Humorale Immunreaktion: simultane Induktion eines breiten Spektrums von antimikrobiellen Peptiden (*organischen Verbindungen, Anm. d. Verf.*).

Aktuelle Gesundheitsforschung

Als wir vor ein paar Jahren anfingen, uns mit Bienengesundheit zu beschäftigen, haben wir – wie man es heute tut – erst einmal gegoogelt. Und da findet man unter dem Stichwort *Immunsystem der Bienen* fast zwei Millionen Treffer. Entsprechend haben wir uns gedacht, dass wir gar nicht damit anfangen brauchen, es müsste doch alles bekannt sein. Doch dann haben wir schnell bemerkt, dass eigentlich keiner weiß, wovon er redet. Dass viele das Wort Immunsystem zu eindimensional nutzen: Faktor X, Y schadet dem Immunsystem der Biene, Faktor Z nützt dem Immunsystem der Biene, aber was ist es eigentlich?

Ich bin selbst kein ausgebildeter Molekularbiologe, daher war ich unterwegs und habe die sehr wertvollen und nicht genutzten Ressourcen zweier Ruheständler gefunden. Zwei Professoren (Frau Prof. Bayer und Herr Prof. Gross), die ihre Lehrstühle in diesem Spezialgebiet innehatten, haben dann das herausgefunden, was ich Ihnen im Folgenden kurz vorstellen möchte.

Wenn wir uns als Forscher damit beschäftigen, was Bienen eigentlich krank macht und was Bienen gesund machen kann, und wenn wir uns über die Einflussfaktoren Gedanken machen, sollte man eigentlich alles hinlegen und aufhören, stattdessen vielleicht angeln gehen, wandern gehen. – Warum?

Zusammenwirken von Umweltfaktoren

Nehmen wir einmal an, wir hätten zehn negative Umwelteinflüsse. Es sind eher mehr als zehn, aber ich nehme einmal den glatten Wert, um einfacher rechnen zu können. Zehn Schadeinflüsse: Klimawandel, Mobilfunk, egal was. Nehmen wir weiter an, wir hätten 20 Krankheitserreger (es sind mehr) und an Parasiten gäbe es nur die Varroa, was auch nicht stimmt. Diese treffen jetzt auf die sechs Abwehrfronten der Bienen, die ich oben geschildert habe. Wenn ich ein solides Experiment durchführe – und das bringen wir unseren Erstsemesterstudenten bei – muss ich alle Bedingungen konstant halten und nur die eine Größe verändern, deren Abhängigkeit ich untersuchen möchte.

Machen wir das, kommen wir schnell dahinter, dass diese Größen nicht unabhängig voneinander sind. Dass zum Beispiel eine bestimmte Ernährungssituation der Biene in Kombination mit einem bestimmten Virus ganz anders wirkt als relativ zu einem anderen Virus. Also kommt als Nächstes die Versuchsserie der Kombination von zweien dieser Faktoren, dann drei, vier, fünf, ... usw.

Am Ende sind wir bei einer Aufgabe der Kombinatorik – einer Art von Aufgaben, bei denen wir hoffen, dass wir von unseren Kindern nicht gefragt werden, wie diese Aufgaben gelöst werden – und kommen dann auf etwa 20 000 verschiedene Experimente, die wir machen müssten. Und auch das bringen wir unseren Erstsemestern bei: Einmal ist keinmal. „Wir müssen wiederholen", sagen wir fünf Mal. Damit sind wir bei 100 000 Experimenten, die wir machen müssten.

Wer soll das machen und vor allem, wer bezahlt das? Und wenn wir uns noch dazu klarmachen, dass ein Experiment eine Bienensaison, also ein Jahr, dauert, ist dies nahezu hoffnungslos. Deswegen dürfen wir uns auch nicht wundern, wenn in der Presse, auch in Imkerfachzeitschriften, in sehr kurzen Zeitabständen immer wieder (flapsig gesprochen) eine neue Sau durchs Dorf gehetzt wird, wer eigentlich das Bienensterben verursacht.

Es ist kaum zu überschauen, denn es wird eigentlich noch viel komplizierter, denn *die* Biene gibt es nicht. Wir reden von der Biene, von dem Immunsystem der Biene. Aber was gibt es denn? Es gibt Larven, Puppen, Jungbienen, Winterbienen und als Gruppen im Bienenvolk Arbeiterinnen, Drohnen, Königinnen. Wir dürfen nicht annehmen und voraussetzen, dass alle diese Stadien auf alle Faktoren gleich ansprechen, gleich empfindlich sind. Das heißt, diese 100 000 Experimente müssten an diesen einzelnen Stadien durchgeführt werden. Das Schöne daran ist, dass wir als Wissenschaftler wohl noch auf lange Zukunft damit beschäftigt sind, es wird nicht langweilig.

Wir können an manchen Stellen beobachten, wie die Natur es richtet. Die Natur ist in ihren Evolutionsvorgängen *immer* extrem komplexen Situationen ausgesetzt. Sie braucht keine systematischen Experimentplanungen, sie regelt das einfach schon. Wobei wir das nicht wirklich einfach der Natur überlassen wollen, obwohl das perfekt wäre.

Manchmal sage ich schon, wenn ich gefragt werde, was wir denn tun sollen: „Gar nichts – überhaupt nichts". Tatsächlich ist es so, dass, wenn wir unglaublich große Mengen an Bienenvölkern zusammenbrechen lassen würden ohne einzugreifen, es irgendwo einzelne Mutanten geben würde, die mit diesen oben genannten Problemen zurechtkämen.

Resistenzen gegen Insektizide

Um ein Beispiel dafür zu geben: Vor einigen Jahrzehnten war eines der Hauptinsektizide das DDT (*Dichlordiphenyltrichlorethan*). Eine komplexe Verbindung, die in riesigen Mengen zur Fliegen- oder zur Moskito-Bekämpfung (Stichwort Malaria) eingesetzt worden ist. Und es sah lange so aus, als könne man mit diesem Gift alle Insekten ausrotten. Viele sind auf ein nicht mehr erkennbares Niveau gesunken. Heute können sie eine Fliege nur noch mit DDT umbringen, indem sie mit der Dose nach ihr werfen, weil es halt irgendwo auf der Welt ein paar Insekten gab, denen das Gift nichts ausgemacht hat. Und die haben ein freies Feld gefunden, von denen aus ist die Population wieder angestiegen, auf eine Größe, wie wir sie heute finden.

Das ist eine Möglichkeit: Nichts machen und zu beobachten, was passiert. Das ist auch konkret versucht worden in einigen begrenzten Regionen, in der Ägäis zum Beispiel, auf einigen türkischen Inseln laufen solche Experimente. In Schweden wurden bei einigen Inselversuchen Bienenvölker aufgestellt und man hat sich nicht mehr um sie gekümmert. Und das Spannende ist, dass zwar nach einigen Jahren viele Völker eingegangen sind, aber nicht alle. Und diejenigen Bienenvölker, die überlebt haben, sind eifrig dabei, Schwärme zu bilden.

Gesundheitsforschung aus der Sicht des Biens

Wenn wir uns konkret im Experiment mit der Gesundheitsforschung von Bienen beschäftigen, müssen wir die Rolle des Biens übernehmen.

Bienen sammeln an den Blumen Pollen, der wird vor allem von den Ammenbienen gebraucht, die daraus den Saft machen, den wir als Gelée royale kennen und aus seiner Funktion her als Schwesternmilch bezeichnen. Eine geniale Erfindung.

> *Man sollte sich klarmachen, dass nur die Säugetiere und die Bienen diese Versorgung der Jungen mit Designfood erfunden haben. Eine Nahrung, bei der jedes Molekül von seiner Herstellung her an seine Funktion angepasst ist.*

Aus dem Nektar wird Honig gemacht, der verbrannt wird. Honig ist hauptsächlich Brennstoff, um eben im Brutnest diese hohen Temperaturen zu erzeugen, die nahezu unserer eigenen Körpertemperatur entsprechen.

Wir haben es geschafft, einzelne Bienen ‚per Hand aufzuziehen', beim Schlüpfen aus dem Ei angefangen. In einem richtigen Brutnest und den restlichen Zeitraum mit dieser künstlichen Methode. Das ist deswegen enorm wichtig, solche Bienen einzeln aufzuziehen, weil wir sie keimfrei brauchen. Man kann nicht einfach hergehen und irgendeine Biene aus einem Bienenstock abfangen und dann daraufhin untersuchen, wie sie auf bestimmte Behandlungen reagiert. Wir wollten wissen, hat sie eine Krankheit durchgemacht oder was hat sie schon hinter sich. Das kann man nur, wenn man sie von Beginn an kontrolliert beobachten kann. Wenn wir das also schaffen und sie einzeln und keimfrei aufziehen, vom Schlupf angefangen, vom Larvenstadium, dann können wir zu jedem beliebigen Zeitpunkt dieses Tier künstlich infizieren mit Bakterien, mit Viren. Und dann nach einem Tag oder nach einer Woche etwas Blut entnehmen und es darauf untersuchen, was ist eigentlich in der Biene passiert, seit diese Infektion gesetzt worden ist. Die Analysemethoden sind heute so fein, dass wir der Biene nur eine ganz geringe Menge Blut entnehmen müssen. Wir können sie nachher wieder fliegen lassen, wenn es eine adulte Biene gewesen ist.

Ich möchte Sie nicht mit Details der Molekularbiologie belästigen, nur ein paar Dinge veranschaulichen. Diese Spuren, die wir in nachfolgender Abbildung sehen, sind einzelne Bestandteile, die wir im Blut dieser Biene finden. Jede dieser Linien kennzeichnet einen bestimmten Stoff. Im Vergleich zu einer gesunden Biene sieht man bei mit Bakterien infizierten Bienen neue Linien, die es bisher nicht gab (siehe Pfeil rechts neben dem blauen Analyseausschnitt).

Das heißt, die Biene bildet als Antwort auf die Infektion neue Substanzen in ihrem Blut. Das ist insofern spannend, als dass wir im nächsten Schritt zeigen konnten, dass diese Substanzen auch antibakteriell wirksam sind. Dass da etwas Neues gebildet wurde, ist ganz interessant, heißt aber noch nichts. Wir können nun einzelne dieser Banden ausschneiden und machen nun damit ein Experiment, so wie es vor langer Zeit zur Entdeckung von Penicillin geführt hat.

Diese alten Mikrobiologen, Louis Pasteur und Robert Koch, hatten Bakterien gezüchtet, indem sie diese in kleine (Petri-)Schalen mit Nährlösung reingegeben

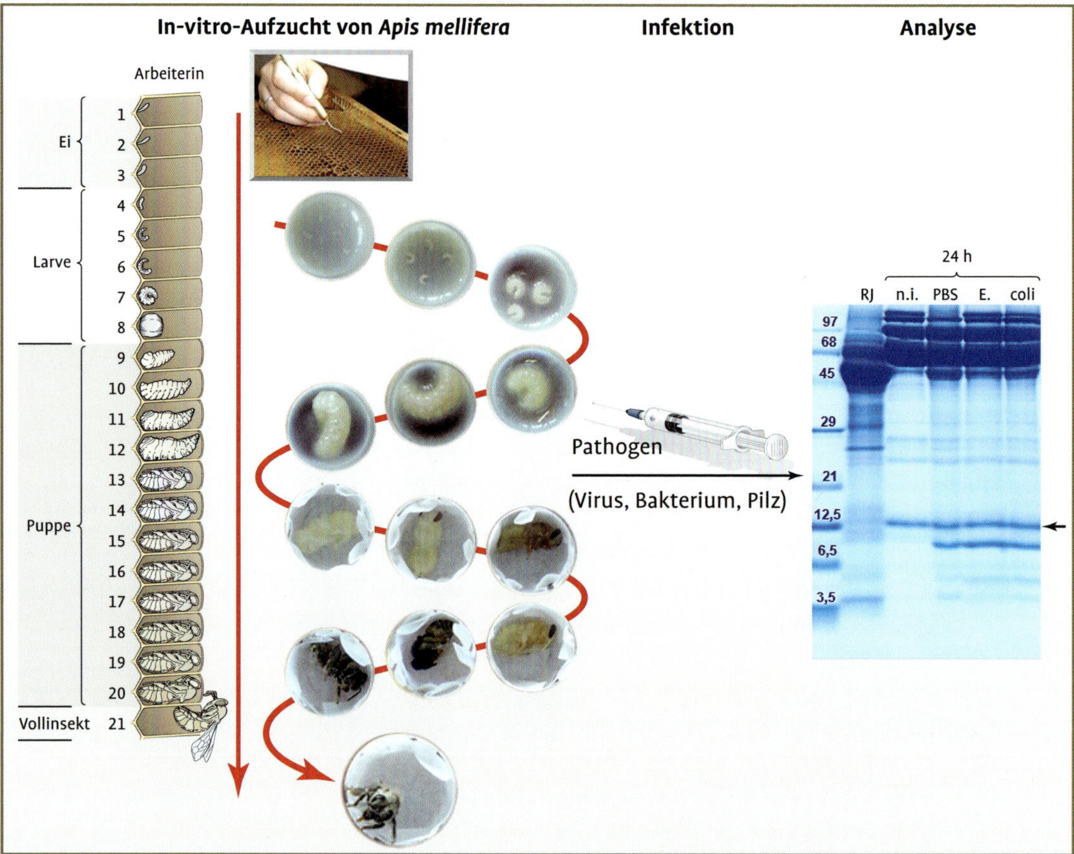

Entwicklung infizierter Bienen.

und auf der Oberfläche haben wachsen lassen. Dichte Rasen haben sich dann dort gebildet. Und Gott sei Dank waren die Leute schlampig, unsauber und die Versuchsansätze haben geschimmelt. Sie waren aber so klug, dass sie diese nicht in den Mülleimer geschmissen, sondern sich genauer angeschaut haben. Dabei ist ihnen aufgefallen, dass in der Umgebung der Schimmelpilze alle Bakterien verschwunden waren. Das war die Entdeckung des *Penicillins*, das dann so vielen Menschen das Leben gerettet hat. Dies nur, um Ihnen einen Eindruck zu vermitteln, warum man als Verhaltensbiologe dringend die Hilfe von ausgebildeten Molekularbiologen braucht, wenn man sich mit dem Immunsystem der Bienen näher beschäftigen will. Das ist hochkomplex, hochkompliziert.

Wie in diesem soeben geschilderten Experiment von Robert Koch, nehmen wir einige dieser (im obigen Bild mit schwarzem Pfeil gekennzeichnet) Banden, schneiden sie aus und geben sie auf eine Fläche, die dicht mit Bakterien bewachsen ist. Dort erkennen wir dunkle Flächen, die anzeigen, dass hier alle Bakterien abgestorben sind. Daraus lässt sich schließen, dass etwas gegen die Bakterien wirkt, das die Biene selbst in ihrem Blut herstellt. Diese Beobachtungen finden übrigens auch bei Humanmedizinern Interesse. Wir kommen ja in immer größere Nöte, wirksame Antibiotika zu finden gegen immer resistentere Bakterienstämme, im Extremfall multiresistente Bakterienstämme.

Wir nutzen Antibiotika hemmungslos in der Tierzucht, um z. B. diese extrem dichten Hühnerzuchten überhaupt noch managen zu können. Wir nutzen Antibiotika auch in unserer eigenen Medizin viel zu schnell. Als kleiner Junge bekam ich bei einer Erkältung Zwiebelsaft und heute gibt es auf der Stelle Antibiotika. Da dürfen wir uns nicht wundern, dass wir mit unserem Rüstzeug gegen Bakterien immer knapper werden. Und da können solche Entdeckungen schon helfen. Zum obigen Versuch, Bienen in verschiedenen Stadien mit Bakterien zu infizieren, hier eine summarische Übersicht:

Übersicht der Überlebensraten bei mit Bakterien infizierten Bienen in verschiedenen Stadien

Mit Bakterien infizierte:	Larven	Puppen	Jungbienen	Winterbienen
Überlebensrate (%)	100	0	100	100

(© by J. Tautz, vom Verfasser zusammengefasst)

Das Ergebnis, das man bekommt, wenn man Bienen in verschiedenen Stadien, Larven, Puppen, Jungbienen, Winterbienen, mit Bakterien infiziert, lautet: Alle Larven, alle Jungbienen, alle Winterbienen haben überlebt, aber keine Puppen, nicht eine einzige Puppe hat diese Infektion überlebt. Das hat uns vom Sitz gerissen – warum? Wir haben hier keine Bienenkrankheit verwendet, wir haben gute Bakterien verwendet. *E. coli* (*Escherichia coli*, auch Kolibakterium genannt, Anm. d. Verf.) ist ein Bakterium, das ein jeder von uns – ein Pfund etwa, eine Hand voll – mit sich herumschleppt. Es sind symbiotische Bakterien, die bei der Verdauung helfen und die bringen Bienenpuppen um. Der Grund ist, weil sie sich hemmungslos in der Puppe vermehren. Warum?

> *Bienenpuppen sind die einzigen Lebewesen überhaupt, eingeschlossen Pilze, Pflanzen, alle Tiere, sind die einzigen Lebewesen, die überhaupt kein Immunsystem haben. Jeder mehrzellige Organismus kann sich gegen Bakterien wehren, hat irgendeine Abwehr, irgendetwas. Bienenpuppen haben nichts, gar nichts.*
> *Das ist schon sehr erstaunlich.*

Der Bien kann sich das nur deswegen leisten, weil die Bienen ihre Puppen in einer hochreinen Isolierstation aufwachsen lassen. Zellen werden geputzt, mit Propolis ausgekleidet, die sehr stark antibakteriell wirkt, dann kommt ein Deckel oben drauf und alles ist in Ordnung. Es sei denn, eine Milbe wie die Varroa unterläuft diese hochreine Isolierstation.

Es wird von meinen Kollegen in der Regel immer nur auf die Bienenkrankheiten geschaut. Das ist viel zu kurz gegriffen. *Jedes* Bakterium tötet Bienenpuppen. Dazu kann man sich einmal ansehen, wie z. B. der mikrobiologische Blütenansatz aussieht. Dort finden sie zwanzig, dreißig, ja fünfzig verschiedene Arten von Bakterien an den Blüten, gute Bakterien, die nicht krank machen, sondern die dort einfach leben. Diese werden in den Bienenstock eingetragen und über die Varroa auf die Puppen überführt. Also es ist eine echte Katastrophe, diese komplett wehrlosen Puppen auf diese Weise, über die Varroa als Träger, zu infizieren.

Es gibt viele äußere Bedingungen, die den Bienen das Leben schwer machen. Dazu gehört die moderne Landwirtschaft, z. B. das Anlegen von Monokulturen, das oftmalige Abmähen von Wegrändern, das sie alle in ein paar Wochen wieder nachvollziehen können.

Das gilt zumindest für Franken, vielleicht auch hier für das Siebengebirge. Wenn sie in Feldern spazieren gehen, versuchen Sie einmal, einen bunten Blumenstrauß zu pflücken. Das werden Sie kaum noch schaffen, den Bienen wird übel mitgespielt – Agrochemie und, und, und. Es wäre naiv zu glauben, so denke ich, dass wir unwesentlichen Personen irgendetwas daran ändern könnten, zumindest kurzfristig. Die Lage ist auch viel komplizierter, da wir nicht direkt komplett auf Insektizide verzichten könnten, da uns dann die Schadinsekten die Nahrung wegessen würden, aber eine balancierte Herangehensweise, wie ich sie zu Anfang dargestellt habe, das könnte eine Lösung darstellen.

Was können wir tun, was können wir machen? Wir können uns damit beschäftigen, wir können von den Bienen lernen, für die Imkerpraxis, für die Art und Weise, wie wir die Bienen behandeln. Das haben wir in der Hand. Wir haben es nicht in der Hand, was in großen Chemiekonzernen oder in den Köpfen von EU-Politikern ausgedacht wird, aber an unseren eigenen Bienenvölkern können wir etwas tun, das haben wir im Griff.

Die Wohnwelt des Biens

Bienen sind Waldinsekten, sie haben in unseren Regionen über 30 Millionen Jahre lang in hohlen Bäumen gelebt. Das ist aus zwei Gründen kaum noch möglich: der eine ist, es gibt kaum noch hohle Bäume in den Wäldern. Unsere Forstwirtschaft ist sehr deutsch, sehr gründlich. Und wenn doch mal ein wildes

Magazinbeuten auf ausrangierten Schienen.

Bienenvolk dort lebt, dann macht der örtliche Imkerverein einen riesigen Aufstand, weil das Volk eine Varroaquelle sein könnte.

Kästen oder hohle Bäume?

Wir halten Bienen in Kästen (siehe Foto-Beispiel oben). Wenn wir uns mit der Frage beschäftigen „Finden wir bedeutungsvolle Unterschiede beim Vergleich von Bienen in hohlen Bäumen und Bienen in eckigen Beuten?“, kommen wir erstens auf die Geometrie. Unsere Beutensysteme werden so gebaut, dass sie einfach herzustellen sind. Sie sollen billig sein, sie sollen den Dimensionen unseres Dezimalsystems entsprechen und sind entsprechend eckig. Sie finden in hohlen Bäumen keine Ecken! Das ist kein anthroposophischer Gesichtspunkt, sondern reine Baugeometrie, reine Bauphysik. Wenn Ecken da sind, bilden sich Kältebrücken, die enormen Temperatur- und Feuchtigkeitsschwankungen zwischen Tag und Nacht unterliegen. Diese finden wir bei Messungen in hohlen Bäumen nicht. Diese nicht natürlich regulierte Luftfeuchte im Stock führt zu Schimmelbildung, zu Verpilzung. Dagegen müssen die Bienen aktiv angehen, dagegen arbeiten, Energie und Zeit investieren. Bienen sind generell enorm anpassungsfähig, enorm belastbar. Doch sollte man die Belastbarkeit nicht auf die Spitze treiben, sondern sehen, wo man sie punktuell entlasten könnte.

Beschaffenheit der Innenwand

Der nächste Punkt ist die Beschaffenheit der Innenwand, die an das Nest grenzt. Das ist in Bäumen in der Regel Totholz. Wir arbeiten mit Zeidlern zusammen, die mit Wildbienenvölkern arbeiten bis weit hin ins Altai-Gebirge. Totholz grenzt unmittelbar an die Nester. Es sind keine Bretter, die zwar auch irgendwie totes Holz sind, aber kein Totholz.

Gesägtes oder gehobeltes trockenes Holz kann höchstens bis zu etwa zehn Prozent seines Eigengewichtes an Wasser aufnehmen. Totholz hingegen kann nahezu sein Eigenwicht verdoppeln, also enorm große Wassermengen aufnehmen. Das ist die Erklärung dafür, dass Bienen im Laufe ihrer Entwicklung nicht gelernt haben, zu hohe Luftfeuchte zu regulieren. Bienen regulieren fast alles: Temperatur, Kohlendioxid, aber nicht die Feuchte, obwohl sie es könnten. Sie haben auf ihren Fühlern Sinneszellen, mit denen sie die Luftfeuchte messen können, sie könnten Wind machen mit ihren Flügeln, wie sie es bei der Temperaturregulierung tun, aber sie machen es nicht. Warum? Die Natur erfindet kein Verhalten, was nicht gebraucht wird. Unter natürlichen Bedingungen regelt das die Umgebung. Das Problem der zu hohen Luftfeuchte gibt es in einem hohlen Baum nicht.

Mitlebewelt in hohlen Bäumen

Was wir biologisch sehr interessant finden, ist die Mitlebewelt in hohlen Bäumen. Der Imker kennt in der Regel als Mitlebewesen im Bienenvolk nur Schädlinge: Die Wachsmotte, Tracheenmilbe, die Varroamilbe, all das, was irgendwie bekämpft werden muss.

Die Beschaffenheit einer Bauminnenwand, die Geometrie der Baumhöhlen und die Lebewelt am Boden der natürlichen Bienenunterkünfte, sind signifikant verschieden gegenüber den in der heutigen Imkerei üblichen Kästen.

In hohlen Bäumen finden wir am Boden immer eine Lebewelt unterhalb der Waben, ein Bereich von abgeraspeltem Totholz und vielen Mit-Lebewesen, Pilzen und Bakterien. Dazu schreibt gerade in Würzburg eine junge Dame eine Doktorarbeit in Zusammenarbeit mit der Fakultät für Lebensmittelchemie, in der wir uns genau damit beschäftigen, welche Faktoren in diesem Totholz die Bienen eigentlich gesund halten. Es ist schon sehr interessant, dass Bienenvölker, die in den Wäldern leben und auch von Varroa befallen sein können, nicht eingehen.

So viel zu der Angst vieler Imker, die von einem wilden Bienenvolk hören. Das muss nicht gleich ausgeräuchert werden. Im Gegenteil, diese Völker werden noch leben, wenn die Völker des protestierenden Imkers längst eingegangen sein werden. Im Bodensatz wildlebender Bienenvölker finden wir unter anderem auch den Bücherskorpion (*Chelifer cancroides, Anm. d. Verf.*).

Die alten Imker kannten dieses Spinnentier noch, aus den Strohkörben oder aus schlampig gehaltenen Bienenkästen. Heute haben wir saubere Bienenästen, wir bekämpfen die Varroamilbe mit Säuren und chemischen Mitteln, auf die der Bücherskorpion sehr viel empfindlicher reagiert. Der Imker hat ihn mehr oder weniger ausgerottet.

Mit einem sehr engagierten Hamburger Kollegen (*Torben Schiffer, Anm. d. Verf.*) beginnen wir gerade ein Projekt dazu. Ein solcher Skorpion frisst am Tag etwa zehn Milben, das ist schon ordentlich. Es geht auch gar nicht darum, die Varroa zum Verschwinden zu bringen, das werden wir ohnehin nicht schaffen. Das ist ein völlig falscher Ansatz: Die Varroa werden wir nicht mehr loswerden. Wir können ein Gleichgewicht schaffen, das ist die Idee: ein Gleichgewichtszustand zwischen Biene und Varroa – das (Wieder-)Herstellen der natürlichen Verhältnisse.

Wenn es uns interessiert, wie es in einem vom Menschen ungestörten Bienenvolk zugeht, nutzen wir in Würzburg zunehmend einen technischen Ansatz, in dem wir ein Bienenvolk – und mittlerweile sind es mehrere – hightech beobachten. Wir haben sowohl Videokameras innen als auch Wärmekameras und Endoskope außen, die uns unendlich viele Daten liefern (in Würzburg, in Schwartau und neu in Ingolstadt).

Die Daten in Terabyte-Größenordnungen aus den Bienenvölkern werden aufgezeichnet, archiviert und können nur dank z. B. des Rechenzentrums der Uni Würzburg, das uns großzügig unterstützt, gestemmt werden. Seit mittlerweile vier Jahren stehen die Daten online ununterbrochen für jedermann kostenfrei über die neu gestaltete Webseite HOBOS-Projekt zur Verfügung. Jeder ist eingeladen, diese zu nutzen, eigene Beobachtungen zu machen.

Abschließende Beobachtungen

Zwei dieser Beobachtungen, die von den vielen Nutzern und auch innerhalb des HOBOS-Projekts gemacht worden sind, möchte ich zum Schluss skizzieren.

Die Erste ist eine Entdeckung, die auf einen Nutzer zurückgeht. In einer E-Mail wurde uns mit der Aufnahme die Frage gestellt, was die Biene dort macht.

Die Biene schläft. In einer neu entdeckten Art der Schlafhaltung überbrückt sie mit ihrem Körper die Wabengasse. Mit der einen hinteren Körperhälfte eingeklemmt in der einen, mit dem Kopf an der anderen Wabe eingeklemmt, macht sie das, was Sie im Sommer in der Hängematte machen: Sie lässt die Beine baumeln. Eine halbe Stunde lang und dann ist sie wieder frisch und kann ihre Arbeit wieder aufnehmen.

Die Zweite ist eine Erkenntnis, die uns das ungestörte Wärmeverhalten des Biens in der Wintertraube zeigt. Sie kennen die Angaben und Darstellungen von den Wintertrauben. Die wie in einer Zwiebel gebildeten Temperaturschichten des Brutnestes, innen ca. 35 °C und nach außen immer kälter werdend. Dieses Bild ist ein Ergebnis einer Messung, der Störung.

HOBOS läuft seit über vier Jahren ohne Eingriffe, wir lassen die Bienen in Ruhe. Wir entnehmen ihnen keinen Honig, geben ihnen kein Winterfutter, das läuft alles prima. Wenn wir in diesem ungestörten Volk die Temperatur über einen ausgewählten Zeitraum (etwa über drei Tage) ablesen, erhalten wir den Temperaturverlauf in einer Wabengasse im Vergleich zum Verlauf der Lufttemperatur in der Umgebung bzw. auf der von der Sonne mittags stark aufgeheizten Vorderseite des Stockes (siehe Grafik S. 113).

Während an heißen Tagen die Wabengassen von den Bienen auf konstant 34 bis 35 °C gehalten werden, heizen sie an kalten Wintertagen ihre Wabengassen nicht durchgehend auf diese Temperatur hoch. Im Zentrum der Wintertraube liegt sie meist nur knapp oberhalb 10 °C, der Temperatur, bei der sie steif wer-

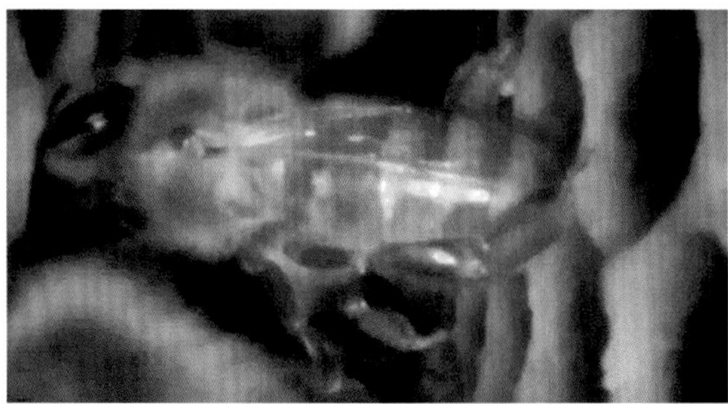

Schlafende Biene in einer Wabengasse (aus HOBOS).

den und bei niedrigeren sterben. Kälter werden darf es nicht. Und alle paar Tage heizen sie für einen Tag lang auf bis zu 30 °C hoch in den Spitzen, um danach wieder abzukühlen. Das ist enorm effizient. Warum sollten die Bienen diese hohen Temperaturen den ganzen Winter über halten, wenn dies nicht gebraucht wird? Einen Tag heizen hilft sehr, weil jeder, der einmal versucht hat 10 °C kalten Honig zu schlürfen, weiß, dass dies nicht so einfach ist. Das heißt, die Bienen erwärmen den Honig nur kurz, um ihn aufnehmen zu können.

Diese und viele weitere Erkenntnisse gewinnen wir durch Beobachtungen und berührungslose Messungen in diesem Projekt. Jeder, der sich für das HOBOS-Projekt näher interessiert, kann sich jedes beliebige Zeitfenster aufrufen, eine Minute oder ein Jahr. Die rote Kurve stellt den Temperaturverlauf im Zentrum der Wintertraube dar. Diese zwei Beispiele sollen verdeutlichen, dass man noch viele neue Einsichten gewinnen kann, in dem man dieses Projekt www.hobos.de nutzt.

Damit bin ich mit meinem Vortrag fertig und danke Ihnen sehr für Ihr Interesse und Ihre Aufmerksamkeit.

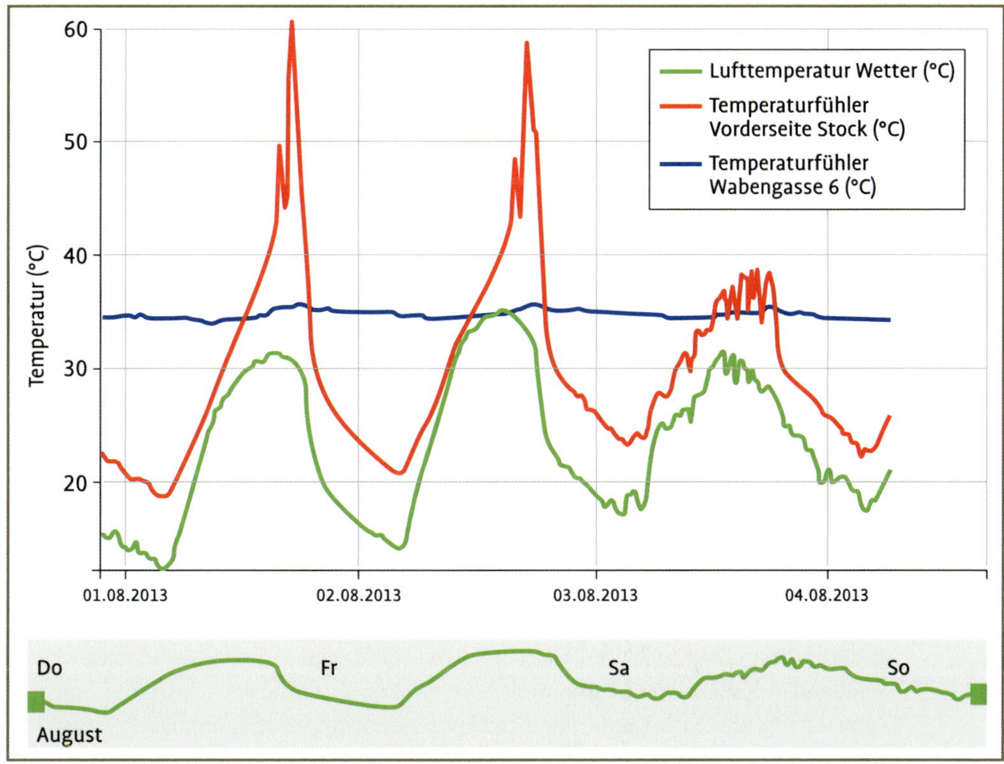

Temperaturverlauf im Inneren eines Bienenstocks (HOBOS).

ÜBER BIENENVÖLKER IN FREIER NATUR

Viele Imker haben seit Jahren keinen Bienenschwarm mehr gesehen, weil sie mit verschiedenen Methoden das Ausschwärmen verhindern. Die Verhinderung des natürlichen Schwarmtriebes ist ein widernatürlicher Eingriff, der zu Folgeschäden führt.

Tom Seeley in einem Interview auf der Tagung 2016

Dieses Kapitel beinhaltet **drei Vorträge von Prof. Dr. Thomas D. Seeley**, Cornell University, Ithaca, New York, USA, auf der Seeley-Tagung des Mellifera e. V. vom 22. bis 24.07.2016 in Rosenfeld. Mit freundlicher Genehmigung des Mellifera e. V. aus den Aufzeichnungen der Tagung transkribiert und ins Deutsche übersetzt von Malin Pöpping. In Abstimmung mit dem Autor redigiert von Manfred Schmitz.

1. SCHWARMINTELLIGENZ: WAHL DER BEHAUSUNG, ENTSCHEIDUNGSPROZESS UND EINZUG

Meine Damen und Herren, ich bin sehr erfreut, heute mit Ihnen hier sein zu können. Ich denke, ich hatte noch nie die Chance, zu einer Gruppe zu sprechen, mit der ich eine so starke Verbindung zwischen Ihren Interessen und meinen gespürt habe. Das Interesse daran, die Bienen zu verstehen und für sie zu sorgen, zu verstehen, wie sie in der Wildnis überleben, und das Interesse an den Untersuchungen, die ich dazu durchgeführt habe. Daher bin ich wirklich sehr erfreut, heute hier sein zu dürfen, und ich hoffe, Ihnen gefallen meine Vorträge.

Die Intelligenz des Bienenschwarms

Wie wir alle wissen, regelt ein Bienenvolk viele Aufgaben auf erstaunliche und wunderbare Art und Weise. Es kontrolliert seine eigene Temperatur, baut seine eigenen Wachszellen und sammelt Futter von weit entfernten Futterquellen überall übers Land verteilt. Was ich Ihnen heute zeigen möchte, ist das, was ich immer noch als das Faszinierendste empfinde, was ein Bienenvolk tut: Ein Bienenvolk ist in der Lage, bestimmte Bienen aus ihren Reihen loszuschicken, um nach potenziellen Nistplätzen zu suchen, mit Informationen zurückzukommen, und dann die Entscheidung zu treffen, welcher der entdeckten Nistplätze der beste ist und wie dieser dann zum neuen Zuhause der Kolonie, des Schwarms wird. Wir werden uns also mit Schwarmintelligenz beschäftigen, wie eine Schwarmkolonie ihr neues Zuhause wählt.

Sie alle sind Imker, daher werden Sie alle wissen, was ein Bienenschwarm ist. Wir alle wissen, dass er aus der Teilung eines Bienenvolkes entstanden ist und dass er aus einer Bienenkönigin und etwa 10 000 Arbeiterbienen besteht. Wir wissen, dass der Bienenschwarm sich in einem sehr kritischen Stadium seines Lebens befindet. Er muss ein neues Zuhause finden und falls es ihm nicht gelingt, eine geschützte Unterkunft zu finden, wird das Volk den Winter in unserem Klima nicht überleben. Es ist also eine Entscheidung über Leben oder Tod.

Was Sie allerdings vielleicht nicht wissen, ist, wie wenige Bienen tatsächlich an dieser Entscheidungsfindung aktiv beteiligt sind. Es handelt sich lediglich um wenige Prozent all der Bienen im Schwarm. Ich werde nicht ins Detail gehen bezüglich der Frage, wer diese Scout-Bienen sind, sondern nur erwähnen, dass diese aus den ältesten Bienen des Schwarms bestehen. Es sind Bienen, die zuvor als Sammelbienen tätig waren und deren Gehirne hoch aktiv, lernfähiger und offener für neue Aufgaben sind als die der noch jungen Bienen, da die Gene in ihrem Gehirn aktiviert wurden. Was wir uns also näher anschauen wollen, ist das Verhalten dieser Scout-Bienen, dieser erfahrenen Kundschafter.

Auswahlkriterien bei der Standortsuche

Zunächst einmal ist es wichtig herauszufinden, wonach die Kundschafterinnen schauen, was sie suchen, was also ein idealer Nistplatz ist. Ein guter Nistplatz, wie in diesem Ahornbaum (siehe Foto rechts), repräsentiert alle für ein Bienenvolk wichtigen Aspekte eines guten Nistplatzes. Einer dieser Aspekte ist, dass der Eingang weit weg vom Boden ist – wir werden sehen, dass Bienen ihren Eingang gerne fünf Meter oder noch weiter weg vom Boden bevorzugen. Gleichzeitig sollte er sehr klein sein, nur ca. 15 cm^2. Andererseits muss der Hohlraum innen geräumig sein, er sollte mindestens 40 Liter fassen, besser mehr.

Ein mit Bienen besetzter Ahornbaum (der rote Pfeil zeigt das Einflugloch).

Im besten Fall finden die Bienen also solch einen Nistplatz in einem stämmigen, stabilen Baum und ich denke, es ist offensichtlich, dass es eher unwahrscheinlich ist, all diese Charakteristika zusammen an einem Platz zu finden: einen gesunden Baum, dessen Inneres eher vermodert ist und viel Platz bietet und dennoch nur über einen schmalen Eingang zugänglich ist, der sich weit entfernt vom Boden befindet. Diese Kombination von Bedingungen ist schwer zu finden und daher werden mehrere Hundert Kundschafterinnen eines Schwarms ausgesendet, um überall – auch weit entfernt – nach solch einem Platz zu suchen.

Sie fragen sich vermutlich, woher wir wissen können, dass dies die Kriterien sind, nach denen ein Bienenvolk sucht.

Versuch mit Nestboxen

Wir wissen es, da ich vor etwa 35 Jahren einen Versuch durchgeführt habe, bei dem ich 252 Nestboxen aufgestellt habe. Ich habe sie immer paarweise aufgestellt und die zwei Boxen in jedem Paar waren identisch bis auf ein Merkmal (z. B. ein Eingang, der 90 cm^2 groß ist, einer mit nur 15 cm^2). Ich habe 126 dieser Paare aufgestellt und bei manchen variierte die Größe des Eingangs, bei manchen die Größe des Hohlraums, bei manchen der Abstand des Eingangs zum Boden. Ich konnte die Paare jeweils vergleichen und schauen, welches der beiden als Erstes von einem Bienenschwarm besetzt war. Daher war es auch nötig, 252 Nestboxen zu bauen, um genug Daten erfassen zu können.

Wir haben herausgefunden, dass Bienen sehr starke Präferenzen in Bezug auf die hier aufgeführten Variablen haben. Sie bevorzugen einen kleinen Eingang in großer Höhe, den Eingang in Richtung Süden und mit einem Volumen um die 40 Liter. Wenn der Hohlraum dann auch noch windgeschützt ist, handelt es sich um einen sehr guten Nistplatz. Daher wissen wir also, was die Bienen wollen.

Was tut also eine Kundschafterin, wenn sie ausfliegt und ihre Suche beginnt? Nun ja, wenn man im Frühling in den Wald geht und Glück hat, sieht man Kundschafterinnen an Bäumen auf und ab fliegen auf der Suche nach Spalten oder dunklen Plätzen. Wenn eine Kundschafterin dann einen Eingang an der Seite eines Baumes oder einer Wand findet, wird sie hineingehen und innen herumlaufen. Die Bewegungsspuren einer Kundschafterin haben wir versucht nachzuvollziehen, als sie eine der Experimentboxen erkundete: Sobald eine Kundschafterin einen Nistplatz entdeckte, führte sie eine etwa 30 bis 40 Minuten dauernde sorgfältige Inspektion durch. In dieser Zeit, während jeder Inspektion, lief und flog sie jeweils etwa eine Minute lang innen überall herum, kam durch den Eingang wieder heraus und ging dann wieder hinein, um die zunächst chaotische Erkundung weiter zu verbessern. Schließlich, bei ihrem

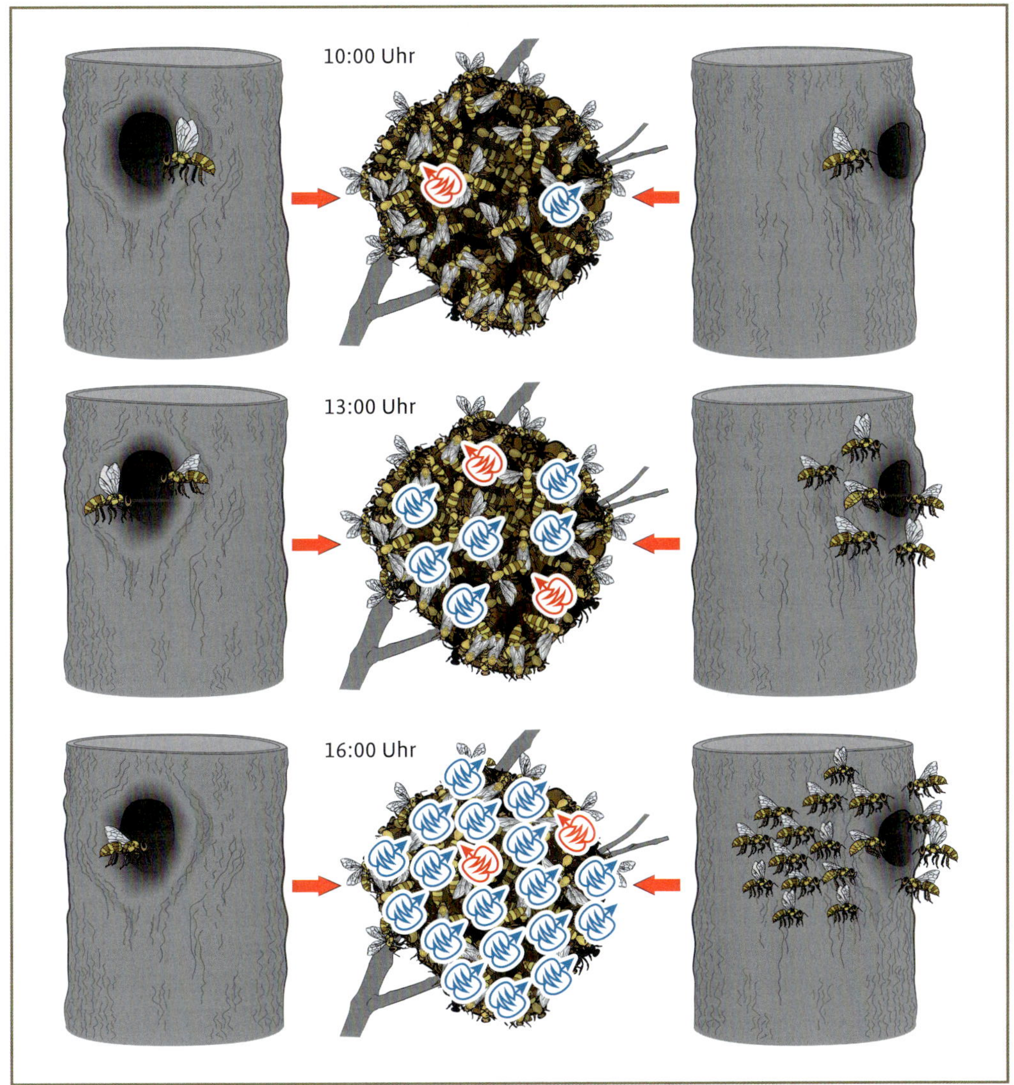

Entscheidungsprozess bei der Wahl eines Nestplatzes durch Kundschafter. Rote Kundschafter werben für Alternative 1 (links), blaue für Alternative 2 (rechts).

fünfundzwanzigsten und letzten Besuch, lief sie noch einmal die Innenwände ausgiebig ab. Und über diese Serie an Besuchen lernte sie nach und nach das Volumen des Hohlraums, die Größe des Eingangs, den Abstand des Eingangs, des Bodens etc. kennen. Und auf bis jetzt noch unbekannte Weise lernt sie einzuschätzen, inwieweit dieser Ort für ihr Volk geeignet wäre. Und danach bewertet sie in gewisser Weise den Nistplatz, wie auf einer Skala von eins bis zehn.

Anschließend kehrt sie zu ihrem Schwarm zurück und teilt die Neuigkeiten ihrer Entdeckung mit den anderen Bienen. Sie teilt ihnen die Informationen über den Schwänzeltanz mit, auf der Oberfläche des Schwarms. Vergleichbar, wie wir es von den Sammlerbienen im Bienenstock kennen.

Die anderen Bienen, welche auch Kundschafterinnen sind, beobachten sie und sobald sie etwas verstehen, filtern sie die Informationen aus dem Schwänzeltanz. Die Richtung und die Dauer der Schwänzelbewegungen geben den Standort des gefundenen Ziels an. Dabei tanzen die Kundschafterinnen tatsächlich am Rücken ihrer Schwestern, die (noch) keine Kundschafterinnen sind. Die meisten der anderen Bienen befinden sich in Ruhestellung, im Energiesparmodus, lediglich ein paar wenige sind sehr aktiv, dies sind die Kundschafterinnen.

Informationen bei der Nistplatzsuche

Lasst uns nun einen genaueren Blick darauf werfen, wie die Bienen diese Informationen über den Standort des Nistplatzes oder aber der Futterquelle mithilfe des Schwänzeltanzes übermitteln.

In einem Schwarm oder in einem Bienenstock ist die Orientierungsrichtung nach oben, außerhalb eines Schwarms oder eines Bienenstocks ist die Sonne die Orientierung. Also die Richtung wird durch den Winkel des Schwänzeltanzes angezeigt, relativ zu „nach oben“, und die Entfernung zum Ziel durch die Dauer des Tanzes. Wir haben eine Biene beobachtet, deren einzelne Tanzsequenzen ungefähr acht Zehntel einer Sekunde dauerten, und je länger der Tanz, desto weiter entfernt die Futterquelle. Also hat unsere Biene mit ihren 0,8-Sekunden-Tänzen einen Nistplatz angezeigt, der etwa 500 Meter entfernt war.

Dieser noch nicht lang bekannte Schwänzeltanz wurde kurz nach dem Ende des Zweiten Weltkriegs entdeckt. Die bahnbrechende Erstentdeckung wurde 1944 von Karl von Frisch gemacht. Er entdeckte den Schwänzeltanz und bekam dafür auch den Nobelpreis, da diese Entdeckung unsere Erwartungen bezüglich der kognitiven und kommunikativen Fähigkeiten von Bienen und anderen Tieren weit übertrafen.

Der bedeutendste Schüler von Karl von Frisch, der die Forschungen ebenso intensiv und erfolgreich fortführte, ist jedoch Martin Lindauer. Und der Grund, weshalb er so bedeutend ist, ist seine Entdeckung, dass Bienen diesen Schwänzeltanz nicht nur zum Anzeigen des Standortes von Futterquellen, sondern eben auch von Nistplätzen nutzten. Lindauer machte eben diese Entdeckung eines Tages in München, als er aus dem Zoologischen Institut der Universität München herausging. Es gab Bienenstöcke im Institut im Zentrum von München und Lindauer erzählte, er hätte einen Schwarm entdeckt, der sich in einem Busch niedergelassen hatte. Er stellte bei näherer Beobachtung fest, dass dort Bienen zu sehen waren, die einen Schwänzeltanz vollführten, und er war zunächst verwundert, dass wohl Bienen in einem Schwarm weiterhin nach Futterquellen suchten. Also schaute er näher hin und bemerkte mehrere Dinge: Keine der Bienen trug Pollen, keine der Bienen lieferte Nektar ab, doch ein paar Bienen waren sehr beschmutzt. Manche sahen aus, als hätten sie sich in rotem Backsteinstaub gewälzt, einige, als hätten sie Vulkanstaub auf sich, und andere waren so schwarz, dass es aussah, als trügen sie einen schwarzen Anzug.

Lindauer erzählte weiter, dass er eine Biene vorsichtig an den Flügeln hochnahm und an ihr roch und feststellte, dass sie nach Ruß roch wie ein Schornsteinfeger. Dies war für ihn ein sehr klares Anzeichen dafür, dass diese Biene nicht von einer Blume zurückgekommen war, sondern vermutlich in einem Kamin irgendwo anders herumgestöbert haben musste. Und das wiederum deutete er dahingehend, dass es sich hier nicht um Sammlerinnen handelte, sondern um Bienen, die Tänze aufführten, um Informationen in Bezug auf Nistplätze mitzuteilen.

Warum denken Sie also, waren diese Bienen so dreckig? Warum würden sie Orte aufsuchen wie Kamine oder rußige Stellen in Wänden etc.? Lindauer machte 1949 diese Entdeckung, zu einer Zeit also, in der die meisten Gebäude in München noch in Schutt und Asche lagen, in der sehr wenige Menschen in München lebten und oft mit dem Fahrrad unterwegs waren. So kam es, dass, wenn die Kundschafterinnen unterwegs waren, sie zerstörte Ruinen, Kamine und eingebrochene Wände fanden.

Lindauer war ein sehr aufmerksamer Beobachter, sodass er daraus folgerte, dass dieser von Frisch entdeckte Schwänzeltanz offensichtlich von den Bienen auch zur Anzeige von Nistplätzen genutzt wurde. Also beschloss er, dass er das nächste Mal, wenn ein Schwarm aus seinem Stock herauskäme, daneben sitzen würde, so lange wie auch der Schwarm dort wäre – ohne diesen jedoch zu stören – und so viele Informationen zu sammeln und so viele Schwänzeltänze zu beobachten wie möglich, um herauszufinden, wo sich diese Standorte befanden, die die Kundschafterinnen den anderen Bienen übermittelten.

Natürlich konnte er nicht alle Bienen, die einen Schwänzeltanz aufführten, gleichzeitig beobachten, da immer mehrere zur selben Zeit tanzen, aber er versuchte, so viele Schwänzeltänze aufzunehmen wie möglich. Es war eine sehr harte Arbeit für ihn, da er alleine arbeitete und es kurz nach Sonnenaufgang beginnen und bis Sonnenuntergang dauern konnte. Oft ging dies über mehrere Tage hinweg. Aber er war ein sehr harter, beständiger Arbeiter. Und er entdeckte mehrere, äußerst bedeutende Dinge. Zu seinem Erstaunen stellte er fest, dass die Bienen alle möglichen verschiedenen Standorte mit potenziellen Nistplätzen anzeigten, überall in ganz München verteilt.

Nach ein paar Stunden oder Tagen hatten alle tanzenden Bienen aber nur noch einen einzigen Standort angegeben und sich offensichtlich geeinigt. Und das kurz bevor der Schwarm aufbrach und wegflog. Manchmal war er in der Lage, unter dem Schwarm herzurennen, während dieser wegflog, und ihm bis zu seinem neuen Ziel, seinem neuen Zuhause zu folgen.

Heutzutage wäre das nicht mehr möglich – es gibt sechsstöckige Gebäude – aber zu seiner Zeit gab es lediglich Schutt, wo er drüber- oder dran vorbeilaufen konnte, und somit manchen Schwärmen folgen konnte. Das ermöglichte ihm die Schlussfolgerung, dass diese Schwänzeltänze tatsächlich auf das Endziel und damit potenzielle Nistplätze hinzielten.

Dies sind wahrhaftig wunderbare Entdeckungen und für Lindauer war dies wohl die bedeutendste Entdeckung in seiner ganzen Karriere, aber gleichzeitig erzählte er mir, dass er ein wenig enttäuscht war, dass er nicht herausfinden konnte, wie die Bienen es geschafft hatten, sich auf einen Nistplatz zu einigen, diese Entscheidung zu treffen. Ich fragte ihn, warum er dem nicht mehr nachgegangen sei, und er sagte: „Tom, du musst verstehen, dass die Werkzeuge, die ich zu dieser Zeit hatte, mich davon abhielten, mehr herausfinden zu können“.

Und dies waren seine Werkzeuge: ein Stuhl, ein Notizheft, ein Stift, eine Armbanduhr und eine Stoppuhr, um die Dauer der Schwänzeltänze festhalten zu können, und zusammen mit einem Farbsystem, mit dem er die Bienen markieren konnte, war dies alles. Alles, was er somit gewinnen konnte, war eine Art Stichprobe, eine Aufzeichnung von Details war jedoch nicht möglich. Aber er konnte erkennen, dass die Bienen unterschiedliche Plätze erkundeten und sich dann auf einen bestimmten einigten. Er kam nur nicht dahinter, wie die Bienen diese Einigung vollzogen, und genau das werde ich heute mit Ihnen untersuchen, Ihnen erklären.

Ende der 40er-Jahre machte er also diese Entdeckung und 40 Jahre später kam die Videotechnologie auf und mit ihr war es möglich, mehr ins Detail zu gehen und genauer alle Tänze aufzuzeichnen und herauszufinden, wie die Bienen zu dieser Entscheidung kamen.

Der wichtigste und notwendige Schritt bestand darin, Bienenschwärme einer Größe von wenigstens 4000 Bienen zu produzieren, in dem die einzelnen Bienen zur Identifikation markiert waren. Jede Biene musste somit eine kleine Königinnen-Markierung auf ihren Thorax erhalten (beschrieben im Kapitel *Naturerfahrung von Anfang an*, S. 38).

Zusätzlich zu diesen Markierungen bekam jede Biene eine Farbmarkierung in einer von acht Farben auf ihr Abdomen. Kombiniert ergab das 4000 Code- und Farbkombinationen. Wir markierten also alle der 4000 Bienen, da wir selbstverständlich zu Beginn noch nicht wussten, welche der Bienen die Kundschafterinnen sein würden. Wir haben also alle Bienen markiert, einen Schwarm entstehen lassen und die Königin auf ein Brett mit einem Königinnengitter gesetzt und dadurch würden alle Schwänzeltänze auf einer Seite des Brettes stattfinden und die auf diesen Punkt ausgerichtete Videokamera konnte alles aufzeichnen.

So waren wir in der Lage, jede einzelne Bewegung der Bienen festzuhalten und jene Bienen zu identifizieren, die einen Schwänzeltanz aufführten. Wir konnten festhalten, an welchem Tag zu welcher Uhrzeit der Tanz startete, wie viele Wiederholungen die Biene aufführte, in welche Richtung der Tanz ausgerichtet war und wie weit das Ziel entfernt war. Bei der Betrachtung der Videos konnten wir somit jeden Tanz von jeder einzelnen Kundschafterin festhalten. Stellen Sie sich also vor, wie lange es ungefähr dauert, von einem einzelnen Schwarm alle Kundschafterinnen herauszufiltern: zusammen mit einem engagierten Studenten etwa einen Monat bei einer 60-Stunden-Woche. Es war also viel Arbeit.

Entscheidungsfindung

Nach den Tanzaktivitäten aller Tanzmuster der Kundschafterinnen eines Schwarms wird eine Entscheidung getroffen, welcher Nistplatz es letztendlich werden würde. Diese Entscheidung ging aus 16 Stunden tanzendem Debattieren hervor, es gab elf potenzielle Nistplätze und 149 Kundschafterinnen.

Jede dieser Boxen repräsentiert, was in einer bestimmten Zeitspanne beobachtet wurde. Also im ersten Abschnitt ging es um den Zeitraum von 11 Uhr bis 13 Uhr. Die Kreise stehen für den Schwarm und jeder Pfeil steht für das Tanzen für einen bestimmten Nistplatz in einer bestimmten Richtung. Der Pfeil A gibt zum Beispiel einen Nistplatz östlich an, zu dem die Bienen flogen, und die Länge des Pfeils gibt die Distanz an. Dieser Pfeil zeigt einen zwei Kilometer entfernten Nistplatz an. Man fand einen etwa zwei Kilometer in Richtung Osten liegenden Nistplatz. Jeder Nistplatz wird von einer Kundschafterin entdeckt, aber dieser hier wurde von einer Biene für gut befunden, die zurückkam und tanzte und andere Bienen rekrutierte. Und auch diese anderen Bienen, die diesen Platz besucht hatten, befanden ihn für gut und das wird durch die Dicke des Pfeils angezeigt. Je dicker der Pfeil, desto mehr Kundschafterinnen haben den Nistplatz für gut befunden und für ihn getanzt. Hier in diesem Fall haben innerhalb der ersten zwei Stunden acht Bienen für diesen Nistplatz getanzt.

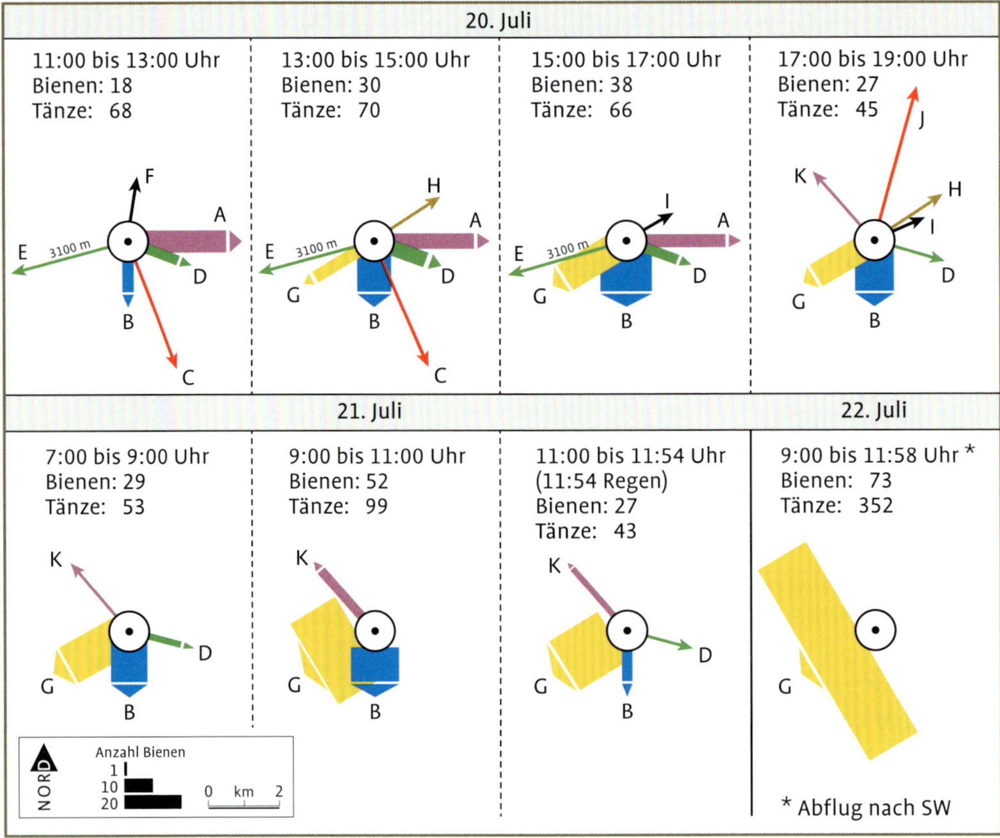

Änderung der Ausflugrichtungen in Abhängigkeit von der Tageszeit (gemessen alle 2 Stunden).

Das war somit zunächst der vorrangig interessanteste Nistplatz. Es gab aber noch andere Nistplätze, einen südöstlich, südsüdöstlich, südwestlich und noch einige mehr. Aber diese bekamen nicht so viel Aufmerksamkeit von den Bienen geschenkt. Der Punkt ist: die Kundschafterinnen haben viele verschiedene Nistplätze an vielen verschiedenen, unterschiedlich weit entfernten Stellen gefunden, und das bereits innerhalb der ersten zwei Stunden.

In den nächsten zwei Stunden danach zeigt sich ein ähnliches Muster. Eine Vielzahl an Nistplätzen wurde bekannt gegeben. Von 15 bis 17 Uhr sieht man immer noch eine große Vielzahl an Nistplätzen, die durch die tanzenden Bienen angezeigt werden. Am Ende des Tages, von 17 Uhr bis 19 Uhr, werden immer noch verschiedene Plätze angegeben, besonders die Nistplätze Richtung Süden und Südwesten werden von den Kundschafterinnen bevorzugt angezeigt. Und damit endet auch die Diskussion unter den Bienen an dem Tag. Am nächsten ging es in interessanter Weise genau da weiter, wo die Bienen am Tag zuvor aufgehört hatten.

Wir wissen, dass die Kundschafterinnen nicht über Nacht sterben, und tatsächlich waren es größtenteils dieselben Bienen, die am nächsten Tag wieder tanzten. Und damit war klar, dass eine richtige Debatte im Gange war – wird der südliche Platz oder der südwestliche gewinnen? Sie können sehen, dass es der südwestliche ist, aber wir wussten das natürlich (noch) nicht, also beobachteten wir die nächsten zwei Stunden gespannt, was passieren würde. Man kann sehen, dass in der Zeit von 9 bis 11 Uhr der südwestliche Platz dominierte, bis es dann am Ende des Morgens anfing zu regnen. Die Bienen unterbrachen die Suche, alles wurde gestoppt, kein Tanzen mehr. Am nächsten Tag aber kam die Sonne wieder raus und alle Tänze, die von den insgesamt 73 Kundschafterinnen aufgeführt wurden, waren auf den Nistplatz im Südwesten ausgerichtet. Damit flogen die Bienen zu eben diesem Nistplatz im Südwesten.

Die Bienen haben sich also eine Vielzahl an Nistplätzen angeschaut und sie dann auf einen eingegrenzt. Und das bereitet mir immer noch Gänsehaut, wenn ich daran denke, dass dieser unglaublich hochentwickelte Transport an Informationen, dieser Prozess des Sammelns über das Verarbeiten bis zu einer gemeinsamen Entscheidung von einem Bienenschwarm ausgeführt wird.

Zuhörerfrage: Sendet ein Bienenstock oder ein Schwarm bereits Kundschafterinnen aus, bevor sie ihren alten Nistplatz verlassen?

Antwort von Seeley: Ja. Meines Wissens nach tanzen die Bienen noch nicht, aber sie erkunden schon die Umgebung auf der Suche nach neuen Nistplätzen.

Zuhörerfrage: Wie viel Zeit liegt zwischen dem Erkunden der Kundschafterinnen und dem Abflug des Schwarms in Richtung des neuen Nistplatzes?

Antwort von Seeley: Die längste Zeitspanne, die ich erlebt habe, waren drei Tage.

Zuhörerfrage: Besucht eine Kundschafterin mehrere Nistplätze?

Antwort von Seeley: Nein, eine Kundschafterin besucht immer nur einen potenziellen Nistplatz.

Ich möchte noch einmal betonen, dass dieser Nistplatz nicht zufällig gewählt wurde, es war einfach der beste Platz. Die Bienen haben also nicht nur einen Konsens gefunden, sondern auch einen sehr guten Konsens, sie haben den besten Nistplatz gewählt.

Sie fragen sich vielleicht, woher ich wissen will, dass das der beste Platz ist. Ich wusste es zu der Zeit auch noch nicht, wusste nicht genau, welcher Baum von welchem Pfeil repräsentiert wurde. Wie konnte ich herausfinden, ob die Bienen eine gute Entscheidung trafen?

Experiment: Wie wählen die Bienen den besten Nistplatz?

Eine Umgebung musste kreiert werden, von der aus die potenziellen Nistplätze kontrollieren werden konnten. Ich bin also auf eine Insel gegangen, die glücklicherweise der Cornell-Universität gehört. Eine Insel, zehn Kilometer raus in den Atlantischen Ozean, auf der keine Honigbienen lebten. Ebenso gab es auf dieser Insel keine großen Bäume, nur flaches Gestrüpp und somit keine natürlichen Nistplätze für Bienen. Also habe ich mir überlegt, einen Schwarm mit auf die

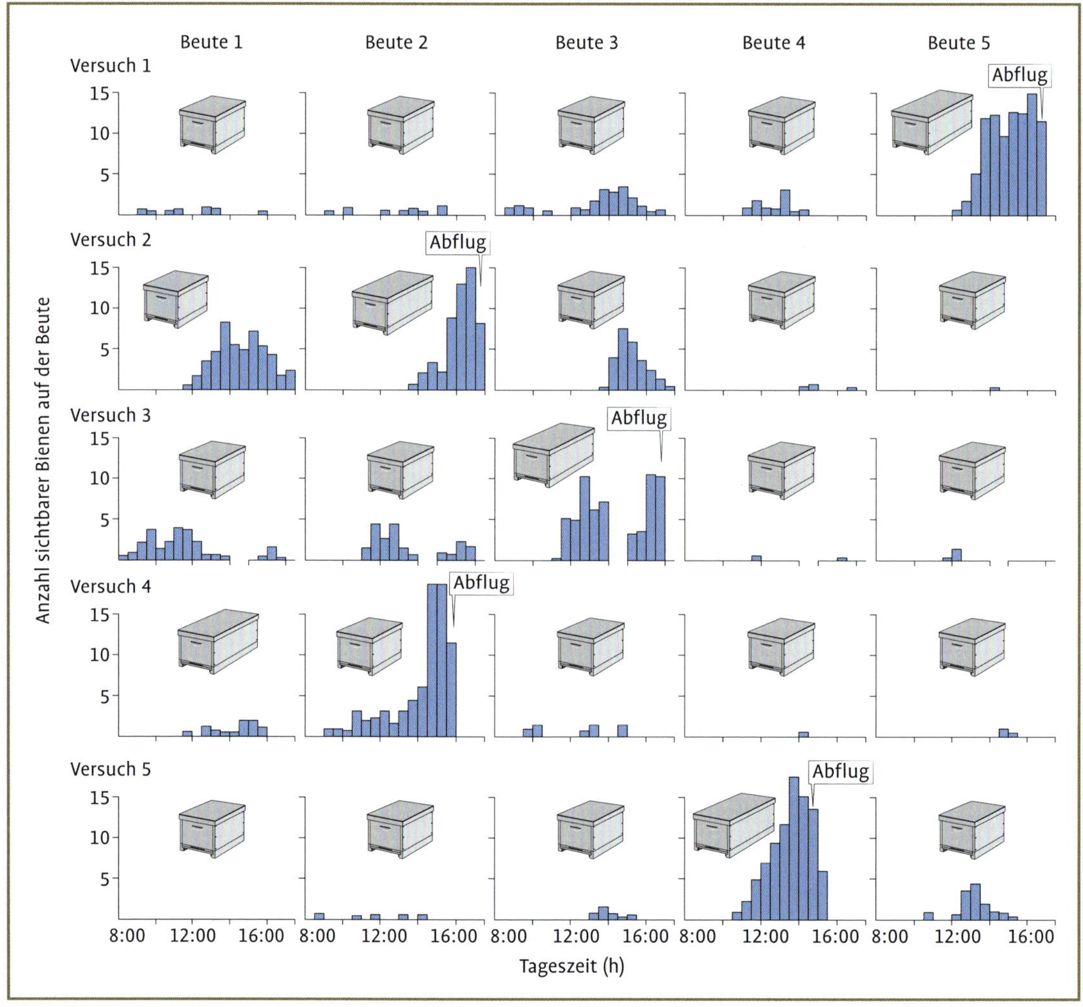

Die einzelnen Nestboxen im Vergleich in der Versuchsanordnung.

Insel zu nehmen und künstliche Nistkästen aufzustellen, um zu sehen, wie die Bienen zwischen diesen Boxen wählen. Man könnte also sagen, ich habe den Bienen eine Multiple-Choice-Prüfung gestellt, aus der sie aus mehreren (es waren fünf) verschiedenen Nistplätzen wählen konnten.

Ich habe also den Schwarm mitten auf der Insel platziert und dann einen Fächer von möglichen Entscheidungen bereitgestellt. Ich habe sie nicht A, B, C, D, E genannt (dann hätten sie sicherlich B für „bee" gewählt), sondern habe sie nummeriert.

Und so sahen die Auswahlmöglichkeiten aus: An jedem der fünf Nistplätze stand ein experimenteller Nistkasten, wo ich den Wert dieses Nistplatzes als potenzielles neues Zuhause kontrollieren und anpassen konnte. Dies konnte ich entweder durch Verändern der Größe des Eingangs (Bienen mögen kleine Eingänge) oder durch Verändern des Volumens innerhalb der Box tun.

Bei diesem Experiment variierte nur das Volumen, der Eingang war immer gleich klein. Bei den qualitativ mittelmäßig guten Boxen habe ich das Trennbrett in die Mitte platziert, sodass sie ein Volumen von nur etwa 15 Litern vorfanden. Für einen perfekten Nistplatz musste ich einfach das Trennbrett komplett aus der Box herausnehmen, womit ein Volumen von 40 Litern gegeben war. Von außen sahen alle Kästen somit gleich aus, aber wenn eine Biene in einen Kasten hineinging, konnte sie feststellen, ob es sich um eine 15 oder um eine 40 Liter große Behausung handelte.

Das Experiment funktionierte also so, dass ich auf die Insel fuhr, die Nistkästen aufbaute und immer einen Schwarm nach dem anderen freiließ. Einer der fünf Nistkästen hatte 40 Liter Volumen, die restlichen vier alle nur 15 Liter. Meine Helfer und ich zählten dann alle 30 Minuten, wie viele Kundschafterinnen pro Nistkasten zu sehen waren – nicht innerhalb der Box, sondern nur von außen betrachtet. Im Vergleich wird deutlich, dass im ersten Durchlauf bei jedem Nistkasten Kundschafterinnen zu sehen waren. Sie haben alle Nistkästen gefunden, auch den am besten geeigneten – etwas später zwar –, aber als sie diesen gefunden hatten, stieg die Anzahl an Kundschafterinnen an diesem Nistkasten rasant an, während die Anzahl an den anderen mittelmäßigen Kästen gleichbleibend gering blieb. Am späten Nachmittag hatten die Bienen sich dann für diesen größeren Nistkasten entschieden und flogen dorthin. Sie konnten allerdings nicht wirklich dorthin fliegen, da ich die Königin in ihrem Käfig mit einem Königinnengitter abgetrennt hatte. Sie flogen also weg, bemerkten, dass die Königin nicht dabei war, und flogen wieder zurück. Das war natürlich sehr praktisch für mich, da ich diesen Schwarm wieder von der Insel wegbringen wollte, um den nächsten zu bringen. Es handelte sich hierbei um künstliche Schwärme.

Der nächste Schwarm zeigte ein ähnliches Verhalten: Er entdeckte zuerst einige der mittelmäßigen Nistkästen und dann erst den besseren und dann stieg aber auch dort die Anzahl an sichtbaren Kundschafterinnen stark an. Man kann sehen, dass beim Anstieg der Anzahl an Kundschafterinnen beim guten Nistkasten gleichzeitig die Anzahl bei den schlechteren sank. Bei den Experimenten war bei rund 10 bis 15 Kundschafterinnen an diesem einem Nistkasten die Entscheidung gereift, dass der Schwarm zu seinem neuen Zuhause aufbricht. Dabei sind innerhalb der Box mehr als hundert weitere Kundschafterinnen zu finden. Wir wissen nicht, ob sich der Schwarm an der Anzahl an Bienen außerhalb oder innerhalb der Kästen orientiert, aber dieses Level an Aktivität an dem Kasten zeigt dem Schwarm, dass dieser Nistplatz beliebt genug ist, um gewählt zu werden.

2. FREILEBENDE BIENENVÖLKER: GENETIK UND NATÜRLICHE SELEKTION

Guten Morgen, wie geht es Ihnen? Es ist mir wieder einmal eine Freude, Sie hier begrüßen zu dürfen und Ihr Interesse an den freilebenden Bienenvölkern zu spüren.

Wir werden uns heute ansehen, wie die Europäische Honigbiene in der freien Natur lebt. Wie Sie wissen, kam sie Anfang des 16. Jahrhunderts nach Nordamerika und fand in den Wäldern dort ihren natürlichen Lebensraum vor. Diesen findet man auch heute noch, besonders dort, wo es zu hügelig für den Ackerbau ist. Wir werden uns also ansehen, wie diese Bienen ohne Varroa-Behandlung überleben und was wir von ihnen in Bezug auf natürliche Imkerei lernen können. In diesem Teil werden wir uns mit der Genetik und der natürlichen Selektion beschäftigen, wie diese Bienen sich in genetischer Hinsicht an die Varroamilbe angepasst haben.

> *Aber wie auch beim Menschen entscheiden nicht nur die Gene, sondern auch der Lebensstil, wie gesund man ist. Bei den Bienen, die wir uns jetzt anschauen, sieht man gut, was passiert, wenn die Bienen es vollkommen selbst in der Hand haben, welche Wege sie gefunden haben, um mit der Varroamilbe klarzukommen. Erst wenn man weiß, wie Bienen ohne den Menschen leben, weiß man auch, wie man bestenfalls imkert.*

Mein Vortrag besteht aus fünf Teilen: Zunächst werfen wir einen Blick auf den untersuchten Standort, also den Wald, dann werde ich erklären, wie ich die Völker überhaupt gefunden habe, und anschließend schauen wir uns an, wie die Bienen es aus genetischer Sicht schaffen, trotz der Varroa zu überleben. Schließlich werden wir uns mit den Vorfahren dieser Bienen beschäftigen, welche sich aus einer Mischung verschiedener europäischer Gruppen zusammensetzen, und zu guter Letzt nehmen wir noch einmal ganz genau die Genetik unter die Lupe.

Standort Arnot Forest

Fangen wir mit dem Standort an: Die Völker befinden sich im Nordosten der USA, etwa fünf Autostunden von New York City entfernt. Die Cornell University kümmert sich um das Gebiet, welches von Waldflächen umgeben ist und seit ca. 500 Jahren nicht mehr beackert wird. Die Bienen, die wir uns anschauen werden, stehen somit exemplarisch für alle Bienen, die in diesem Biotop wild leben. Die Gegend, im 18. Jahrhundert hauptsächlich von irischen Einwanderern besiedelt, wurde im 19. und im 20. Jahrhundert aufgrund der Hügel vernachlässigt und bis heute sind dies die einzigen, nicht bewaldeten Gebiete im Tal. Diese Gegend hat sich in den letzten 60 Jahren für einen Biologen positiv verändert, ist immer mehr verwildert, Braunbären oder Otter konnte man früher dort nicht auffinden.

Abgesehen von den Tälern, die für den Ackerbau umfunktioniert wurden, besteht die gesamte Landschaft des Arnot Forest aus Wald. Vor allem die Molkereien wurden jedoch wegen des schlechten Ertrags aufgegeben, sodass langsam, aber sicher auch die Täler wieder waldiger werden. Die Vegetation dort ist also Wald, das Klima kontinental mit heißen Sommern und kalten Wintern mit viel Schneefall.

„Bee-Hunting“ – Suche nach Bienenvölkern im Wald

Wie finde ich also ein Bienenvolk im Wald? Beim „Bee-Hunting“ kann man von einem „Bienen-Jagd-Prozess“ sprechen, der so beginnt, dass ich Bienen von Blüten nehme und sie in eine kleine Box tue bzw. sie mithilfe von Zuckerwasser in eine Box locke (siehe Seeley, 2017).

Die Bienenbox sollte zwei Kammern bieten, durch eine verschiebbare Mittelwand getrennt, eine davon mit einer Tür, die andere mit einem Fenster. Diese Box ist als Hilfe gedacht zum Transportieren der Bienen zum vorbereiteten und mit Zuckerwasser (60 % Zucker, 40 % Wasser) gefüllten, etwa fünf Zentimeter großen Wabenblock, quasi einem Köder. Man geht also zu Blumen, wo man Bienen gesehen hat, und nutzt seine Bienenbox, schließt das Vorzimmer mit der Tür und lockt sie durch Öffnen des Fensters und Hochziehen der Mittelwand zur anderen Kammer, da die Biene entkommen will. Man schließt das Fenster und die Mittelwand jedoch wieder rechtzeitig und kann somit weitere Bienen fangen. Fünf bis zehn Bienen sollte man in der Lage sein zu fangen. Dann legt man den mit Zuckerwasser gefüllten Block in die erste Kammer, öffnet die Trennwand und die Bienen werden den süßen Wabenblock inspizieren wollen. Um

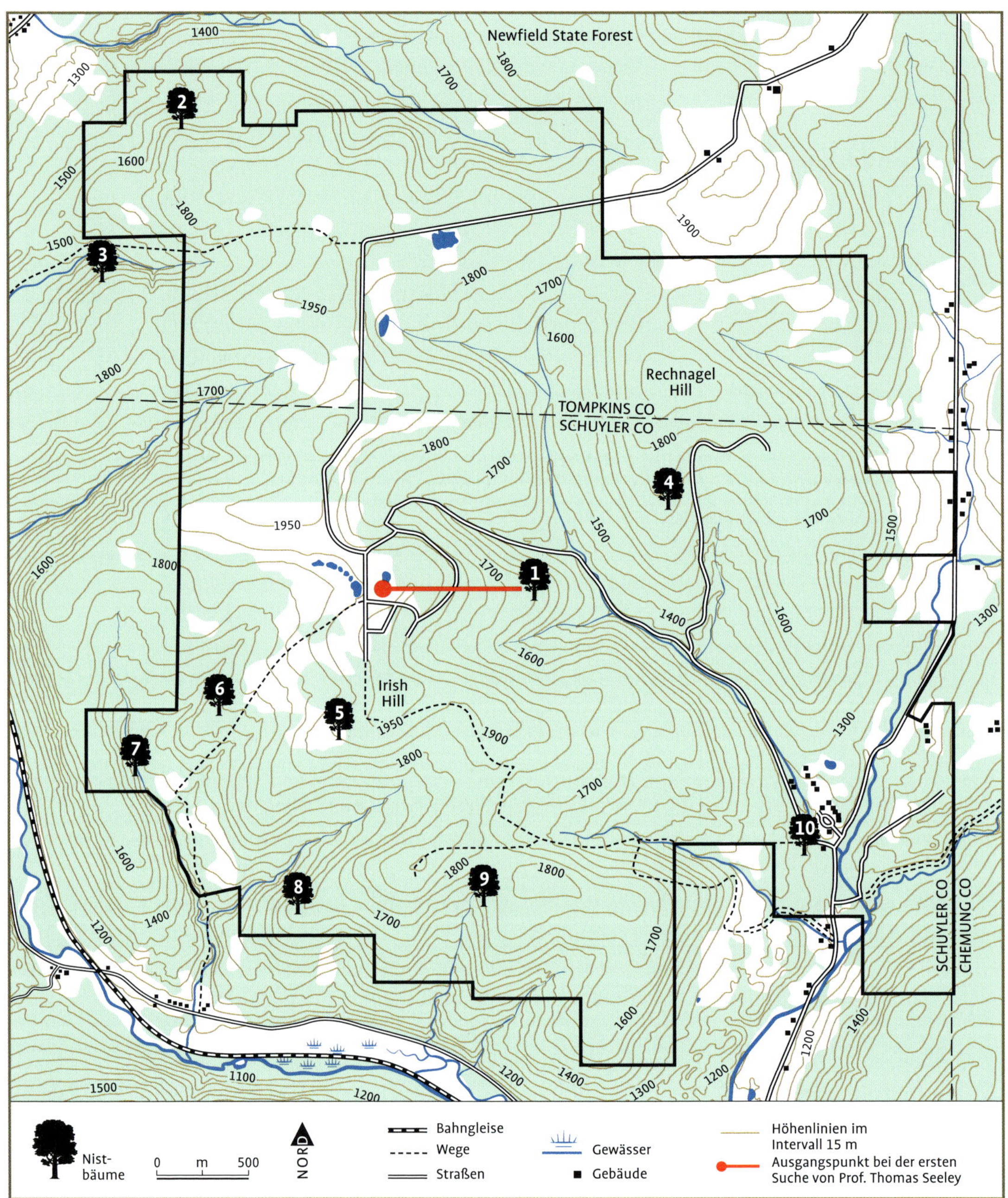

Plan des Arnot Forest 1976 mit Kennzeichnung der Standorte der gefundenen Bienen-Bäume, vor der Einschleppung der Varroa.

sicherzugehen, dass die Bienen auf den Köder eingehen, lässt man diese Kammer noch etwa fünf Minuten geschlossen. Danach öffnet man sie und die Bienen fliegen aus, drehen sich im Idealfall jedoch noch einmal um, um zu schauen, wie die Box aussah, und fliegen vielleicht sogar um sie herum und anschließend erst wieder zurück zu ihrem Volk. Normalerweise kommen die Bienen dann nach einiger Zeit zurück. In dem Moment, wenn sich die Biene wieder zurück auf die Wabenstücke setzt und das Zuckerwasser zu sich nimmt, ist es deine Biene. Sie wird so lange zurückkommen zu dir, wie du dort bist. Meistens kommen mehr Bienen zurück, da die ursprünglichen ihrem Volk von der Nahrungsquelle berichtet haben. Jetzt geht es darum, zehn bis fünfzehn Bienen zu markieren, um sie wiedererkennen zu können. Diese beobachtet man und notiert sich, wann sie wieder zurück zu ihrem Volk fliegen, wann sie wiederkommen, wie lange sie weg waren und im besten Fall auch die Flugrichtung. Aus meinen Notizen ging hervor, dass die meisten Bienen zu einem Platz südwestlich, etwa 200 Grad entfernt, flogen. Die Minutenanzahl, wie lange die Bienen weg waren, gab an, wie lange sie brauchten, um wieder zurück zu ihrem Volk zu kommen, sodass man daraus schließen konnte, wie weit entfernt das Volk etwa lebt. Bei zwei bis vier Minuten, die die Biene unterwegs ist, heißt das, das Volk ist in der Nähe, da es schon etwa zwei Minuten braucht, um das Zuckerwasser abzuladen. Bei fünf bis neun Minuten ist das Volk vermutlich um die zwei Kilometer entfernt, bei mehr als zehn Minuten beträgt der Abstand mehr als zwei Kilometer.

Somit hat man also schon die Richtung und die ungefähre Entfernung der Bienenvölker herausgefunden. Anstatt aber jetzt direkt in Richtung der Völker zu gehen, schließt man die Bienen auf dem Zuckerwasserhalm in der Box ein und geht mit ihnen um die 100 bis 300 Meter in die vermutete Richtung des Volkes. Dieses Verfahren habe ich auch bei den Bienenvölkern auf dem Campus der Cornell Universität genutzt und die verschiedenen Etappen immer näher in Richtung des Volkes auf einer Karte festgehalten. So funktioniert also eine Bienenjagd. Die kleinen Baumsymbole im Lageplan des Arnot Forest stehen für die gefundenen Standorte wildlebender Bienenvölker (Abb. auf S. 128).

Als Imker hat man eine ganz andere Sicht auf die Bienen als derjenige, der als „Bienenjäger“ den Bienen auf der Spur ist. Wenn man als Imker in eine Beute schaut, sieht man Hunderttausende von Bienen, es besteht keine sehr persönliche Bindung, da man keine der Bienen – außer der Königin – wiedererkennen könnte. Bei der Bienenjagd hingegen baut man eine ganz andere Bindung zu den Bienen auf, da man einzelne Bienen markiert und so die einzelnen Charaktere bzw. Verhaltensweisen dieser Arbeiterbienen kennenlernt und studiert. Es ist faszinierend zu sehen, wie sie sich in der Landschaft zurechtfinden und orientieren können. Sie finden von ihrem potenziell mehrere Kilometer entfernten Zuhause zurück zu der von dir aufgestellten kleinen Box.

Auch die Kommunikationsfähigkeit bzw. die Art der Kommunikation der Bienen untereinander ist faszinierend, denn die rekrutierten Bienen, die von den anderen auf diese Futterquelle hingewiesen wurden, fliegen zu diesem Punkt, nur von dem Standort und dem Geruch wissend, und schauen dann persönlich nach, wenn sie dort sind. Der Anisgeruch, den man am besten vorher durch das Hinzufügen von etwas Anisöl im Zuckersirup erreicht, macht es den Bienen einfacher, die Quelle zu finden. Bei der Bienenjagd kann man also sehr gut sowohl die Orientierungs- als auch Kommunikationsfähigkeiten der Bienen beobachten.

Überleben trotz Varroa

Lasst uns nun einen Blick auf die Tatsache werfen, dass diese Bienenvölker in der freien Natur trotz der Varroamilbe überleben.

Das erste Mal, dass ich auf einer Karte festgehalten habe, wo Bienenvölker leben, war im Jahr 1978, im Alter von 26. Eine Bienenjagd führt einen meistens sehr tief in den Wald hinein. Alle Bienenvölker, die ich gefunden habe, lebten in hohlen Bäumen, nicht in Höhlen oder Ähnlichem, immer in stehenden Bäumen. Der Eingang war im Durchschnitt auf einer Höhe von über fünf Metern zu finden, also verhältnismäßig weit vom Boden entfernt. Das könnte daran liegen, dass die Bienen damit versuchen zu vermeiden, von Bären ausgeraubt zu werden. In diesem Wald gibt es tatsächlich sehr viele Schwarzbären. Würde ich also ein Volk dort auf den Boden stellen, wäre es nur eine Frage von ein bis zwei Wochen, bis es ausgeraubt würde, und das weiß ich leider aus Erfahrung. Wenn die Bienen sich also so hoch einnisten, können die Bären sie nicht finden, da sie weder einen sehr ausgeprägten Geruchssinn noch gute Augen haben. Ich weiß von einem Baum, der umgekippt war, was für die Bienen kein Problem war, jedoch hat ein Bär diesen Baum dann gefunden, konnte aber nicht an die Bienen selber dran, da die Rinde dieser Eiche zu dick war. Dennoch zeigt dies gut, dass die Bienen sicher vor Bären sind, so lange sie hoch oben nisten.
Der Eingang an sich ist oft eher klein, mit einem Durchmesser von etwa fünf Zentimetern. Manche der Nester habe ich eingesammelt, indem ich den Nestabschnitt des Baumes herausgeschnitten und

Schnitt durch eine Baumhöhle.

dann zu unserem Labor gebracht habe, wo ich ihn aufbrechen und das Nest freilegen konnte. Dadurch konnte ich dann auch das Volumen des Nestes herausfinden. Meistens liegt das Volumen des Nestes zwischen 30 und 60 Litern, im Durchschnitt sind es 45 Liter. Die Form ist meist eher länglich und schmal, angepasst an die Form des Baumes. Die Wände sowie der Boden sind meistens mit Propolis ausgekleidet. Die durchschnittliche Zellengröße im Brutnest (nicht im Honigraum) liegt bei etwa 5,3 mm von Wand zu Wand, etwa dem Maß der kaufbaren Wachs-Mittelwände.

Zusammenfassend kann man also als Merkmale dieser Kolonien nennen: Sie leben weit voneinander entfernt, sie hausen in kleinen Höhlen, die Kolonien sind sehr klein, es wird schnell geschwärmt, die Nesteingänge sind klein und weit vom Boden entfernt, die Wände und der Boden sind mit Propolis bedeckt und die Brutzellen sind etwa normal groß.

Erscheinen der Varroa-Milbe

Ich möchte nun beweisen, dass diese Kolonien überleben können. In den späten 80er-Jahren, Anfang der 90er-Jahre kam die Varroamilbe erst in die USA, und das erste Mal, dass sie in unseren Beuten in Cornell entdeckt wurde, war im Sommer 1994, auch wenn sie vermutlich schon seit 1993 dort war. Im Winter 1994 gingen 90 % unserer Völker ein, wir hatten keine Ahnung, wie wir mit der Milbe umzugehen hatten. Bis ins Jahr 2000 dachte jeder, inklusive mir selber, dass alle freilebenden Bienenvölker auch eingegangen sein müssten, da wir bei unseren eigenen Völker mit ansehen mussten, wie sie ohne Behandlung wie die Fliegen starben.

Im Jahr 2002 jedoch bin ich schließlich nochmal in das Gebiet des Arnot Forest zurückgekommen, um dies zu überprüfen. In jenem Jahr habe ich also meine zweite Untersuchung dort gestartet, indem ich alle Grundvoraussetzungen wie in den Jahren zuvor herstellte.

Anzahl der wildlebenden Honigbienenvölker im 17 km² großen Arnot Forrest für drei Untersuchungsjahre

Jahr	Anzahl gefundener Völker	Durchsuchter %-Anteil des Waldes	Schätzung Gesamtzahl der Völker	Schätzung der Völkerdichte (Völker/km²)
1978	9	50	18	1,06
2002	8	50	16	0,94
2011	9	50	18	1,06

Vom Verfasser übersetzt und angepasst aus: Seeley, u. a. (2015), Tabelle I

Ich ging zu den gleichen Plätzen im Wald, es waren die gleichen Methoden und die gleiche Person ging auf Bienenjagd – ich! Im Jahr 1978 noch ohne Varroa, habe ich neun Kolonien innerhalb und eine weitere außerhalb gefunden. Da ich etwa 50 % des Waldes untersucht hatte, ging ich davon aus, dass im gesamten Wald etwa 18 Völker zu finden sein müssten. Im Jahr 2002 muss die Varroamilbe bereits um die acht bis neun Jahre dort gewesen sein und dennoch fand ich acht Kolonien vor, also etwa sechzehn im gesamten Waldgebiet. Kein so anderes und für mich daher sehr überraschendes Ergebnis also. Die vorherige Vermutung, dass alle freilebenden Bienenvölker also durch die Varroamilbe eingegangen sein müssten, war also eindeutig falsch. Dennoch habe ich überlegt, ob es sein könnte, dass die Varroamilbe bis jetzt einfach noch nicht so weit in die Berge hoch vorgedrungen war: dass also der Grund für das Überleben der Völker war, dass sie einfach noch nicht von der Varroa heimgesucht worden waren. Im Frühjahr darauf bin ich also wieder zum Forest gegangen und habe im Mai 2003 fünf Köderbeuten aufgestellt. Sie bestanden einfach aus alten Beuten, aufgestellt auf eine Plattform auf einem Baum und gefüllt mit alten Rähmchen. In diesen fünf Beuten konnte ich im Juni dann drei Schwärme vorfinden und diese untersuchen und tatsächlich fand ich jedes der drei Völker mit Varroa befallen vor. Obwohl diese Völker also weit entfernt lagen, waren sie von Varroa befallen.

Ein paar Jahre lang konnte ich diese Beuten so auf einem Baum abstellen, nach einiger Zeit jedoch hatte ein Bär anscheinend herausgefunden, dass man diese Boxen umstoßen konnte. Mittlerweile muss ich also eine Beute an einem Seil aufhängen, um die Bienen vor den Bären zu schützen. Ich habe diese drei Völker also beobachtet und die Anzahl der Varroamilben gezählt, indem ich ein klebriges Brett unterhalb der Beute platziert habe. Im August zählte ich in den drei Kolonien innerhalb von 48 Stunden 30, 14 und 21 Milben, nicht wenige also, allerdings auch nicht außergewöhnlich viele. Die Völker hatten also Varroa-Befall, doch es artete nicht in ein exponentielles Wachstum aus. Die Bienen zogen also im Juni bzw. Juli in die Beuten ein und ich begann mit der Zählung im August, sodass es etwa zwei Brutzyklen gewesen sein müssen.

Überlebenschancen

Durch jahrelanges Beobachten dieser Völker kann ich mittlerweile viel sagen über die Überlebenschancen von sogenannten „etablierten Kolonien“, also Kolonien, die mindestens einen Winter überlebt haben. Auch die Überlebenschancen von Schwärmen, ob sie ihren ersten Winter überstehen werden, kann ich mittlerweile gut einschätzen. Ich weiß, dass die Völker schwärmen, und dass im Durchschnitt mindestens einmal pro Volk im Jahr. Die Wahrscheinlichkeit, dass ein etabliertes Volk das ganze Jahr von Frühjahr bis Frühjahr den Winter hindurch überlebt, liegt bei etwa 80 %. 20 % dieser Kolonien sterben also jedes

Jahr über den Winter. Bei den anderen Völkern ist die Sterberate noch höher, 80 % der Kolonien überleben ihren ersten Winter nicht, nur 20 % überleben. Der erste Winter ist also sehr schwierig für eine Kolonie, die auf sich selbst angewiesen ist.

Das ist jedoch kaum überraschend, wenn man bedenkt, dass das Volk in eine Höhle einzieht, wo noch kein Wabenwerk besteht. Das Volk muss dieses erst einmal aufbauen, es muss sich um die Brut kümmern und genug Vorräte für den Winter sammeln. Die meisten Völker schaffen es nicht, ihren ersten Winter zu überleben. Dabei spielt es eine große Rolle, in welcher Jahreszeit die Kolonie angefangen hat. Während Völker, die im März angefangen haben, mit großer Wahrscheinlichkeit überleben, haben Völker, die im Zeitraum von Juni bis September starten, nur eine sehr geringe Chance. Im Durchschnitt liegt die Überlebenschance von neu entstandenen Völkern, die in der freien Natur leben, bei ungefähr 20 %. Wenn wir davon ausgehen, dass nur ein Schwarm pro Volk pro

Eine Schwarmtraube hat sich in einem Baum niedergelassen.

Jahr produziert wird, kann man ein Muster erkennen, wie das Überleben der Population funktioniert und warum sie überlebt. Gehen wir einmal davon aus, dass eine Population im März beginnt, bestehend aus etwa 100 Kolonien – sie wird, wenn sie etabliert ist, auch im Juni und September noch existieren und bis Juli werden dort Hundert neu entstandene Kolonien sein, da jede der vorherigen Kolonien im Durchschnitt einen Schwarm produziert hat.

Anfang Mai hatten wir alle hundert Kolonien in dieser Gegend, jetzt sind es schon zweihundert Kolonien. Ein paar Kolonien sterben selbstverständlich auch über den Sommer, weil zum Beispiel die Königin nicht stark genug ist oder Ähnliches. Wie sieht es allerdings im Mai des Jahres darauf aus? Es gibt nur noch die 80 % der etablierten 100 Völker, also genau 80, da 20 % eingegangen sind, und 80 % der neu gegründeten Kolonien gehen auch ein, sodass wir nur noch 20 von ihnen haben, aber insgesamt somit immer noch genau 100 Kolonien am Leben sind. Ein Jahr später sind es also immer noch genauso viele Völker wie im Jahr davor, 80 % davon sind etablierte Völker, 20 % neu gegründete im Jahr zuvor. Ich möchte diese prozentualen Überlebenschancen hier betonen, weil sie zeigen, dass die Population an sich fortbesteht. Es verändert sich sehr viel in der Population, 20 % der etablierten Kolonien sterben pro Jahr, aber sie schwärmen sehr viel. Und genau diese Nachkommen halten die Population am Leben bzw. die Kombination aus etablierten und neu gegründeten Völkern halten sie am Leben.

Vorfahren – Museumsbienen und moderne Exemplare

Jetzt schauen wir uns nicht nur die Tatsache an, *dass* diese wildlebenden Bienenvölker existieren, sondern *wie* genau sie es trotz Varroa schaffen fortzubestehen, und werden uns dabei verstärkt auf die genetischen Veranlagungen konzentrieren. Diese wesentlich genauere und anspruchsvollere Untersuchung hat also die Bienen nicht nur in genetischer, sondern auch in morphologischer Hinsicht verglichen, welche ich 1977 gesammelt hatte, noch vor Varroa, und denen aus 2011. Die Alten nennen wir hierbei „Museumsexemplare" und die Neuen „moderne Exemplare". Museumsexemplare haben wir sie deshalb genannt, weil ich, als ich meine Studie über wildlebende Bienenvölker durchgeführt habe, diese Bienen gesammelt habe. In den 70er-Jahren, als ich meinen Abschluss als Studienabsolvent schon hatte, war mir beigebracht worden, dass immer, wenn man eine ökologische Studie durchführt, man Belegexemplare nimmt, sie mit Insektennadeln festpinnt und sie in einer Sammlung aufbewahrt. In meinem Fall war das die Insektensammlung der Cornell Universität, wo sie 34 Jahre lang lagen.

Mittlerweile selber Professor, hatte ich nun selbst einen Studenten, ein erstaunlich guter Genforscher, der fast zwei Jahre lang damit verbracht hat, herauszufinden, wie man die Gene aus diesen 1997er-Bienen herausbekommt. Dabei hat er viel von der Technologie angewandt, die hier in Deutschland entwickelt wurde, da die DNA (Desoxyribonukleinsäure) nach so vielen Jahren sehr zerbrechlich ist. Doch kann man sie wieder zusammenfügen und dann überprüfen, ob man sie richtig wieder zusammengesetzt hat. Mein Student hat daran gearbeitet und es geschafft, dass wir uns das gesamte Genom der alten Museumsbienen anschauen konnten und natürlich auch das der neuen.

Was ist also mit dieser Bienenpopulation in über 30 Jahren passiert? Als wir uns die evolutionäre Geschichte der mitochondrialen (*Zellbereich außerhalb des Zellkerns betreffend, der eine eigene Erbsubstanz enthält, Anm. d. Verf.*) Gene anschauten, haben wir ein sehr interessantes Muster entdeckt.

Genetik moderner Völker

Während die Museumsbienen von 1977 durch ein sehr vielfältiges, zweigartiges Muster von verschiedenen genetischen Zweigen gekennzeichnet waren, konnte die Geschichte der modernen Völker von 2011 mit tatsächlich nur drei Linien nachgezeichnet werden.

Mitochondriale Gene werden nur über die Mutter weitergegeben. Alle Zweige dieses Baumes repräsentieren eine Mutterlinie, also die Abstammung von Mutter zu Mutter zu Mutter. In den 70er-Jahren also, gab es 23 dieser Linien, in 2011 jedoch nur drei. Jede einzelne der Kolonien, die ich untersucht habe, wies nur drei evolutionäre Linien auf.

Das bedeutet, es gab einen drastischen Verlust an genomischer Diversität der mitochondrialen Gene von 1977 bis 2011. Was bringt eine Kolonie aber dazu, genomische Diversität zu verlieren? Ein großer Verlust in Bezug auf die Populationsvielfalt. Die Kolonie geht in gewisser Weise durch einen Flaschenhals, die Population sinkt und bringt die Genetik dazu, eine Art Flaschenhalseffekt zu durchlaufen. Wir können also davon ausgehen, dass irgendwann zwischen 1977 und 2011 diese Kolonie eine starke Sterberate durchlebt hat. Es war sogar mit Sicherheit vor 2003, da ich, als ich 2003 noch einmal zurückkam, genauso viele Kolonien wie in 1977 vorgefunden habe. Also war es irgendwann zwischen 1977 und 2003. Was ist der naheliegendste Grund dafür? Am wahrscheinlichsten die Varroa. Als sie hier ankam, löste sie eine enorme Sterberate aus und nur bestimmte Linien konnten überleben. Das ist ein sehr guter Beweis dafür, dass die Varroamilbe wirklich diese Population für eine Zeit lang schrumpfen ließ.

Wenn man sich die Kerngene anschaut, kann man ganz andere Dinge beobachten. In dem Fall kann man keinen Verlust von genetischer Diversität beobachten. Doch wie kann das sein? Während mitochondriale Gene von einer

Generation zur nächsten weitergegeben werden, nur von Mutter zu Tochter, nicht jedoch von Mutter zu Sohn, werden die Kerngene auch an die Söhne weitergegeben.

Die Söhne tragen also die Hälfte der mitochondrialen und die Hälfte der nuklearen Gene der Mutter in sich. Vermutlich starben bestimmte Kolonien der Mutterlinie aus, waren nicht in der Lage, zu schwärmen. Die Königinnen hatten also keine Töchter, Söhne jedoch schon, sie konnten weiterhin Drohnen bekommen. Diese Kolonien, die es nicht geschafft haben, gegen die Varroa anzukommen, sind zwar nicht sofort gestorben, sondern, während die Population einging, konnten sie noch die Drohnen retten, sodass die Kerngene weitergegeben wurden. Das erklärt, warum es keinen Verlust von genetischer Diversität gab in Bezug auf die Kerngene. Dennoch haben sich diese stark verändert.

Es gibt 634 Stellen auf dem Chromosom, die diese enorme genetische Veränderung zeigen, die die Anzeichen auf Selektion in sich tragen. Dies sind also eindeutige Anzeichen dafür, dass diese Bienen seit dem Eintreffen der Varroa zwischen 1977 und 2013 eine sehr starke Selektion erfahren haben. Die Hälfte dieser Stellen sind Gene, die mit der Bienenentwicklung verknüpft sind, was noch nicht sehr aussagekräftig ist, da jede Entwicklung eine Veränderung hervorrufen kann. Doch einige dieser Gene geben uns etwas mehr Information darüber, wer der Verursacher war. Die Frage ist hier also, wie schaffen es die Bienen trotz Varroa weiterzuleben, haben sie gute Gene? Ja, wahrscheinlich haben sie das und der Beweis dafür ist, dass sie eine sehr starke Selektion durchgemacht haben für diese Fähigkeit, mit der Varroa zu überleben.

Morphologische und physiologische Veränderungen

Es mögen nur zehn Prozent der Kolonien gewesen sein, die unseren Einschätzungen nach überlebt haben. Was für Veränderungen waren das also? Die erste Veränderung, die am einfachsten erkennbare, ist auf morphologischer Ebene. Wir haben die Museumsexemplare und die modernen Exemplare unter einem Mikroskop verglichen und vermessen. Der Thorax, der Abstand zwischen den Ansatzstellen der Flügel, genau wie die Weite des Kopfes, lassen sich sehr genau messen. Wir stellten fest, dass die Arbeiterbienen aus dem Jahr 2011 signifikant kleiner waren, als die aus dem Jahre 1977 gemessenen.

Ich habe bereits erwähnt, dass die Hälfte aller Gene die Entwicklung beeinflussen, also was sind die Effekte dieser Veränderungen der Gene? Einer ist (ich habe einen Studenten, der an seiner Doktorthesis arbeitet, und das ist jetzt als seine These zu verstehen): was diese genetischen Veränderungen in den Bienen auslösen. Nicht nur in morphologischer Hinsicht, sondern auch in Bezug auf ihre Physiologie und ihr Verhalten. Eines der Dinge, die er herausgefunden hat, ist, dass die Entwicklungszeit der Bienen heute nur 18 bis 19 Tage beträgt, die normale, durchschnittliche Zeit für die Europäische Honigbiene beträgt 21 Tage. Diese Bienen entwickeln sich also schneller und es ist bekannt, dass das der Varroa weniger Zeit gibt, sich bereits auf einer heranwachsenden Biene zu entwickeln. Letzten Sommer hat mein Student sechs Schwärme im Arnot Forest gefangen, also hat er sich sechs Kolonien anschauen können. Und er hat diese Veränderung in Bezug auf die Entwicklungszeit in allen sechs Völkern feststellen können. Das waren jedoch nur die ersten Ergebnisse, die er im Juni (2016) machen konnte, er wird später in diesem Sommer noch weitere haben.

Genetische bedingte Verhaltensänderungen

Was hat sich aber am Verhalten der Bienen verändert? Wir wissen, dass eines der Gene, das sich drastisch verändert hat, ein Dopamin-Rezeptor-Gen ist. Dopamin ist ein Neurotransmitter, der mit dem Lernprozess zu tun hat, der mit dem Belohnungsprinzip arbeitet. Dieses Gen wurde wahrscheinlich auf eine Art und Weise verändert, die die Biene dazu bringt, besser zu lernen. Das Belohnungssystem wurde verbessert. Das gilt auch für andere Gene im Gehirn, im Pilzkörper, dem pilzartig geformten Gebilde im Gehirn, und auch für die Anordnung der Synapsen im Gehirn. All das sagt uns, dass es enorme Veränderungen im Nervensystem der Bienen gab, manche davon haben mit dem Lernprozess zu tun, andere vielleicht mit dem Erinnerungsvermögen und wieder andere mit dem Geruchsvermögen, sodass sie vielleicht eher in der Lage sind, Zellen zu erkennen, die von Varroa befallen sind. Natürlich gibt es auch andere Methoden, mit denen Bienen über ihr Verhalten die Varroa kontrollieren können, wie z. B. sie beißen oder von sich wegputzen. Da wir gerade noch dabei sind, dies genauer zu untersuchen, kann ich Ihnen dazu leider noch keine Ergebnisse präsentieren. Alles, was wir allerdings bis jetzt bei diesen Bienen beobachten konnten, weist darauf hin, dass sie sich in verschiedensten Hinsichten an die Varroa angepasst haben: verkürzte Entwicklungszeit und das Entfernen von befallenen oder zumindest toten Larven.

Zusammenfassung

Hier also nochmal zusammengefasst: Ich habe gezeigt, wo ich diese Population wildlebender Bienenkolonien untersuche, in diesem Arnot Forest und anderen Wäldern in der Nähe; ich habe Ihnen eine Einführung dazu gegeben, wie ich diese Kolonien mit der Methode der Bienenjagd dort finde; ich habe gezeigt, dass diese Kolonien in diesem Wald dort sind und Varroa haben; wir haben gesehen, dass diese Population dort ohne das Hinzufügen von weiteren Schwärmen aus nicht wildlebenden Kolonien überlebt; wir haben gesehen, dass diese Population eine enorme Sterberate durchlebt hat, verursacht vermutlich durch Varroa, und dass Hunderte der Gene dieser Bienen starke Anzeichen einer natürlichen Selektion aufweisen; dass diese Selektion die Morphologie der Bienen beeinflusst hat, ebenso wie die Entwicklung und auch das Verhalten.

Das war also ein Blick auf die Genetik der Bienen, und wie ich schon zu Beginn betont habe und wie wir alle wissen, wird unsere Gesundheit nicht nur durch unsere Genaufstellung, sondern auch durch unsere Ökologie, wie wir leben, bestimmt. Im nächsten Vortrag werden wir uns also anschauen, wie diese Bienen leben und wie sie der Varroa trotzen können.

3. VARROATOLERANZ BEI FREILEBENDEN BIENENVÖLKERN

Guten Morgen, meine Damen und Herren. Es ist mir heute wieder eine Ehre, mit Ihnen gemeinsam einen Blick auf die Welt der wildlebenden Bienen werfen zu können. Gestern haben wir das Thema bereits in Augenschein genommen und Aspekte wie die Eigenschaften eines guten Nistplatzes unter die Lupe genommen.

Heute werden wir uns mit der Ökologie beschäftigen, also *wie* die Bienen leben. Wie wir gestern bereits bemerkt haben, spielen dabei sowohl die Gene als auch die Umwelt eine Rolle. Das heißt, wir schauen uns an, wie die Bienen es schaffen, ohne jegliche Behandlung erfolgreich zu überleben. Zunächst werden wir uns damit beschäftigen, wie die Bienen im Wald verteilt sind, danach werfen wir einen Blick auf die Nistplatzgröße, anschließend gehen wir kurz auf die Tatsache ein, dass die Wände in den Nistplätzen sehr stark mit Propolis ausgekleidet sind. Ebenso schauen wir uns die Resistenzfähigkeit der Wildbienen in Bezug auf Krankheiten an und zum Schluss würde ich meine Ratschläge bezüglich einer Imkerei ohne Behandlung anbieten.

Wildbienen im Wald sind sehr großflächig verteilt, ein Bienenvolk ist mindestens 850 Meter vom nahe stehenden Nachbarvolk entfernt.

2011 umfasst der Wald des Arnot Forest 18 Quadratkilometer und ist von anderen Wäldern umgeben, also insgesamt ist die Waldfläche mehrere Hundert Quadratkilometer groß. Die gelben Markierungen (in Abb. auf S. 139) stehen für jeweils ein Bienenvolk, das dort in einem Baum lebt, und man kann sehen, dass der Abstand zwischen zwei Völkern sehr groß ist. Wenn man nun die übliche Haltung von Bienen als Imker betrachtet, stellt man fest, dass der Abstand von nur wenigen Metern oder sogar nur Zentimetern damit nicht vergleichbar ist. Und ebendies hat eine fundamentale Veränderung in Bezug auf die Krankheitsökologie der Bienen mit sich gebracht.

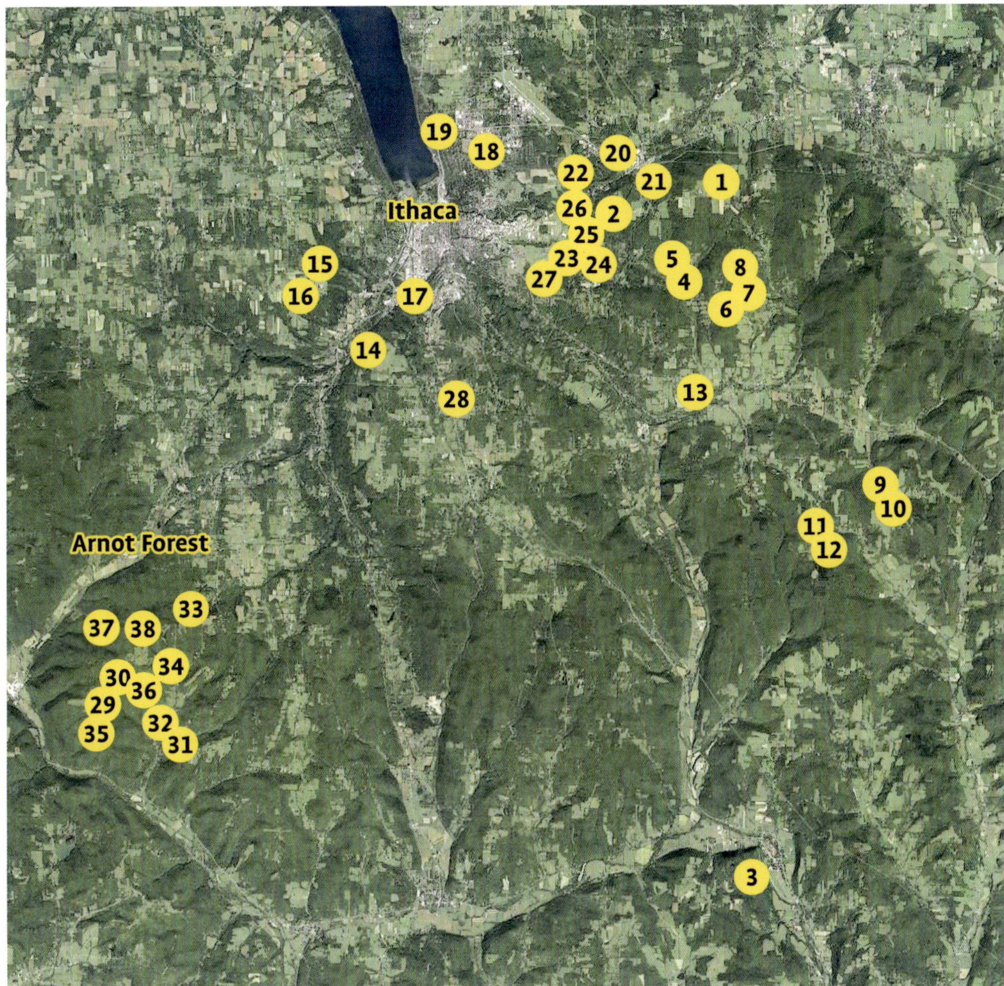

Plan des Arnot Forest 2011 mit Bienenbäumen nach der Varroa-Einschleppung.

Übertragung und Verbreitung von Krankheiten

Was meine ich damit? Ich meine damit, dass bei der Imkerei nicht nur das Level der Übertragung, sondern auch die Art und Weise, wie die Krankheiten übertragen werden, von Grund auf verschieden sind. Biologen nennen es die *horizontale Übertragung* in der Imkerei. Krankheiten können von einem Individuum zum nächsten wandern und dieses andere Individuum kann auch eines sein, dass nicht mit ersterem verwandt ist, also zum Volk einer anderen Königin gehört. Das kann durch den Verflug der Arbeiterbienen, durch Ausrauben der Bienen oder einfach durch das Vermischen verschiedener Völker durch den Imker geschehen. Soweit zu der horizontalen Übertragung von Krankheiten in der Imkerei.

In der freien Natur ist es ganz anders. Aufgrund der großflächigen Verteilung der Völker kommt es nicht zu solch einem Verflug. Dass sich Kolonien in der freien Natur ausrauben, kann vorkommen, das haben wir beobachtet, aber sehr selten, wenn, dann im Herbst, wenn es kaum Nahrung gibt. Bei unserem Experiment wurden im Herbst nur etwa zehn Prozent der als Köder aufgestellten Honigräume überhaupt entdeckt und ausgeraubt. Die Wahrscheinlichkeit, dass ein Volk in der freien Natur also stirbt, weil es ausgeraubt worden ist, ist sehr gering. Verflug gibt es in der freien Natur nicht, ausgeraubt wird nur sehr selten und zu Vermischungen von Völkern kommt es in keinem Fall.

Wie breiten sich Krankheiten also in der freien Natur aus, wie werden sie übertragen? Meistens über die sogenannte *vertikale Übertragung*, d.h. von den älteren zu den jüngeren Bienen, vom Hauptvolk an den Schwarm, das heißt durch das Schwärmen. In der freien Natur wird die Varroamilbe hauptsächlich während des Schwarmprozesses übertragen: Ein bereits von Varroa befallenes Volk produziert einen Schwarm, der damit selbstredend auch befallen ist und die Krankheit weiterverbreitet. Das ist also der große Unterschied zwischen der

In der Wildnis:
Vertikale Übertragung
(vom Elternteil zur Nachfolgegeneration – nur über Schwärme möglich)

Krankheitserreger und Parasiten entwickeln unterschiedliche Ebenen der Virulenz.

Krankheitserreger und Parasiten entwickeln unterschiedliche Ebenen der Virulenz.

Übertragung von Krankheiten in der herkömmlichen Imkerei und der freien Natur.

Warum ist das aber so wichtig? Wenn man bedenkt, wie Krankheiten entstehen, versteht man, dass es in dieser Situation, wo man horizontale Übertragung vorfindet, für den Erreger bzw. Parasiten besonders leicht ist, da er sich in seinem Wirt vermehren kann, und wenn der Wirt stirbt, sucht er sich einfach den nächsten naheliegenden Wirt. Somit stirbt der Erreger nicht, wenn sein Wirt stirbt, da viele andere Wirte unmittelbar in der Nähe sind. Krankheitserreger und Parasiten sind also bevorzugt dort vorzufinden, wo eine horizontale Übertragung möglich ist, wo sie also sehr einfach von einem Individuum zum nächsten, nicht zwangsläufig mit diesem verwandten, Individuum wandern können. Bei der vertikalen Übertragung ist es das genaue Gegenteil, denn man muss bedenken, dass der Parasit oder Erreger in dem Fall das Hauptvolk gesund genug erhalten muss, damit dieses überhaupt in der Lage ist, sich zu vermehren, zu schwärmen. Sie würden sich also selber umbringen, wenn sie ihren Wirt töteten. Bei der herkömmlichen Imkerei beobachtet man also eine Virulenz (eine hohe Ansteckungs-/Verbreitungsgefahr), in der freien Natur eine Avirulenz (niedrige Ansteckungs-/Verbreitungsgefahr). Diese unterschiedliche Krankheitsentwicklung ist wichtig, um das, was ich als Nächstes ausführen möchte, zu verstehen.

Beispiel Flügeldeformationsvirus

Diese Ideen sind also nicht nur rein theoretisch, sondern real. Das erkennen wir, wenn wir einen Blick auf den *Flügeldeformationsvirus, DWV,* werfen. Es gibt mehrere Formen dieses Virus, unterteilt in Typ A und B, welche noch einmal unterteilt sind. Die unter Typ A fallenden sind tödlich für Bienen, sie vermehren sich schnell, lassen Arbeiterbienen und letztlich ein ganzes Volk sterben. Die Formen des Typs B hingegen sind nicht tödlich, da sie sich nicht so schnell vermehren. Wenn man sich nun die wilden Bienen anschaut und die Virustypen, die man dort findet, lässt sich feststellen, dass dort hauptsächlich Typ-B-Formen des Virus auffindbar sind. Die Völker einer Imkerei hingegen weisen hauptsächlich Formen des Typs A auf. Zusammen mit Prof. Stephen Marten haben wir herausgefunden, dass der an sich gleiche Krankheitserreger – hier in dem Fall des DWV – sich verschieden entwickelt in einmal der freien Natur und dann in der Imkerei. Das liegt daran, dass, wenn eine Typ-A-Form des Erregers sich in ein Volk im Wald einnistet, dieses daran stirbt und damit auch der Erreger selbst stirbt. Er erreicht gar nicht andere Kolonien, es sei denn, es kam zu Räuberei oder Ähnlichem, wobei wir ja bereits festgehalten haben, dass Räuberei in der freien Natur sehr selten zu beobachten ist, was ja auch durch diese Ergebnisse bestätigt wird.

Verteilung der Völker – Bedeutung des Abstands

Mit dem Wissen darüber, dass der Abstand zwischen Völkern eine sehr große Rolle spielt, möchte ich jetzt mit Ihnen die Ergebnisse einer experimentellen Analyse anschauen, die die Effekte eben dieses Abstandes auf die Krankheitsentwicklung beschreiben. Dabei haben wir uns auf zwei Fragen konzentriert: Erstens, wenn die Kolonie sich auflöst, gibt es dann weniger Verflug zwischen Kolonien? Das ist ziemlich eindeutig, aber dennoch gut zu untersuchen. Und zweitens, wenn ein Volk sich auflöst, ist dann eine geringere Verbreitung von Erregern und Parasiten zu beobachten?

Experiment zur Krankheitsentwicklung

Das Experiment umfasste zwei Gruppen von je zwölf Bienenvölkern. In der ersten waren die Völker wie in der Standardimkerei üblich nebeneinander angeordnet. Sehr typisch für Nordamerika ist diese Anordnung, wo zwei Völker direkt nebeneinander stehen auf dem gleichen Beutenbock, und das mehrmals nebeneinander mit immer ca. einem Meter Abstand, also sehr nah aneinander.

Bei der zweiten Gruppe waren die zwölf Völker sehr weit verbreitet, hatten also immer einen großen Abstand von 30 bis 80 Metern, im Durchschnitt 50 Meter, zwischen sich liegen. Man kann auf der Karte auf S. 143 gut erkennen, wie unterschiedlich diese Abstände sind.

Hier muss festgehalten werden, dass bei diesem Experiment keinerlei Varroa-Behandlungen vorgenommen wurden. Sie wurden alle aufgestellt, haben als zwei Rähmchen starkes Volk angefangen und alle Völker hatten verwandte Königinnen („sister queens“), sodass die Gene der Völker also nahezu identisch waren. Sie hatten also soweit wie möglich identische Grundvorausetzungen: Sie waren etwa gleich stark und fingen zur gleichen Jahreszeit an. Alle Völker waren also von Varroamilben befallen, bekamen dagegen aber keine Behandlung. Wir haben uns angesehen, ob ein Unterschied in Bezug auf den Drohnenverflug zu beobachten ist. Das haben wir folgendermaßen gemacht: Wir haben beide Gruppen, die mit ihrer genetischen Ausrüstung dunkelbraune Drohnen hervorbrachten, um zwei Völker ergänzt, welche mit *golden italian queens* – Königinnen mit rezessiven Genen – ausgestattet waren, deren Nachkommen hellgelb aussehen, nahezu schimmernd. Imker mögen sie sehr gerne, da es leicht ist, die Königin aufgrund ihrer Farbe ausfindig zu machen. Wie man sich denken kann, sind also auch die Drohnen-Nachkommen dieser Königinnen hellgelb. Bei beiden Gruppen standen die Völker mit den dunkelbraunen Königinnen im Zentrum der Anordnung.

Wir haben uns die Völker also nach einer gewissen Zeit vorgenommen, nachdem die Bienen sich etwas eingelebt hatten und stark genug waren, um über-

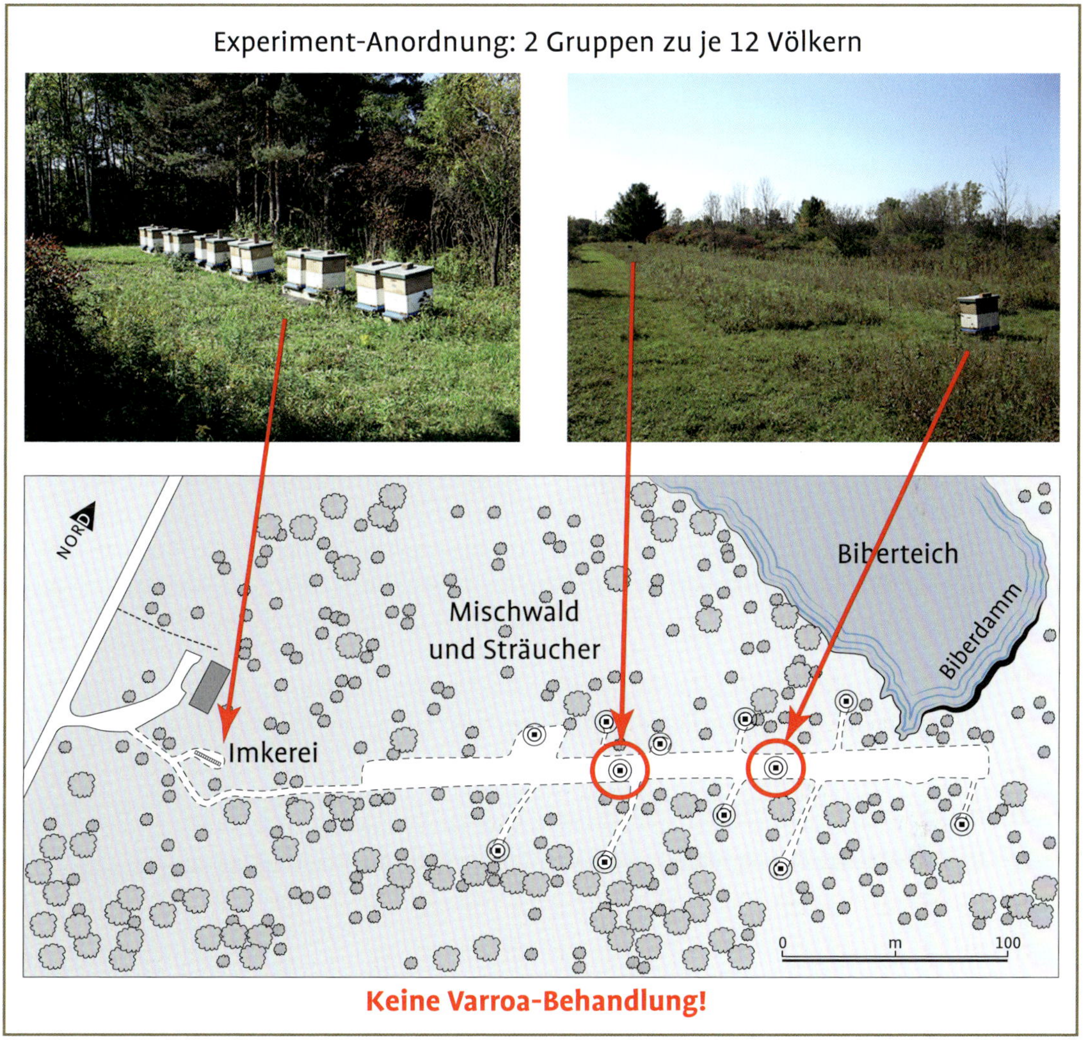

Beuten eng nebeneinander und mit größerem Abstand verteilt aufgestellt im Vergleich.

haupt Drohnen zu produzieren, beim Begattungsflug jeder einzeln vor die Völker gesetzt, ausgestattet mit zwei kleinen Zählern, und der eine Zähler wurde gedrückt, wenn ein dunkelbrauner Drohn in eine Beute flog, und der andere, wenn ein hellgelber Drohn hineinflog. Erst bei 100 Klicks haben wir dann aufgehört zu zählen. Ich werde jetzt nicht ins Detail gehen, da das Muster eindeutig zu erkennen war: In der ersten Gruppe mit wenig Abstand zwischen den Völkern produzierten die Königinnen zwar hellgelbe Drohnen, aber 34 % der in die Völker hineinfliegenden Drohnen war dunkelbraun. Das heißt, 34 % der dunkelbraunen Bienen flog in ein Volk, das eigentlich nicht ihres war. Sie hatte sich also abgelöst von ihren ursprünglichen, „dunkelbraunen" Völkern. Bei der zweiten Gruppe, mit den weit voneinander entfernt stehenden Völkern, war ein anderes Ergebnis zu sehen: Null Prozent der dunkelbraunen Bienen flog in Völker mit hellgelben Bienen, also keinerlei Völkerwechsel war zu beobachten. Das beweist, dass der Abstand zwischen Bienenvölkern sehr stark den Verflug von Bienen beeinflusst. Sie fragen sich jetzt vielleicht, wie es um den Verflug der Arbeiterbienen steht. Dieses Experiment hat das leider nicht mit untersucht, also kann ich das nicht beantworten, aber ich vermute, dass man bei ihnen ein ähnliches Ergebnis beobachten könnte.

Auswirkungen in Bezug auf die Varroapopulation

Wie sieht es also mit der Varroapopulation aus? Wie verschieden ist sie bei weit voneinander entfernt und nah beieinanderstehenden Völkern? Diese Frage haben wir uns gestellt, da es naheliegend ist, dass die Varroamilbe den Verflug der Bienen ausnutzt, um sich zu verbreiten. Wir haben die Völker also monatlich untersucht und die Anzahl der Milben, die in einem Zeitraum von 48 Stunden auf ein Brett gefallen sind, gezählt, und wir haben das Schwarmverhalten untersucht. Wir haben also das Volk durchgeguckt und geprüft, ob die Königin gewechselt hat, ob es Schwarmzellen gab und ob sich die Population grundsätzlich verändert hat. Ich möchte noch einmal betonen, dass dieses Experiment über zwei Jahre ging und die Völker keinerlei Varroabehandlung bekommen haben.

Die Ergebnisse, die ich Ihnen also hier vortrage, stammen vom Ende des zweiten Jahres des Experiments; im ersten Jahr war die Varroaanzahl noch sehr gering. Im zweiten Jahr starb je ein Volk in beiden Gruppen, also waren es noch elf pro Gruppe.

In der Gruppe der nah beieinanderstehenden Völker schwärmten vier Völker nicht, zwei schwärmten erfolgreich und die anderen fünf schwärmten, konnten jedoch nicht umweiseln. Ich kann nicht mit Sicherheit sagen, weshalb nur so wenige Völker die Umweiselung schafften, aber bei zweien fand ich tote Königinnen am Anflugbrett, d. h., bei so vielen nah beieinanderstehenden Völkern fanden die Königinnen nach ihrem Begattungsflug nicht in ihr richtiges zurück.

In der Gruppe der weiter voneinander entfernt stehenden Völker ist tatsächlich ein ähnliches Muster vorzufinden: Vier Völker schwärmten nicht, sieben schwärmten, davon schafften es jedoch fünf Völker erfolgreich umzuweiseln. Die Zahlen sind zu klein, um tatsächlich aussagekräftig zu sein, aber sicherlich kann man aus ihnen schließen, dass ein größerer Abstand ein erfolgreiches Umweiseln begünstigt.

Varroaentwicklung bei den geschwärmten Völkern

Ich möchte jedoch den Fokus auf die Varroaentwicklung legen und dabei die erfolgreich geschwärmten Völker unter die Lupe nehmen. Man sieht, dass alle Völker zu Beginn im April mit sehr wenigen Varroen zu kämpfen hatten (20 bis 40 Varroen pro Brett innerhalb von 48 Stunden) und dann im Sommer 2012 stieg die Anzahl an Varroen an und blieb auch hoch (200 bis 1000 Varroen pro Brett innerhalb von 48 Stunden). Interessanterweise sieht man, dass bei den nicht geschwärmten Völkern ein etwas anderes Muster zu erkennen ist. Die ebenfalls am Anfang geringe Anzahl von Varroen stieg zwar auch an, jedoch nicht so drastisch wie bei den geschwärmten Völkern. Dann passierte jedoch Ende des Sommers irgendetwas in einem der geschwärmten Völker aus der Gruppe der nah beieinanderstehenden Völker: Die Anzahl an Milben stieg. Das hingegen konnten wir nicht bei der anderen Gruppe mit den weiter voneinander entfernt stehenden Völkern beobachten. Wir haben die Völker über den Winter beobachtet: Wenig überraschend starben alle Völker, welche nicht geschwärmt hatten und viele Varroen trugen. Die einzigen Völker, die den Winter überlebten, waren diejenigen, die geschwärmt hatten und weit voneinander entfernt standen, bei denen die Varroaanzahl nicht drastisch gestiegen war. Das heißt also, dass der Abstand zwischen den Völkern und das variierende Schwarmverhalten letztlich zum Überleben bzw. Sterben der Völker geführt haben. Auch wenn die Zahlen sehr gering sind, denke ich, sind sie bedeutend.

Ich denke, insgesamt zeigt das Experiment ganz gut, wieweit der Abstand zwischen Völkern letztlich Auswirkungen haben kann auf die Gesundheit, das Vermehren und das Überleben der Völker.

Aus alledem lässt sich also schließen, dass es bei Völkern, die weiter voneinander entfernt stehen, weniger verlorene Bienen gibt, weniger schnell Krankheiten übertragen werden, weniger Raub stattfindet und die Völker wahrscheinlicher überleben.

Die Nestgröße der wilden Honigbienen

Als Nächstes werden wir uns die Größe der Nesthöhle anschauen bei den im Wald freilebenden Bienen. Ich habe mir also mehrere Baumhöhlen, welche Bienen als Nistplatz genutzt hatten, angesehen und ihre Größe festgehalten. Wie macht man das? Man schneidet den Teil des Baumes, der von den Bienen bewohnt wird, heraus, legt ihn flach auf den Boden, schneidet ihn auf, entfernt die Bienen und dann befüllt man die Höhle mit Sand. Die Litermenge an Sand, die nötig ist, um die Höhle wieder zu füllen, gibt einem dann ihr Volumen an. Sand eignete sich gut, da die Höhlen selbstverständlich sehr unförmig waren. Wir haben folgende, im Vergleich zu unseren Beuten relativ geringe, Größen herausgefunden. Während eine gewöhnliche Beute von uns in etwa 168 Liter

Kleine und größere Beuten im Vergleich.

fasst, variieren die Größen in der freien Natur etwas mehr, liegen jedoch meistens zwischen 30 und 60 Litern. Welchen Einfluss hat also die Größe des Nistplatzes auf eine Bienenkolonie in Bezug auf Varroa und das Überleben des Volks? Wenn eine Kolonie in einer kleinen Beute lebt und damit öfter schwärmt, hat sie dann weniger Varroamilben? Und wenn ja, macht diese Differenz an Varroen den Unterschied zwischen Sterben und Überleben des Volkes aus? Wie auch bei dem Experiment davor haben wir zwei Gruppen an Bienen erstellt, jede aus zwölf Kolonien bestehend, die einen lebten in kleinen Höhlen von 42 Litern Volumen, die anderen starteten mit der gleichen Größe, bekamen jedoch nach und nach mit der Zeit immer etwas mehr Platz dazu, also genau das, was wir bei der gewöhnlichen Imkerei tun.

Ich möchte noch einmal betonen, dass alle 24 Völker zur selben Zeit im Juni 2012 starteten, mit Schwester-Königinnen, in beiden Gruppen als zwei Waben starkes Volk und ohne jegliche Varroabehandlung. Sehen wir uns also einmal die Populationsentwicklung der Bienen bei beiden Gruppen an: Während 2012 bei beiden Gruppen die Anzahl an Bienen erst langsam anstieg, war 2013 ein großer Unterschied erkennbar. In der Gruppe der Bienen mit kleinen Beuten stieg die Anzahl auf nur 10 000 Bienen und blieb dort, während bei den größeren Beuten die Bienenanzahl auf über 30 000 Bienen anstieg. Also ein großer Unterschied – zu erklären mit dem variierenden Platz für die Brut. In Bezug auf das Schwarmverhalten ließ sich Folgendes beobachten: Zehn von zwölf bzw. 83 % der Bienenvölker mit kleinem Nistplatz schwärmten, während bei den großen Beuten lediglich zwei von zwölf Völkern schwärmten, also nur 17 %. Und dass, obwohl wir keinerlei Schwarmverhinderungsmaßnahmen vorgenommen haben. Werfen wir nun einen Blick auf die Milben: Unsere Methode, die Anzahl an Milben in einem Volk zu bestimmen, hat sich auch verbessert. Wir haben nun 300 Bienen genommen, sie mit Puderzucker behandelt und dann hin und her bewegt und dann die runterfallenden Milben pro 300 Bienen gezählt. Während im Juni 2012 noch kein Unterschied in Bezug auf die Milbenmenge bei den zwei Gruppen zu sehen war, stieg die Anzahl 2013 bei den Völkern mit mehr Platz exponentiell an. Bei der Gruppe mit geringerem Platz steigt die Anzahl an Milben auch an, jedoch nur sehr wenig. Ab August jedoch stieg auch die Anzahl stark an, darauf gehe ich jedoch später nochmal ein. Im Oktober war die Anzahl dann auch wieder auf nur zwei Prozent Milben gesunken. In Bezug auf das Überleben der Bienenvölker lässt sich festhalten, dass bei den Völkern mit mehr Platz 2014 nur noch zwei der 12 Kolonien am Leben waren, während bei denen mit geringerem Platz noch acht Völker lebten.

Ende August, Anfang September war also etwas Besonderes vorgefallen: Einige der in größeren Beuten lebenden Kolonien gingen langsam ein und vier der Völker mit weniger Platz hatten plötzlich sehr viel mehr Milben aufzuweisen. Alle anderen Völker mit weniger Platz blieben bei der gleichen Menge an Milben, lediglich diese vier zeigten plötzlich eine sehr viel größere Menge an Milben. Man kann es zwar nicht mit Sicherheit sagen, aber ich gehe davon aus, dass dies kein Zufall ist. Die eingehenden Völker wurden also ausgeraubt und die Milben haben sich auf die Räuber aus den kleinen Beuten gesetzt. Ich hätte somit die Völker der zwei Gruppen nicht so nah beieinander – nur 60 Meter voneinander entfernt – aufstellen dürfen. Wie man sich vorstellen kann, waren es auch genau diese vier Völker aus der Gruppe der kleinen Beuten, die nicht überlebten.

Die Völker mit kleinen Beuten schwärmten sehr häufig, wir fingen zehn Schwärme ein, und das waren mit Sicherheit nicht alle. Wir haben ihnen keinen Honig entnommen und am Ende der zwei Jahre waren es acht gesunde Völker. Bei den Kolonien mit großen Beuten fingen wir nur zwei Schwärme ein, bekamen erstaunliche 290 Kilogramm Honig, aber hatten nach den zwei Jahren nur zwei gesunde Völker übrig. Das zeigt also, welch bedeutenden Unterschied die Beutengröße bei Bienenvölkern macht.

Lasst uns einen Blick auf die Propolisproduktion werfen. Die Wände, die Decken und jegliche Ritzen waren in den Nestern der wildlebenden Kolonien dick mit Propolis verkleidet. Bei einem Volk hatte in der Höhle zuvor ein Eichhörnchen gelebt und der Boden war mit Nussresten und Schalen bedeckt und die Bienen hatten dann überall wie eine Art Laminat Propolis darüber gebaut, einen antimikrobiellen Schutz. Das Wissen können wir uns als Imker zunutze machen und mehr Konditionen schaffen, die die Produktion von Propolis bei den Bienen anregen.

Bedeutung der Forschungen für die Imkerei – Schlussfolgerung

Hier noch einmal eine Zusammenfassung all der Ergebnisse und ihrer Bedeutung für die Imkerei:

Die deutsche Honigbiene kann ohne jegliche chemische Behandlung gegen Varroa alleine in der freien Natur überleben. Sie hat das bereits seit den 70er-Jahren geschafft und sogar davor und die Kolonien leben immer noch in den Wäldern, ohne dass jemand sie behandelt.

Wenn eine Kolonie nicht gegen Varroa behandelt wird, wird sie eingehen, jedoch wird es einige wenige gesunde Überlebende geben.

Die Art, wie wir Bienen halten, entspricht nicht der natürlichen Art, wie sie in der freien Natur leben, und ist offensichtlich nicht hundertprozentig bienengerecht. Die Experimente bezüglich der Nestgröße und des Abstands zwischen den Bienenvölkern haben das ganz gut veranschaulicht. Die von Imkern gehaltenen Bienenvölker sind wesentlich größer als in der freien Natur, ebenso wie die Beuten. Wir profitieren natürlich davon, da wir mehr Honig ernten können, aber lassen die Bienen darunter leiden, da sie weniger stark und abwehrfähig sind gegenüber der Varroa. Der geringere Abstand zwischen den Bienenvölkern begünstigt die Verbreitung von Krankheiten, genau wie das auch bei Menschen der Fall ist. Wir nehmen den Bienen ebenso die Möglichkeit, ihr Nest mit Propolis auszukleiden, was dazu führt, dass sie eine schwächere natürliche Abwehr gegen mikrobielle Infektionen haben. Daher müssen sie noch mehr körpereigene antimikrobielle Proteine produzieren.

Was können wir also aus diesen Ergebnissen in Bezug auf unsere Imkerei schließen?

1. Wenn man seine Völker getrennt aufgestellt hätte, müsste man sie nicht behandeln, die natürliche Selektion würde ausreichen. Vermutlich gingen die meisten Völker ein, genau wie es in der freien Natur der Fall ist, doch es wäre natürliche Selektion. Ich möchte noch einmal betonen, dass das keine Theorie ist, in Wales im UK gibt es eine Gruppe Imker, die bereits nach diesem Konzept imkert. Sie haben nicht behandelt und mittlerweile müssen sie auch nicht mehr behandeln. Damit unterstützt man nicht nur Resistenz gegenüber Varroamilben, sondern auch eine Anpassung an das lokale Klima. In Nordamerika sind die meisten Völker nicht angepasst und der Großteil der Imker ist abhängig davon, Bienenköniginnen zu kaufen, die aus Hawaii, Georgien oder Nordkalifornien kommen.

2. Es ist selbstverständlich besser, die eigenen Königinnen der stärksten Völker zu nehmen, die damit auch höhere Überlebenschancen haben.
3. Wenn möglich, sollte man Schwärme fangen, indem man Beuten aufstellt, die weit entfernt von anderen Imkerbeuten aufgestellt sind. Dadurch bekommt man lokal angepasste Bienenvölker. So mache ich das auch in New York, ich stelle in den Wäldern „Köderbeuten“ auf, die weit entfernt sind von den Beuten anderer Imker, und fange damit Schwärme von guten, freilebenden Bienen ein. „Gute“ Bienen deshalb, da sie aus Völkern kommen, die nicht behandelt wurden und welche gesund genug gewesen sein mussten, um überhaupt einen Schwarm produzieren zu können. Es sind natürlich trotzdem nicht alle Königinnen perfekt, dieses Jahr habe ich acht Schwärme gefangen, eine der Königinnen war drohnenbrütig, aber die restlichen sieben sind großartig.
4. Man sollte bei den stärksten seiner Völker die Drohnenproduktion unterstützen, damit diese Gene sich in der Gegend verbreiten.
5. Man muss möglichst viel Abstand zwischen den Völkern lassen, um die Verbreitung von Krankheiten zu verringern. Wie wir gesehen haben, ist ein Abstand von 100 Metern zum Beispiel sehr gut, wenn nicht ideal, aber selbst ein Abstand von nur 20 bis 30 Metern kann schon helfen, besonders wenn beispielsweise ein Busch oder Ähnliches dazwischenliegt.
6. Mir ist klar, dass all dies für die meisten von Ihnen kaum umsetzbar ist, aber man sollte sich dessen bewusst sein und darüber nachdenken. Wenn man Hobby-Imker ist, mit nur einer Handvoll Bienenvölkern, könnte man z. B. ein Volk in seinem Hinterhof aufstellen und ein anderes in dem eines Nachbars, der dafür mit Honig entlohnt wird.
7. Man sollte möglichst vermeiden, Materialien zu vermischen, z. B. Rähmchen unter Völkern auszutauschen, da dies die Verbreitung von Krankheiten begünstigt.
8. Um die Milben in den Griff zu bekommen, bietet es sich an, künstlich Schwärme entstehen zu lassen. Die Methode wird immer noch untersucht, deshalb möchte ich das hier vorerst nur als Vorschlag oder Idee nennen. Das würde bedeuten, man nimmt die Königin und etwas Brut aus einem Volk weg und lässt sie auf daraufhin natürliche Weise eine neue gewinnen. Das heißt für das Volk, dass es für längere Zeit als gewöhnlich ohne Brut ist, d. h., man hat eine längere Zeit ohne Brut und nimmt durch das Entfernen der Brut viele Milben aus dem Volk – beides für die Milben schädliche Aktionen.
9. Eingehende Völker sollten von den anderen entfernt werden, damit sie nicht ausgeraubt werden und die Räuber wieder die Verbreitung der Milben fördern.
10. Man sollte Bedingungen schaffen, die die Produktion von Propolis anregen.
11. Man sollte den Varroabehandlungsmethoden mit kleineren Zellen gegenüber skeptisch sein.

Die Wildnis ist es, die die Welt bewahrt

Die letzten 50 Jahre der Bienenhaltung waren geprägt durch die globale Ausbreitung der Varroamilbe und den Versuch von uns Imkern, damit umzugehen. Die Anzahl der Belastungsfaktoren für unsere Honigbiene ist nicht kleiner geworden. Pestizide in der Landwirtschaft machen ihr ebenfalls zu schaffen, aber am Ende sind es die Varroamilbe und die von ihr übertragenen Viren, an denen Millionen von Bienenvölkern zugrunde gegangen sind und immer noch zugrunde gehen. Was die Viren betrifft, so hat die Varroa diese verändert, z. B. den Flügeldeformationsvirus. Den gab es schon vor der Milbe, unsere Bienen hatten sich mit ihm arrangiert und lebten mit ihm in Koexistenz. Nichtsdestotrotz sind nicht alle Honigbienen von der Varroa betroffen. In einigen Regionen auf unserem Planeten sieht die Zukunft der Biene recht rosig aus, z. B. in Teilen Afrikas und Südamerika, auf Gotland, in Waldgebieten in Frankreich, den USA und Russland.

Nun, in all den Gebieten wurden die Völker *nicht* gegen Varroa behandelt. Die Imker dort konnten es sich schlichtweg nicht leisten, finanziell, zeitlich und/oder es fehlte ihnen das nötige Wissen. Durch natürliche Selektion entwickelte sich bei den Bienen recht schnell eine Varroatoleranz. Das ist toll. Ich möchte damit jedoch nicht sagen, dass es ohne Behandlung an allen Orten der Welt funktioniert. Die Varroa ist nicht nur ein biologisches, sondern auch ein massives politisches und ökonomisches Problem. Wir Imker sollten unseren Blick schweifen lassen und schauen, wie es in anderen Teilen der Welt mit der Bienenhaltung aussieht bzw. aussah (*Hinweis auf Arbeiten von W. Ritter, Anm. d. Verf.*).

Baumbienenhaltung in Äthiopien.

Denn Mensch und Bien hatten dieses Problem im Grunde genommen schon einmal. Vielleicht erinnert sich der eine oder andere ältere Imker. In den 1920er-Jahren hieß das Problem „Tracheenmilbe“ (*und war Anstoß zur Buckfastentwicklung durch Bruder Adam, Anm. d. Verf.*). Sie lebt parasitierend in den Tracheen der Biene und behindert die Atmungsfähigkeit. Aus diesem Blick in die Vergangenheit möchte ich also nun in die Zukunft schauen und einige Szenarien entwerfen, wie es um die Zukunft der Bienen bestellt ist.

Es wird zukünftig drei Gruppen von Bienen geben

Bei der *ersten* handelt es sich um wildlebende Honigbienen, welche nicht gegen Varroa behandelt werden und daher eine Toleranz entwickeln können, sofern sie nicht mit behandelten Völkern in Kontakt sind. In Wales beispielsweise sind Imker zwar gesetzlich dazu verpflichtet, gegen Varroa zu behandeln, aber das Land hat eine relativ geringe Bevölkerungsdichte (sowohl bei den Bienen als auch bei den Menschen), sodass die Imker einfach nicht behandeln. Es funktioniert.

Die *zweite* Gruppe sind die Völker von großen kommerziellen Imkereien. Hier wird behandelt. Trotzdem besteht die Möglichkeit, dass die Völker durch Zuchtprogramme tolerant gegenüber der Varroamilbe werden.

Zur *letzten* Gruppe zähle ich die Bienenvölker, welche von Freizeitimkern gehalten werden, die ihre Völker nicht behandeln, weil sie den ökonomischen Schaden im Falle von Völkerverlusten verschmerzen können. Diese Gruppe zusammen mit der ersten, den wildlebenden Völkern, wird bestimmen, wohin es mit der natürlichen Selektion geht. Ihr können wir Imker nicht entfliehen, niemand kann das, sie ist da draußen und findet statt. Immer!

> *Nun, wo sehe ich die Zukunft der Bienen? Zum einen bei den wildlebenden Völkern durch natürliche Selektion, zum anderen in einer zukunftsfähigen, artgerechten Bienenhaltung. Das ist die Zukunft!*

Hiermit möchte ich mich noch einmal offiziell bei Ihnen für Ihre Aufmerksamkeit, Ihr Interesse und Ihre Geduld bedanken und meine Wertschätzung dafür zum Ausdruck bringen.

NEUE WEGE IN DER IMKEREI

Wenn wir in den Genpool, egal welcher Spezies, eingreifen, verliert sie als Erstes ihre unabhängige Überlebensfähigkeit. Es gibt nur eine natürliche Kraft, die überlebensfähiges, angepasstes Erbgut erzeugen kann, und das ist die natürliche Selektion.

Torben Schiffer

In diesem Kapitel lesen Sie einen **Vortrag** vom 17.05.2019 von **Dipl.-Biol. Torben Schiffer** (auf Einladung des Imkervereins DER SCHWARM Königswinter e. V. im JUFA-Hotel Königswinter). In Abstimmung mit dem Referenten aufgenommen, leicht gekürzt, transkribiert und von der Rede- in die Schriftform übertragen von Manfred Schmitz.

MEIN FORSCHUNGSAUFTRAG

Ich persönlich habe die Imkerei genau so gelernt wie viele andere auch, in Styroporkästen, mit Absperrgittern, Säurebehandlung, ganz herkömmlich. Einer-

Torben Schiffer an einem Baum mit wildlebenden Honigbienen. Der Einblick mit einer Endoskop-Kamera ergab, dass dieses Volk schon mindestens ein Jahr in diesem Baum an einer vielbefahrenen Straße in einer Großstadt lebt.

seits stolz auf die Mengen von Honig, die ich generieren konnte, und andererseits dennoch mit einem schlechten Gefühl.

Insbesondere seit dem Moment, als ich sah, wie nach einer Ameisensäurebehandlung Hunderte von Antennen unten in der Gemülleinlage lagen. Die Bienen hatten sich offensichtlich ihre Antennenfühler vom Kopf geputzt oder vom Kopf gerissen. Trotz der vorschriftsgemäß angewendeten Behandlung mit kleinem Docht etc. war eine solch starker „Kollateralschaden“ entstanden, dass ich bei näherer Betrachtung feststellen musste, dass 40 % der Bienen entweder nur noch einen oder gar keinen Fühler mehr am Kopf hatten. Da frage ich mich natürlich, was bringt sie dazu, so etwas zu tun? Sicher, es war die Ameisensäure (*AS, Anm. d. Verf.*), aber wie muss das für die Bienen sein, wie muss sich verdunstete AS für eine Biene anfühlen?

Wir wissen, Bienen haben wesentlich empfindlichere Sinnesorgane als wir alle, insbesondere an ihren Fühlern. Sie können Temperaturunterschiede von 0,1 °C wahrnehmen, können Kohlendioxid riechen, können Hunderte von Substanzen auseinanderhalten, können riechen, ob die Larve gefüttert werden muss, ob sie hungrig ist. Damit sind sie weitaus sensibler in ihren Wahrnehmungen als Hunde, die ja auch schon Erstaunliches leisten. Das Ganze wird verwirklicht durch kleine Porenfelder an den Antennen, die durch das Chitin hindurch mit hochsensiblen Sinneszellen verbunden sind. Diese sind jeweils spezialisiert auf etwas Besonderes, also auf Temperaturen oder auf einen bestimmten Stoff.

Wie werden diese empfindlichen Sinneszellen aussehen, wie werden sie funktionieren, wenn man sie 14 Tage lang mit 60-prozentiger Ameisensäure traktiert? Wie hoch ist die Überlebenswahrscheinlichkeit oder wie sehr ist die Chemotaxis, also die Wahrnehmungsfähigkeit danach eingeschränkt? Darüber gibt es keine validen Untersuchungen – nicht, weil man diese nicht machen kann, sondern weil sie regelrecht blockiert werden.

Ich habe mich zunächst nach Alternativen umgeschaut. Damals habe ich mich für die Feuerameise (Anm. d. Verf.: die rote Feuerameise, *Solenopsis invicta*) in den USA interessiert, die ähnlich wie die Varroamilbe bei den Milben eingewandert war und sich verbreitet hatte. Man hat dann dort in Texas zunächst mit Flächenbränden versucht dagegen anzugehen, was nicht geklappt hat. Dann hat man mit Chemikalien, mit Napalm und schließlich mit Sprengungen versucht, gegen die Ameise vorzugehen. Nichts davon hat etwas gebracht. Ein Biologe kam schließlich auf die Idee, eine Buckelfliege (Phoridae) zu importieren, die in den Regionen, aus der die Ameise ursprünglich stammt, ein natürlicher Feind ist. Diese fliegt die Ameise an und legt mit einem gezielten Stich ein Ei in den Thorax, den Mittelkörper der Ameise. Die Ameise verbreitet daraufhin ein

Alarmpheromon und rennt in den Bau. Letztendlich entwickelt sich aus dem Ei in der Ameise eine Larve, die nach dem Schlupf die Brut im Ameisenvolk frisst und so die übermäßige Population der Ameisen begrenzt.

Dies ließ mich nach natürlichen Feinden der Varroamilbe suchen, die in Symbiose mit den Bienen leben, und ich bin bei dieser Suche tatsächlich auf den Bücherskorpion (*Chelifer cancroides*) gestoßen. In sehr alten Schriften fand ich Hinweise, dass sie in jedem Bienenstock zu finden seien. Daraufhin habe ich alle Bienenstöcke durchsucht, jedoch nicht einen gefunden. Ich habe in anderen Vereinen und dort insbesondere ältere Imker gefragt, kennt ihr dieses Tier? „Nein, kenne ich nicht", war die einhellige Antwort. Bücherskorpione waren nirgendwo zu finden. Was war passiert? Denn ein paar Jahrzehnte zuvor gab es sie offensichtlich noch. Letztendlich spürte ich dann doch einige wenige auf einem alten Dachboden im Stroh auf. Doch mein Professor fand eine Schrift, in der beschrieben wurde, dass diese Miniskorpione keine Spinnentiere fressen würden. War alle Suche umsonst? Ich habe dann halb frustriert, halb gelangweilt die mühsam gefundenen Bücherskorpione mit ein paar Varroamilben zusammengesetzt und mir ist buchstäblich der Tee aus der Hand gefallen, als ich sah, wie gierig die Bücherskorpione sich über die Milben hermachten. So fing es an und ich glaubte nun, die Lösung gefunden zu haben, indem ich ein paar Bücherskorpione in meine Styroporbeuten getan hatte – Deckel zu und fertig.

Dass das naiv von mir war, weiß ich heute. So wie damals denke ich oftmals „jetzt kann ich sehen", „jetzt verstehe ich das" – ein paar Jahre später sehe ich ein, wie blind ich doch war. Und das hört nicht auf. Auch jetzt im Moment denke ich, dass ich das Licht sehe, doch bin ich überzeugt, dass ich in einigen Jahren wieder einsehen werde, wie blind ich noch war. Das liegt unter anderem daran, dass in dem Bereich, in dem ich forsche, nie wirklich geschaut worden ist.

> *Es ist paradox, aber wir haben die natürliche Lebensweise der Honigbienen nicht untersucht. Wir holen uns Fische aus Fernost, halten uns irgendwelche Spinnen, Schlangen, Reptilien oder Prachtkäfer und wissen ganz genau, welche Temperatur, welche Feuchtigkeit und alles sie benötigen und steuern diese Lebensbedingungen computergenau in unseren Terrarien. Aber von dem ökologisch wohl wichtigsten Tier der Welt haben wir keine Ahnung.*

Was sind eigentlich die Bedingungen des Tieres, das sich in Millionen Jahren evolutioniert hat, sich in diesem enormen Zeitraum immer wieder angepasst hat? Dies ist eine ganz, ganz wichtige Frage und das ist auch mein Forschungsauftrag an der Universität in Würzburg unter der Leitung von Prof. Jürgen Tautz:

Die Erforschung der Lebensbedingungen von Honigbienen in ihrem natürlichen Habitat der Baumhöhle und der Vergleich mit den Beutensystemen, die wir verwenden, und die möglichen Auswirkungen auf die Bienengesundheit.

Mit diesem Forschungsauftrag seit Ende 2015 war ich der erste wissenschaftliche Mitarbeiter, der jemals beauftragt worden ist, das herauszufinden. Es hatte sich zuvor nie jemand dafür interessiert. Ich habe mich gefragt: wie kann das sein?

Wir wissen, die Honigbienen sind eine systemrelevante Schlüsselspezies und wir alle sind mehr oder weniger auf sie angewiesen. **Bienen tragen das Ökosystem, in dem wir leben, auf ihren Flügeln.** Und wir behandeln sie, (ver-)züchten sie auf eine Art und Weise, die es den Bienen wahrscheinlich nicht erlauben wird, in wenigen Jahrzehnten noch hier zu sein, wenn wir das nicht ändern.

Ich erlebe immer wieder, dass ein großer Graben besteht zwischen dem, was wir eigentlich wollen, dem, was wir gelernt haben, und dem, was wir machen. Die Imker lieben ihre Bienen, aber obwohl sie fühlen, dass das, was sie machen, nicht richtig und nicht gut für die Bienen ist, macht es dennoch jeder, weil wir es so gelernt haben.

Die Frage ist: Muss das wirklich so sein?

Ich möchte eine Alternative dazu anbieten. Es geht um die klimatischen Unterschiede von Baumhöhlen und Beuten und um die Auswirkungen auf die Bienengesundheit, denn diese sind horrend. Es wird im Folgenden um die Unterschiede der Biologie gehen und warum wir gesunde Völker in unseren Wäldern haben, genau jetzt in unserer Zeit. In jedem größeren Wald finden wir gesunde Bienenvölker, obwohl gesagt worden ist, sie seien ausgestorben. Wie kann es sein, dass sie dennoch dort leben? Das dürfte doch gar nicht möglich sein, denn wir erleben doch, dass sie in unseren Kisten sterben, ohne unsere Eingriffe. Genau da möchte ich einhaken, denn es hat gute Gründe, warum das so ist. Vielen von euch werden diese Gründe vielleicht persönlich nahegehen. Aber ich bin nicht hier, um über *deine* imkerlichen Haltungs- oder Handlungsweisen zu sprechen, es geht nicht um einen von euch persönlich. **Es geht darum, Informationen zu geben, die Handlungsweisen und die Haltungsformen der Imkerei im Allgemeinen zu durchleuchten und zu hinterfragen.** Also bitte fühle *dich* nicht persönlich angegriffen.

Anschließend werden wir auf die Mikrofauna, also auch auf die Bücherskorpione, eingehen. Wie sieht das Leben in einer Baumhöhle aus, denn eine Honigbienenkolonie lebt dort nicht alleine. Das ist eine riesige Wohngemeinschaft mit Hunderten von Arten. Es ist ein komplexes Mini-Ökosystem, und was so ein Ökosystem kann, was es in der Natur leistet, auch darauf wollen wir eingehen. Um dann wollen wir noch einen Ausblick werfen auf die Dinge, die jetzt aktuell laufen.

DAS LEBENSELEMENT DER NESTDUFTWÄRMEBINDUNG

Es gibt einen sehr alten Text mit dem Titel „Das Gesetz der Nestduftwärmebindung, die Grundlage für Gesundheit und Gedeih und Ertrag". Darin heißt es (vgl.: Thür 1946, S. 5 ff.): *Alle Leistung und alles Gedeih des Biens ist von der Wärme abhängig. Wärme ist für den Bien ebenso wichtig wie Nahrung.* (Thür zitierte im Folgenden Weippl 1936, S. 342)

„Jede Wabengasse bildet einen geschlossenen Raum, gleichsam ein Zimmer; im Winter kann daher die Wärme der Wintertraube nicht durch die vielen Abstände zwischen Rähmchen und Stockwänden abströmen, Wärmeverlust, Zugluft, Stocknässe und übermäßige Zehrung sind vermieden." Thür weiter (ebd. S. 6)*: „Dazu sei ergänzt bemerkt: Wenn ein allseitiger Anbau der Waben an den Wänden nicht möglich ist, dann schließt der Bien solche Gassen durch Schrägbau, den sogenannten Wirrbau. Nach unten wandert die Wärme wegen ihres geringeren Gewichtes nicht ab. Seitlich und oben bleibt sie durch die im Naturwabenbau gebildeten Sackgassen davon bewahrt. Nur die verbrauchte Atmungsluft sinkt kohlensäurebeschwert zu Boden und findet an den unten offenen Wabenrändern ihren kreislaufmäßigen Austausch gegen Frischluft. Diese unten offenen Wabenränder sind als Mund einer Zentralatmung anzusehen, der mithilfe der randabschließenden Bienen nur die erforderliche Menge an Frischluft atmet und jedes überflüssige Eindringen von Kaltluft organisch verhindert. Das Gesetz der gassenweisen Nestduftwärmebindung ist so naturvollkommen, dass es den Bien sogar befähigt, auf frei aufgeführtem Bau leben zu können, wenn er ohne imkerliche Behinderung sein Wabenwerk schützend gestalten kann und vor Feinden und Zerstörung bewahrt bleibt. Aber ebenso klar geht hervor, dass selbst in der ausgeklügelten Beute und wenn sie noch so dickwandig ist, der Bien nicht gehörig gedeihen kann, wenn das Gesetz der gassenweisen Nestduftwärmebindung nicht seine Erfüllung findet. Und von dieser Erfüllung hat sich die Kunstimkerei mit ihren Rahmenbeuten weit entfernt.* [...] *Seit der Einführung des Rähmchens* [...] *hat sich die fortschrittliche Imkerschaft zur Gänze den Rahmenbeuten zugewendet.* [...]

Die wenigen in dieser vergangenen Periode verbreiteten Erkenntnisse und die Naturbienenzucht selbst gerieten in Vergessenheit und führten, auf dem Rähmchen fußend, zu den gröbsten Irrtümern und Irrlehren. Das Rähmchen erleichterte die Einsicht in die Geheimnisse des Biens und formte seither unausgesetzt neue Begriffe, Ansichten, Behandlungsweisen und Wohnungen.

Die naturverbundene Einfachheit wurde zu einer kunstumhangenen Vielheit und Gegensätzlichkeit, wo sich kein Imker mehr zurechtfindet, geschweige denn ein Anfänger. Die Sucht nach neuen Wohnungsformen und Betriebsweisen hält unvermindert an und ist der beste Beweis, dass keine befriedigt. Es fehlt eben etwas – und das ist die Nestduftwärmebindung. Der einzelne Imker preist so lange seine jeweilige Beute als die beste, so lange er ihr treu bleibt. – Dass aber alle bestehenden Rahmenbeuten dem Bien bedeutende Mängel und Schäden verursachen und die Erträge empfindlich herabsetzen, das ist so gut wie unbekannt, weil die heutige Imkerschaft von den Naturerfordernissen des Biens fast durchwegs keine Ahnung mehr hat.

Das Lebenselement, die Nestduftwärmebindung, wurde mit den ringsum offenen, wärmeverströmenden und zugigen Wabenrähmchen gründlich zerstört. [...] *Und von diesem Gebot hat uns die fortschreitende Entwicklung, die Stufe der Kunstbienenzucht auf gefährliche Abwege geführt. Es steht einwandfrei fest, dass sich mit den Rahmenbeuten durch Außerachtlassung des Gesetzes der keimfreien Nestduftwärmebindung gleichzeitig die Bienenseuchen entwickelt und verbreitet haben. Sie sind seither zu einer ständigen und unausrottbaren Erscheinung geworden.“*

Das wurde vor 70 Jahren geschrieben! Und ich habe den Text gelesen, als ich Ende 2018 auf dem Weg nach Weimar (*als Referent zum 8. Bienensymposium, Anm. d. Verf.*) war, kenne ihn also noch gar nicht so lange. Und ich habe gelacht und geweint, weil ich dachte, ich sei ein Pionier, und stellte dann fest, all das wurde bereits vor 70 Jahren geschrieben. Das war traurig, aber auch gleichzeitig gut, denn ich konnte sagen, da ist noch jemand, der das herausgefunden hat. Natürlich ist das so, dass durch die Technik, die wir heute haben, uns viel mehr Informationen zur Verfügung stehen. Wir können also heute vieles wesentlich genauer analysieren, als das Johann Thür damals konnte. Umso mehr ist das, was er da geschrieben hat, sehr beeindruckend auch für heutige Standards.

Warum sollten wir uns heute überhaupt um die klimatischen Eigenschaften kümmern? Das Klima ist ein entscheidender abiotischer Faktor. Es gibt in der Biologie auf der einen Seite den biotischen Faktor, alles, was lebt, was auf uns einwirkt (Pflanzen, Tiere, Fressfeinde, Symbionten), und auf der anderen Seite die abiotischen Faktoren, das, was nicht lebt (Klima, Temperatur, Bodenbeschaffenheit).

Dabei ist das Klima wohl der wichtigste abiotische Faktor für alle Spezies, die wir kennen. Nehmen wir z. B. im Wald an einem toten Baum, der auf dem Boden liegt, ein wenig die Rinde ab, so finden wir in der feuchten, dunklen Welt darunter Asseln, Gliedertiere, die es feucht und dunkel mögen. Und wenn wir die Tiere in die Sonne setzen oder in ein trockenes Terrarium, dann sterben sie.

Blick in einen über 100 Jahre alten, hohlen Kirschbaum mit 6 bis 20 cm dicken Wänden. In der wieder verschlossenen Öffnung zog anschließend ein Hornissenvolk ein.

Die Frage ist, unter welchen Bedingungen hat sich eine Spezies in ihrer Evolution, in der Gesamtentwicklung in einer ökologischen Nische angepasst. Diese Anpassung wird insbesondere durch das Klima bestimmt.

Das Klima in Baumhöhlen und das Klima in unseren Kisten, das ist nicht ein wenig unterschiedlich, sondern es unterscheidet sich gravierend. So gravierend, dass die Bienen dadurch krank werden.

Was Johann Thür geschrieben hat, dass die ganzen Bienenseuchen maßgeblich entstanden sind, als Imker mit den Kasten- und Rähmchenbeuten begannen und das Bienenvolk in Scheibchen gelegt haben, ist in der Tat zutreffend. Nur kann man das heute wissenschaftlich nachweisen, warum das so ist.

> *Das heißt, wir sind dabei, Symptome zu bekämpfen: Wir bekämpfen die Varroa, ein Symptom unserer Haltungsform, wir bekämpfen die Krankheiten, ein Symptom unserer Haltungsform, wir bekämpfen eine Akkumulierung von Krankheiten im Bienenwachs, auch ein Symptom der jetzigen Haltungsform.*

Warum das so ist, das möchte ich im Folgenden vorstellen.

VON DER BAUMHÖHLE IN DIE IMKERKISTE

Bienen leben in der Natur aus gutem Grund in einer Baumhöhle. Die Baumhöhle ist bodenfern, denn der Boden ist immer feucht. Der Boden besteht aus Destruenten, also aus Organismen, die organische Substanzen abbauen und in anorganische Bestandteile zerlegen, aus zersetzenden Mikroorganismen, aus Pilzen und Bakterien.

Organisches Material wird zersetzt vom Boden. Muttererde besteht zum überwiegenden Teil aus Bakterien und Destruenten.

> *Es gibt kein staatenbildendes Insekt in unseren Breiten, das imstande ist, auf Vorrat im wachen Zustand im Boden einen Winter zu überdauern.*
> *Die Bienen haben das geschafft, weil sie den Boden verlassen haben, weil sie sich eine Baumhöhle ausgesucht haben. Und die ist vielmehr als nur ein Loch im Holz, eine Baumhöhle bietet ganz besondere physikalische Eigenschaften, die in keiner Kiste wiedergegeben werden.*

Angesichts dieser Tatsache stellen wir dennoch diese Tiere in dünnwandigen Kisten auf den Boden, direkt auf die Wiese und durch einen Gitterboden soll Luft reinkommen. Auf einem Stein stehend, nahe am Erdreich, dringt da natürlich viel Feuchtigkeit rein, Schimmel dringt ein, oft sogar Schwarzschimmel (*Aspergillus niger, kann bei Tieren Krankheiten auslösen, Anm. d. Verf.*). Eine Reihe von Pathogenen, die vom Boden her invasiv in die Bienenstöcke eindringen. Dazu kommt die Geometrie der Kisten, durch welche in den Ecken Kaltbereiche entstehen. In einer Baumhöhle haben wir in der Regel eine zylindrische Form der Behausung, es wird an keiner Stelle Luft an zwei Ecken festgehalten, es gibt keine rechten Winkel. Es findet sich in der Natur nicht die Geometrie, die wir den Bienen anbieten.

In den meisten Kästen haben wir als zusätzliche Belastung für die Tiere ein Materialgemisch aus Kunststoff, Metall und Holz. Metall ist dabei ein guter Wärmeleiter, das heißt an den Schrauben z. B. haben wir Kondensationspunkte. Wo sich Wasser absetzt in der Nähe von Waben, bilden diese Schimmel aus – Wabenschimmel auf den Vorratswaben. Das sehen wir in den Baumhöhlen nie. Dort, wo die Bienen sitzen, sehen wir in den Bäumen keinen Schimmel. Zumeist haben wir durch die geringen Wandstärken Kältebrücken und ein schlitzförmiges, großes Flugloch und die Kisten sind absolut wetterabhängig. Das heißt, jede Temperaturänderung außen finden wir kongruent im Innern, im Kistenklima wieder. Genau das passiert – wie wir gemessen haben – in den Baumhöhlen nicht. In den Baumhöhlen haben wir zwischen fünf und bis zu zwanzig Zentimeter Massivholz nach außen und zumeist ein recht kleines Flugloch. Dieses Flugloch ist sehr selten schlitzförmig, und wenn, dann eher länglich, zumeist aber rund, und die Bienen fliegen direkt rein. Diejenigen, die starten, krabbeln zum Rand und starten von dort. So ein naturförmig rundes Vier-Zentimeter-Flugloch funktioniert auch vom Flugbetrieb her viel besser als ein Flugloch, das 44 Zentimeter breit und zwei Zentimeter hoch ist.

Wir haben aber dazu noch weitere Probleme, die so ein längliches Flugloch mit sich bringt. Mit zweimal 44 Zentimetern haben wir beim offenen Kistenflugloch ungefähr 88 Quadratzentimeter und wenn wir die Kreisfläche bei einem Kreisloch mit vier Zentimetern Durchmesser berechnen, sind wir bei rund 12,5 Quadratzentimetern. Das heißt, wir haben etwa den siebenfachen Wärmeverlust. Zudem lässt sich die ganze Breite des Flugloches nur ganz schlecht und schwer verteidigen. Das heißt, allein da gucken wir nicht richtig hin.

Im Naturwabenbau ohne Vorgaben bauen die Bienen Blockwaben, das heißt, sie blockieren den Eingang mit einer Wabe, die man „Schildwabe“ nennt. Wenn der Wärmeverlust zu groß ist, dann bauen die Bienen ein Schild davor. Damit klimatisieren sie ihre Behausung. Generell sind Bienen dazu in der Lage, ungünstige Geometrien auszugleichen, an ihre Bedürfnisse anzupassen. Völker, die in ungünstigen Höhlen oder unter einem Felsen ihren Unterschlupf gefunden haben, können diese Nachteile ausgleichen, wenn sie frei bauen dürfen. Aber nicht, wenn man sie in Reihen Rähmchen bauen lässt, denn dann strömt die Wärme immer ab. In einem Versuch haben wir feststellen können, dass Bienen ohne Korpus eine Wabenstruktur aufbauen, die die Wärme optimal behält. Wir hingegen nennen das „Wirrbau“, doch ist es alles andere als wirr, es ist eine Meisterleistung der Bienen. Sie könnten vom Wärmehaushalt her gar draußen ohne den Baum überleben, wenn ihr Nest vor Zerstörung durch Starkwind, Niederschlag oder Feinden bewahrt bliebe.

Wir benutzen verbreitet Kunststofffolien auf den Oberträgern der Rahmen als Baustopp und zur Abdeckung. Neben den Plastikzargen haben wir so auch noch Plastikfolien, jedoch auch wenn wir in heißem Wachs getränkte Biobaumwolle als Baustoppfolien nehmen, hat diese vom Diffusionsverhalten her eine ähnliche Wirkung. Wir denken, dass wir möglichst biologisch arbeiten, jedoch haben wir vom Wasserhaushalt her oder bezogen auf die Feuchtigkeit nahezu identische Werte. Wie bei einem Plastikhandschuh schlägt sich die Feuchtigkeit der Hand schon nach kurzer Zeit an der Folie nieder. So etwas passiert in der Baumhöhle nicht oder nur in besonderen Hölzern.

Genau dazu haben wir (gemeinsam mit Tom Seeley und Jürgen Tautz) ganz neue Erfahrungen sammeln dürfen. Es geht dabei um eine sterile Stockatmosphäre, die wir tatsächlich in Baumhöhlen nachweisen können.

Holz hat Fasern, die wie ein Bündel von Strohhalmen, wie Kanäle die Flüssigkeiten zur Versorgung des Baumes transportieren können. Seitlich auf den Kanälen bleibt ein Wassertropfen liegen, dringt so gut wie nicht ein. Wie beim Weinfass, das für den Wein dicht ist. Wenn ich jedoch auf die Faserenden einen Tropfen gebe, zieht er sofort durch den Kapillareffekt ein und ich kann das

Propolisierung der Innenwände von Baumhöhlen (Ausstellungsstück auf der Bienenfachtagung „learningfromthebees“ 2018 in Doorn, NL).

Wasser sogar durch kräftiges Pusten durch einen Holzklotz durchdrücken. Früher war dies ein Test, wie trocken Brennholz war.

Schaut man sich propolisierte Holzfaserenden über ein Elektronenmikroskop an, dann sieht man, dass von den Bienen beim Überzug mit Propolis überall Lücken gelassen werden. Und das hat zur Folge, dass das Wasser aufgrund der Oberflächenspannung nicht mehr passieren kann, dass aber gasförmiges Wasser, Wasserdampf, ohne Behinderung in das Holz eindringen kann. Die Propolis hält so einen Teil der Feuchtigkeit zurück.

Es gibt aber noch ganz andere wichtige Effekte von Propolis, nämlich die antibiotische Wirkung, die ja allgemein bekannt ist. Wenn Sie also etwas Gutes für Ihre Bienen tun wollen, dann nehmen Sie sich eine Drahtbürste und rauen Sie ihre Holzkisten kräftig auf. Wenn Sie das machen, werden Sie schnell sehen, dass diese aufgerauten Flächen von den Bienen propolisiert werden, da offene Holzkanäle der Auslöser der Propolisierung durch die Bienen sind. Der Grund, warum unsere Kisten nicht mehr propolisiert werden, ist, dass sie so glatt gesägt sind. Nur bei offenen Fasern kann man noch erkennen, dass dort ein wenig propolisiert wurde.

Wenn es dann zur Kondensation kommt, passiert etwas Wunderbares:

Das Wasser kondensiert auf Propolis und entzieht der Propolis antibiotische Bestandteile. Es wird zu einer flüssigen Medizin, die die Bienen wieder aufnehmen. Bienen und ihre Brut, die damit gefüttert werden, gesunden daran.

Nicht propolisiertes Wasser enthält in der Regel Bakterien und Schimmelsporen, das dann die Bienen und ihre Brut krank macht.

Imkerliche Selektion auf Bienenvölker, die wenig oder nicht propolisieren, ist wie eine De-Immunisierung. Bei Bienen, die in einem schimmeligen Stock leben, können auch in ihrem Inneren, insbesondere in der Kotblase (des Darmepithels, der inneren Darmwand) Sporen von Schimmel nachgewiesen werden. Dieser Befund ist bezeichnend, denn dies erklärt den Tod vieler Völker in unseren Kisten. Eine Biene in einer Baumhöhle hat im Gegensatz dazu ein strahlend weißes Gewebe des Honigmagens. Und es sind im Inkubator auch nach 24 Stunden keine Sporen nachweisbar.

> *Interessant ist, dass nicht nur das Kondenswasser, was sich auf den mit Propolis überzogenen Wänden in einer Baumhöhle befindet, antibiotisch anreichert, sondern die Stockatmosphäre selbst. Die Luft innerhalb des Bienenstocks ist angereichert mit Stoffen, die antibakterizid und fungizid sind, die also nicht nur Pathogene am Wachstum hindern, sondern sie sterilisiert. Proben mit Schimmelpilzen werden in Baumhöhlen sterilisiert.*

Wir haben uns gefragt: welche Bestandteile sind das, wie kann das sein? In unseren Magazinen haben wir bei Kondenswasser in der Beute Schimmel an den Waben. Waben schimmeln bei einer Luftfeuchtigkeit ab 80 %. In einer Baumhöhle jedoch, wird diese Gesetzmäßigkeit durchbrochen.

Bei verschiedenen Holzmorphologien, bei Eichen z. B., also bei ringporigen Hölzern mit relativ großen, wenigen Kanälen (gegen Druckabfall), kann man sehen, dass Tropfen direkt an der Oberseite einer Bienenhöhle herunterhängen. Eichenhöhlen werden sehr nass, bis zu 100 % Luftfeuchtigkeit mit oder ohne Bienen, das heißt, es liegen perfekte Bedingungen für ein pathogenes Wachstum für Schimmel vor. Monatelang freies Wasser auf den Waben!

Tom Seeley hat die meisten Bienenvölker in Eichen beobachtet. Warum wählen wildlebende Bienenvölker solch feuchte Behausungen? Propolisierte Wände und freies Wasser gleich kein Schimmel? Wir haben Proben dieses Wassers genommen, schimmelige Waben damit benetzt und konnten feststellen, dass das Wasser eine solch antibiotische Wirkung hat, dass es den Schimmel abtötet!

Ein perfekter Wasserkreislauf

Bei der Verstoffwechselung des Zuckers (aerobe Dissimilation) im Nektar, entsteht bei einem Kilogramm Honig 700 ml Wasser, dieses wird frei als Stoffwechselprodukt. Die Waben sehen wirklich aus, als wenn sie gerade letzte Woche gebaut worden wären: Schneeweiß, transluzent und hängen seit Monaten in diesem Stock vollgekleckert mit Wasser. Aber es schimmelt nicht. Wir haben das gesehen und gedacht, das kann ja nicht sein. Warum schimmeln die Waben nicht?

Wasserdampfflüchtige Phenole aus der Propolis, die sich in der Luft sättigen, können bei oberhalb von 10 °C Sterilität erreichen (wie im OP-Saal – wie bei einer Api-Therapie). So finden wir auch keinerlei Pathogene im Wabenmaterial, keine Bakterien, keine Nosema, keine Sporen einer Faulbrut, nichts, gar nichts. Ganz im Gegensatz zum Wabenmaterial in Beuten. Daher verstehen wir Thür: „*Mit den Rähmchenbeuten kamen auch die Seuchen.*“ Weil wir das Gesetz der keimfreien Wärmeluftbindung zerstört haben. Die Wärme in unseren Stöcken fehlt: Der Durchmesser ist zu groß, die Wärme lässt sich nicht halten, wir haben Kaltbereiche, Kondensation des Wassers, wir haben keine Propolisation.

> *Das heißt, wir kämpfen seit langem gegen Krankheiten, die durch unsere Haltungsweise entstehen: Wir sind Symptom-Behandler.*

Ich habe zehn Jahre damit verbracht, Kästen zu verbessern. Noch besser, noch mehr isoliert. Doch mit dem Klimadeckel, der das Wasser rausbringt und damit der Schimmelbildung entgegenwirkt, haben die Bienen kein Wasser mehr. Sie müssen rausfliegen und sammeln, selbst auf dem Schnee müssen sie dann das notwendige Wasser sammeln. Wenn wir uns anschauen, wie so eine Baumhöhle funktioniert, kann man zusammenfassend sagen: Baumhöhlen haben massive Wandstärken, zylindrisches Volumen, relativ geringen Innendurchmesser bis runter auf acht Zentimeter bei einer Höhe von 140 Zentimetern, was nur ca. sieben Litern Volumen entspricht.

Die Wärme, die die Bienen erzeugen, steigt nach oben und bleibt in einer Baumhöhle mit dem Wabenmaterial inklusive des dort gelagerten Honigs erhalten. Nur ein Drittel der Temperaturdifferenz zwischen außen und dem Inneren des Wabenwerks muss von den Bienen ausgeglichen werden. Wird es draußen zehn Grad kälter, müssen sie nur drei Grad hinzuheizen, um die Temperatur konstant zu halten. In den gängigen Bienenkisten hingegen muss jedes Grad Temperaturdifferenz im Inneren eins zu eins nachjustiert werden. Sie heizen mit hohem Aufwand, ohne jedoch eine konstante Temperatur halten zu können.

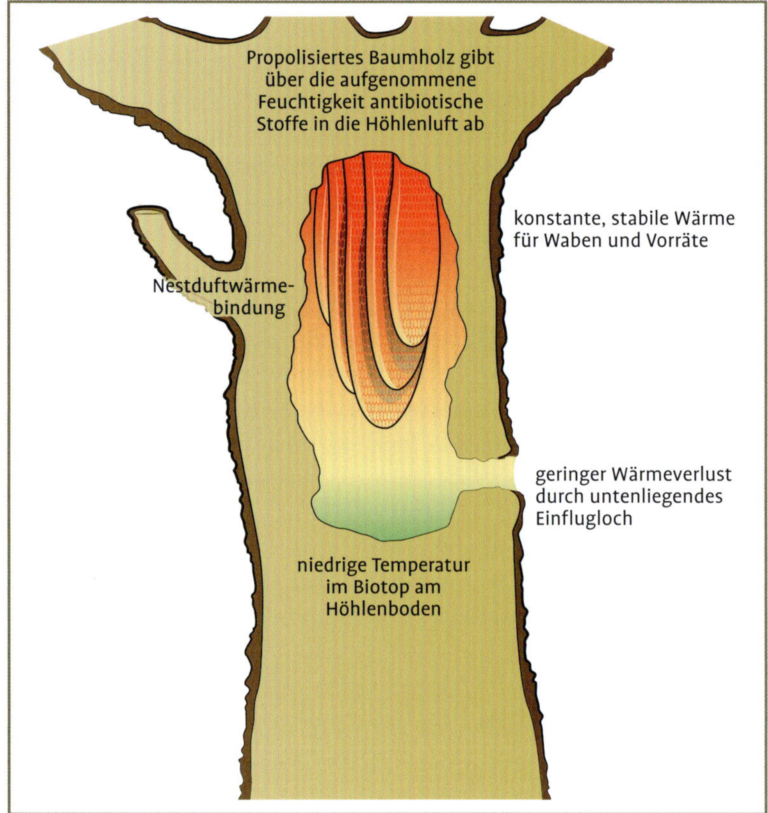

Stilisiertes Wärmebild einer Bienenbehausung im Querschnitt.

Wenn die Rähmchen im Winter einfrieren in unseren Kisten, dann wirken sie sich enorm negativ aus. Sie sind wie Coolpacks in unseren Kühlboxen, die auch nach Stunden in der Sonne unsere Getränke noch kalt halten. Eingefrorene Honigwaben benötigen eine enorme Energie, um sie so weit aufzuwärmen, dass der Honig von den Bienen aufgenommen werden kann. Wabenabriss heißt auch, dass die Bienen vielleicht bis zu den Futterwaben gelangen, aber nicht genügend Energie aufbringen können, ihn aufzuwärmen, um ihn zu nutzen. So etwas passiert in der Baumhöhle nicht.

Die Ecken bleiben kalt, die Schrauben durchbrechen die Isolation, bilden Kältebrücken. Jeder Pixel von hellleuchtenden Wärmeverluststellen muss in Milligramm durch den Sammeldienst wieder substituiert werden. Bienen müssen bei einem solchen Wärmeverlust ständig – nicht nur im Winter – nachliefern. Und wenn sie das nicht machen, verhungern sie, und das kann auch im Sommer auf großen Monokulturfeldern der Fall sein, denn sie haben einen Bedarf von 500 bis 800 Gramm an Futter täglich. In einer Baumhöhle bleibt das Volk einfach in der Höhle, reinigt sich und sein Nest und verbraucht kaum Energie.

Natürlich zeigen im Mai verhungernde Bienenvölker, dass in der Landwirtschaft etwas nicht richtig läuft, aber die Geometrie der Behausungen spiegelt nicht eine artgerechte Bienenhaltung wider. Sie ist Ursache für die energiezehrenden und massenhaft großen Bienenvölker.

Im Frühjahr tragen die Bienen dann als Folge junge, verkühlte Brut aus dem Stock, weil sie nicht warm genug gehalten werden konnte. Der Energieverbrauch in einer konventionellen Beute ist bis zu zehnmal höher als in einer Baumhöhle, entsprechend produzieren sie zehnmal mehr Wasser. Die Folge ist wesentlich höhere Schimmelanfälligkeit, keine Wärmeluftbindung, keine sterile Stockatmosphäre und ein erhöhter Totenfall. Sie verbrennen buchstäblich. Wir brauchen riesige Völker, damit diese in diesen Geometrien überhaupt überleben können.

Noch mit den alten Stülpern, mit kleinem Rauminhalt, keiner vorgegebenen Rahmengeometrie, waren die Bedingungen besser. Bienen bevorzugen – nach den tollen Untersuchungen von Tom Seeley – Volumina zwischen 20 und 40 Litern. Eine Normalmaß-Zarge hat 37 Liter, bei vier übereinander beträgt das Volumen rund 140 Liter.

Doch auch schon bei den Zeidlern und ihren Klotzbeuten begann die Entwicklung hin zu übergroßen Rauminhalten. Bei einem gemessenen Innendurchmesser von rund 30 Zentimetern und einer Höhe von einem Meter, betrug das Volumen rund 70 Liter, oft waren sie noch größer mit 100 Litern Inhalt, also mehr als dem Doppelten von dem, was sich die Bienen bei freier Wahl aussuchen würden. Zudem wurde das Flugloch sehr weit oben angebracht, was dann auch in diesen Klotzbeuten einen höheren Wärmeenergieverlust zur Folge hat. Und immer, wenn diese verloren geht, muss sie von den Bienen wieder nachproduziert werden. Und das bindet den Großteil der Arbeitskapazität in zig Millionen Stunden unserer Völker.

Dies alles haben wir kaputt gemacht durch die Geometrie, in der wir die Bienen halten. Und jedes bisschen, dass die Bienen versuchen in Ordnung zu bringen in unseren Stöcken, machen wir wieder kaputt. Denn wenn die Bienen beginnen, die Rähmchen aneinander zu bauen, wieder zu verbinden – als verzweifelten Versuch die Wärme zu erhalten, um die Kommunikation über die Fläche wieder herzustellen – dann kommt der Imker, macht den Kasten auf und kratzt das alles wieder ab, da er mit den Rähmchen mobil bleiben will. Dies ist nur ein Beispiel dafür, dass wir das ganze Jahr hindurch gegen die Biologie der Bienen arbeiten.

Die Bienen versuchen die von uns vorgegebenen geometrischen Rahmen auszugleichen.

Fragen wir uns: Wie ist es eigentlich dazu gekommen? Dazu zwei Ansätze:

Die heutige Wissenschaft ist eine Form von Zoo-Wissenschaft

Und das ist noch nett ausgedrückt, denn wir machen Wissenschaft an Kästen. Eine Wissenschaft an Kästen, die einen zehnmal höheren Wärmeenergieverlust haben, an Bienen, die auf Rähmchen sitzen. Und was machen diese Völker? Sie zeigen kein natürliches Verhalten, sie zeigen das ganze Jahr hindurch ein Kompensationsverhalten. Wenn ich das natürliche Verhalten von Honigbienen erforschen will oder das einer anderen Spezies, sagen wir Elefanten, dann gehe ich nicht in den Zoo. Dort sehe ich kein natürliches Verhalten, sondern ein an die Bedingungen angepasstes Kompensationsverhalten. In einem Buch über das natürliche Verhalten von Elefanten müsste dann stehen, dass sie sich gerne von Kindern mit Äpfeln und Bananen füttern lassen. Ein Kind mit einem Apfel in der afrikanischen Savanne mitten in einer Elefantenherde würde eine andere Realität erleben.

Pixel-Wissenschaft

Die meisten Wissenschaftler erforschen einen Aspekt, z. B. das Immunsystem der Bienen oder ihre Kommunikation zur Schwarmzeit. Nach Jahren der Forschung bringen sie dann ein Pixel eines komplexen Bildes der Forschung zum Leuchten. Wir gucken auf eine Leinwand mit leuchtenden Pixeln, aber was wir nicht sehen, ist ein kohärentes Bild. Das wollen wir ändern. Durch die Baumhöhlenforschungen sind wir in der Lage, ein Bild zu sehen, das zwar noch unscharfe Bereiche aufweist, aber zumindest schauen wir auf das Gesamtbild, das wir nun weiter schärfen wollen.

Dazu können wir auf alte Literatur aufbauen, die uns stets dasselbe sagt: Mit den Rähmchen kamen auch die Seuchen. Trotzdem sind wir bei den Rähmchen geblieben, haben all diese Erfahrungen ignoriert, obwohl sie überall in alter Literatur zu finden sind.

Washboarding – was ist Washboarding? Manche Bienen bewegen ihre Vorderbeine und ihre Fühler auf dem Boden, ganz nah am Material, und bewegen sich, als streiften sie irgendetwas ab. Ich nenne das Bienen-Yoga. Die Bienen kommen morgens raus und machen erstmal ein, zwei Stunden Yoga. Was machen die Bienen am zweiten Stock daneben? Sie fliegen raus – auch bei sieben Grad. Warum fliegen die am ersten Stock nicht? Antwort: Weil sie Zeit dafür haben. Das zweite Volk hat keine Zeit, weil es so viel Energie verliert, dass die Bienen dort nur damit beschäftigt sind, diese wieder hereinzuholen. Das erste Volk hat Zeit für Yoga: Hat Zeit, um eine tote Larve herauszutransportieren, Zeit, um eine Wachsmotte totzubeißen und sie zu entfernen. Das heißt, eine Menge an Arbeitskapazität ist frei, weil sie nicht fliegen müssen, weil sie gegen den Energieverlust nachliefern müssen, keine Kapazitäten frei haben für Reinigung und Washboarding.

Was in einer Baumhöhle unter natürlichen Bedingungen abläuft, sieht man nur, wenn man dort hereinguckt. Und dort sieht man im Frühjahr – das Brutfeld relativ weit oben – wo sie sich in den Vorrat hochgefressen haben. Und wenn der erste Eintrag kommt, wird das Brutfeld nach unten verlagert. Nachdem in den oberen Zellen die Brut geschlüpft ist, wird Honig eingelagert und das frische Brutfeld weiter unten angelegt. Schon in dieser Zeit sehen wir Washboarding. Wenn in der nur ca. 30 Liter fassenden Baumhöhle dann der Eintrag nach unten wächst, wird das Brutfeld zugunsten des Vorrats verkleinert. Und das macht Sinn, denn die Bienen haben ja genügend Vorrat gesammelt und benötigen nicht mehr so viel Brut. Die am Brutrand noch schlüpfenden Jungbienen gehen entsprechend weniger oder gar keiner Ammentätigkeit mehr nach, brauchen keinen Futtersaft aus ihren Kopfdrüsen mehr zu produzieren und leben länger, bis zu sechs Monate. Es sind Seniorbienen, die das Volk stabilisieren, und sie leben den gesamten Sommer hindurch im Volk. Bienen in artgerechten Behausungen leben generell länger, nicht vier oder fünf, sondern acht Wochen.

In unseren Kisten bewirken wir das Gegenteil: eifrig sammelnde Bienen mit kurzer Lebensdauer, nur Schnelllebigkeit. Entsprechen haben wir eine enorm beschleunigte Bruttätigkeit der Königin, die dann schon nach zwei Jahren verbraucht ist. In artgerechter Umgebung erst nach fünf, sechs Jahren. Es wird nicht alle zwei Jahre eine neue Königin benötigt, weil sie eben nur so viel Brut anlegt, wie das Volk zum Überleben benötigt. Und da die Baumhöhle ein Niedrigenergiehaus ist, wird gar nicht so viel gebraucht. Wenn sich dann in einer kleinen Geometrie das Volk teilt und ein Schwarm abgeht, ist es zudem eine Zeitlang brutfrei.

Wir sehen in unseren Untersuchungen an Baumhöhlen aber nicht nur Washboarding und dass sie Wachsmotten und Milben angehen und Larven, die sie raustragen. Sondern wir sehen auch, dass sie sich gegenseitig putzen, sich „groomen". Eine Biene, die gegroomt werden möchte, die also geputzt werden möchte, die wackelt auffällig hin und her und wird dann auch von ihren Schwestern geputzt, gegroomt.

In einem Schaukasten im Labor habe ich ein imkerlich „faules Volk" einlogiert. Meine Frau sagte dann eines Tages „Schau mal, die sind gar nicht faul", „Schau, die putzen sich die ganze Zeit". Tatsächlich konnten wir dann in Versuchen feststellen, das von 50 bewusst hinzugegebenen Milben innerhalb weniger Tage 37 angebissen oder totgebissen waren. Diese Bienen schafften eine Milbenfallrate von 74% in wenigen Tagen. Warum? Sie saßen im Schaukasten und hatten nichts zu tun, hatten keinen ersten oder zweiten Honigraum zu füllen. Sie hatten Zeit.

> *Der stärkste Instinkt eines jeden Honigbienenvolkes ist, dass das Dach voll sein muss mit Honig. „Vorratssicherheit" ist der allerstärkste Instinkt.*

Und wenn das Dach nicht voll ist, dann wird auch nichts anderes gemacht. Ein Bienenvolk, das seinen Vorrat nicht voll hat, macht nichts anderes als zu sammeln. Wir sehen Grooming-Raten von Völkern, die gemanagt werden, in einem Bereich zwischen drei und fünf Prozent. Wir sehen regelmäßig Grooming-Raten im Baum bei natürlichen Bedingungen zwischen 40 und 70 Prozent, das heißt auch Milben, die herunterfallen oder kaputtgebissen wurden. Sie müssen nicht noch einen zweiten Kasten füllen, sondern verkleinern das Brutnest. **Bienenvölker in den von uns gebauten Geometrien haben keine Zeit für natürliches Verhalten, sie müssen dafür sorgen, dass sie überleben.**

Die Raumenge und die Prozesse, die in der Natur stattfinden, sind Auslöser für natürliche Verhaltensweisen, die genetisch veranlagt sind, aber in der Imkerei niemals ausgelöst werden. Wir brauchen Auslöser. Auslöser für Grooming, Auslöser für Washboarding, Auslöser für extreme Stockhygiene.

Nichts davon lassen wir in der modernen Imkerei zu. Und deswegen sehen wir kein natürliches Verhalten, wir sehen nur Kompensationsverhalten. Und wenn wir dann auch noch Wissenschaft betreiben an Bienen in Kisten, dann sehen wir eben nur das Verhalten, was die Bienen haben, um diese Geometrie und das, was wir ihnen vorgeben, in irgendeiner Weise auszugleichen.

Es wurde vielfach behauptet, wenn Bienen in die Natur entkommen, dann sterben sie. Die können ja nicht überleben, der Imker muss ihnen dabei helfen, damit sie überhaupt überleben. Dabei ist das der Grund, warum sie sterben. Jedes wissenschaftliche Projekt, in dem man Honigbienen mit Varroamilben infiziert hat und sie in Kisten, also in völlig unnatürliche Habitate unter erschwerten Bedingungen durch die Kiste selbst (als den größten Selektionsfaktor), auf eine Insel gepackt hat und sie sich selbst überlassen hat, gab immer dasselbe Ergebnis: Es sind viele Bienen gestorben und nach drei Jahren war das Sterben zu Ende. Die Bienen haben sich angepasst, an die Kiste und an die Milbe. Das heißt, sie können die Kiste überleben, sie können die Milben überleben, aber sie überleben nicht Kiste, Milbe und den Imker.

Mit der Betriebsweise maximalen Honigertrag zu erzielen, mit zwei, drei oder mehr Honigräumen, sehen wir kein Abwehrverhalten, kein Grooming, kein Washboarding. Wir sehen nur das Verhalten, das auf Vorratssicherheit zielt. Das führt dazu, dass wir nicht nur Varroainvasionen erzeugen durch die übergroßen Brutfelder, sondern einen enormen Umsatz an Energie provozieren durch die Geometrie der Kisten, in denen die Wärme entweicht. Am Ende sagen wir, dass wir Chemie nehmen müssen, weil die Bienen das sonst nicht überleben. Das ist, als würde man in einer Massentierhaltung bei Schweinen sagen, die Schweine sind genetisch nicht mehr geeignet, sie brauchen Antibiotika. Das ist nicht die Wahrheit.

> *Die Wahrheit ist: Die Lebensbedingungen sind so schlecht, sind so artfremd, dass wir diese Probleme erst durch die Haltungsform bekommen. Und das gilt ebenso für Seuchen wie für die Varroa. Wir machen Symptombehandlung, was erschreckend ist, denn viele Imker wollen eigentlich Artenschutz betreiben, wollen der Biene und der Natur etwas Gutes tun und ein wenig Honig dafür erhalten. Aber was sie nicht wollen, ist eine manipulative Massentierhaltung betreiben. Das sind jedoch die Kriterien, die wir in der Imkerei-Ausbildung erlernen.*

Wenn wir weiterhin in die Genetik der Honigbienen eingreifen, dann werden wir die Bienen verlieren. **Es gibt nur eine natürliche Kraft, die überlebensfähiges, angepasstes Erbgut erzeugen kann, und das ist die natürliche Selektion.** Und Selektion heißt auch sterben.

In Wales hat man Bienenvölker gar nicht behandelt, seit 40 Jahren. Sie sind alle behandlungsfrei, die Völker im Wald sind behandlungsfrei. Keine Probleme mit

Varroa, weil keiner eingreift. Sie leben unter ganz anderen Bedingungen. Noch vor 100 Jahren war die menschliche Selektion in der Imkerei irrelevant, weil der Hauptteil der Bienenpopulation in der Natur der natürlichen Selektion lag. Wir haben die Wälder so weit abgeholzt, dass es kaum noch alte Bäume mit Höhlen gibt. Und jetzt liegt der überwiegende Teil des Genpools der Honigbienen in den Händen einer Imkerschaft, die Bienen nach ihren eigenen Kriterien selektiert. Und jede Anforderung, die wir an die Bienen stellen – Sanftmut, Schwarmträgheit, Honigleistung, weniger Propolis, usw. – eint die Tatsache, dass es die Überlebenswahrscheinlichkeit in der Natur verringert. Das heißt, wir brauchen eigentlich ein Artenschutzprogramm für die Honigbiene. Wenn wir die Wälder betrachten, die dann mit jeweils einem kleineren Volk pro Quadratkilometer an ihre Kapazitätsgrenze kommen, stirbt eine Vielzahl von Kolonien davon. Ohne Sterben keine Evolution.

Wenn wir in den Genpool, egal welcher Spezies, eingreifen, verliert sie als Erstes ihre unabhängige Überlebensfähigkeit. Und der Hauptteil des Genpools der Honigbienen liegt in den Händen einer Imkerschaft, die weitestgehend ökonomische Ziele verfolgt.

Sie lässt es sich z. B. nicht gefallen, wenn Bienen stechen, sie faul sind, sich groomen und nicht 30 oder mehr Kilogramm Honig bringen oder den vielen anderen Kriterien nicht entsprechen. Diese Völker werden sofort ausselektiert, die Königin wird „ausgeknipst“ und durch eine neue Zuchtkönigin ersetzt, alle zwei Jahre. Soweit ist es gekommen, dass genau das gelehrt wird.

> *Wir brauchen im Prinzip zwei Dinge: Wir brauchen nicht nur die wirtschaftliche Nutzung, sondern auch den Arterhalt. Und den kann man nur schaffen, wenn wir es langfristig hinkriegen, dass der Hauptteil des Genpools der Bienen wieder der natürlichen Selektion unterliegt, wenn wir ihnen ihre Biologie wieder zugestehen.*

Baumhöhlenersatz: Der SchifferTree

Wenn wir uns diese Forderung mit dem gegenwärtigen Istzustand vergleichen, stoßen wir sofort auf die nicht artgerechte Geometrie, in der wir unsere Bienenvölker halten. Ein Baum speichert in den dicken Wänden um eine Baumhöhle herum die Wärme wie ein See, der die Temperaturschwankungen abfedert. Unsere Kisten jedoch machen jede einzelne Spitze mit. An einem ersten warmen Tag im Frühling springen wir nicht direkt ins Wasser, weil wir wissen, es ist noch sehr kalt. Ein Bienenvolk in einer Baumhöhle legt nach einem oder zwei warmen Tagen deshalb noch kein riesiges Brutfeld an, weil es weiterhin noch kühl darin ist. Es herrscht in einer Baumhöhle ein wesentlich homogeneres Klima.

Untersuchen wir die Feuchtigkeit, so messen wir in Baumhöhlen immer unter 70 Prozent, sodass selbst bei fehlender Nestduftwärmebildung kein Schimmel wachsen kann. Der wächst bei über 80 Prozent. In üblichen Kisten beträgt die Feuchtigkeit hingegen zumeist über 90 Prozent.

Das liegt daran, dass eine Leichtbau-Isolierung keine Temperatur-Speicherkapazität hat. Bienen in einer Baumhöhle reagieren dynamisch auf das Wetter, indem sie nur minimal ausgleichen müssen und dennoch eine absolute Linearität in Temperatur und Feuchtigkeit erreichen. In Bienenkisten hingegen schaffen sie es nicht, die Temperatur zu halten, sie kämpfen sie sich ab und erzielen dennoch nur geringe Wirkung. Die Geometrie lässt es einfach nicht zu.

Da kommen wir ins Spiel: Wir wollen ein Konzept der artgerechten Bienenhaltung entwickeln, das so ausgelegt ist, dass eine Balance entstehen soll zwischen gezüchtetem und dem der natürlichen Selektion unterliegenden Erbgut. Dazu haben wir diesen Schiffer-Baum entworfen.

SchifferTree – mit potenziell möglichem kleinen Honigraum daneben. Im Hintergrund eine Dadantbeute.

Installation eines bienenbesetzten SchifferTrees auf einem alten Kirschbaum im Garten des Verfassers.

Wärmebildaufnahme des besetzten SchifferTrees (mit Hornissennest im Baumstamm darunter). Die Aufnahme bei Tageslicht zeigt eine gleichmäßige Sonneneinstrahlung von links auf den Ästen und dem SchifferTree. Das fünf lange Waben starke Brutnest im Inneren des SchifferTrees (im oberen Abschnitt, unterhalb des oberen Ringes) verliert nahezu keine Wärme nach außen (grüner Bereich).

Abgebildet ist ein Nachbau einer Baumhöhle von mir, ein SchifferTree. Was passiert, wenn wir den Bienen so eine Geometrie anbieten? Energetisch ist sie im Innern vergleichbar mit einer Eichenbaumhöhle, die Wärmesignatur zwischen der massiven Eiche und dem SchifferTree aus Fichte ist fast identisch. Mit einer simulierten Baumhöhle wie dem SchifferTree kommen wir einer Baumhöhle wesentlich näher, als das eine Kiste kann. Eine Baumhöhle in einem großen Baum mit all seinen Tonnen Gewicht in einem abgeschatteten Waldstück können wir natürlich nicht nachahmen. Aber wir erreichen schon, dass der Grundumsatz eines Volkes wesentlich geringer ist.

Es handelt sich hierbei um ein Open-Source-Projekt: Ich bin kein Kisten-Verkäufer, ich verdiene keinen einzigen Cent pro SchifferTree, sondern habe ihm nur meinen Namen gegeben.

Eine neue Bewegung, „Beekeeping (R)evolution", ist als Public-Science-Projekt gestartet. Wenn Sie sich also eine Kiste irgendwo hinstellen, dann können Sie mir regelmäßig den ausgefüllten Fragebogen zukommen lassen und mir so Informationen weitergeben (z. B.: Wie haben Sie die Bienen da hereingesetzt, wann ist dort ein Schwarm herausgegangen und wann ist dieses Volk gestorben, wo steht es etc.). Ich möchte, dass er sich verbreitet und dass ihn jeder bauen darf. Ich möchte, dass er regional gebaut wird und am besten von Werkstätten, die einen gemeinnützigen Zweck erfüllen. Aus dem Grund darf ihn jeder fertigen, er ist lizenzfrei, die technischen Zeichnungen und die Baupläne werden veröffentlicht. Der SchifferTree ist somit der erste Stock, der einzig und allein die Geometrie einer natürlichen Baumhöhle zum Vorbild hat. Ein dazu möglicher Honigraum hat z. B. nur fünf, nicht mehr 40 Liter Inhalt.

Wir haben also hier eine entsprechend hohe Holzmasse, wir haben die Holzkanäle offen, innen drin wird er mit einer langen Bürste ein bisschen ausgefräst und die Holzkanäle werden geöffnet. Das führt dazu, dass die Bienen das dann flächig propolisieren, damit erhalten wir die Nestduftwärmebindung, haben eine homogene Wärmeverteilung.

Damit eignet sich der SchifferTree nicht nur für Bienen, sondern auch für Fledermäuse und viele andere bedrohte Arten wie Hornissen, denen wir damit ein natürliches Habitat zurückgeben, was der Natur immer weiter abhandenkommt. Der SchifferTree ist somit nicht als Beute definiert. Er ist ein Nistkasten für Wildbienen, Hornissen oder Fledermäuse.

Der Tree ist somit das einzige System auf der Welt, das eine nachgebaute Baumhöhle ist. Es geht keine einzige Schraube in das Holz, es ist alles von außen aus nichtmagnetischem Edelstahl geklemmt und zusammengezogen, es gibt keinen

Schwarmbienen folgen der Königin in den SchifferTree.

Klebstoff und keinen Leim. Es gibt Holzkanäle, eine große Holzmasse, damit wird eine Klimastabiliät erreicht, wir haben Temperaturspeicher, wir haben unten die Bedingungen für eine mögliche Mikrofauna durch das Gemüll der Bienen, ggf. mit Bücherskorpionen, wir haben die Komplett-Propolisierung, die Nestduftwärmebindung und so weiter. Wir haben also alle Faktoren, die wir in den letzten Jahren in der Wissenschaft herausgefunden haben, in diese Konzeption gesteckt.

Messungen haben gezeigt, dass ein Volk in einem so nachgeahmten Baum in Aura an der Saale im letzten Winter zweieinhalb Kilo gebraucht hat, während die umliegenden Völker etwa 20 gebraucht haben. Es ist also ein horrender Unterschied und das ist ein riesiger Schritt in die Richtung artgerechter Bienenhaltung.

Es werden keine Rähmchen darin verbaut, die Bienen dürfen ihre Waben direkt an das Stirnholz oder an dort angebrachte Holzstäbe anbauen, damit ist jede Wabengasse ein geschlossenes Zimmer, der Wärmehaushalt bleibt erhalten, die Nestduftwärmebindung bleibt erhalten.

Die antibiotische Stockatmosphäre, ein Ökosystem, kann darin leben. Vor allen Dingen gibt es keine Klappe, keine Revisionsöffnung für den Imker. Es ist also sehr schwierig für den Imker, da er daran nicht herummanipulieren kann. Sie können nichts mehr am Bienenvolk machen, da jeder einzelne Eingriff einen riesigen Schaden verursacht und die Bienen in der Arbeitskapazität für Tausende Stunden bindet.

Die Bienen zeigen nur ihr normales Verhalten, wenn sie auch unter normalen Bedingungen leben, und wir wissen, dass etwa 60 Prozent der Bienen, die wir jetzt auch noch in unseren Imkereien haben, natürliches Verhalten genetisch veranlagt haben. Das heißt, wir rechnen natürlich mit Verlusten, da natürliche Selektion immer auch Verluste heißt, aber wir wissen, dass es um die Gesamtpopulation geht und nicht um das einzelne Volk.

In einem Vertrag mit einer Firma, die große Solarfelder (knapp 20 Hektar) auf dem Land baut, werden deutschlandweit SchifferTrees aufgestellt. Das Mittelfeld wird dann besetzt mit Schwärmen und die äußeren bleiben frei. Die ganze sonstige Fläche wird als Blütenwiese bepflanzt, sodass wir das ganze Jahr hindurch Nektar haben. Es sind bereits Fledermauskästen und Vogelkästen dort und es finden sich viele bedrohte Arten und eine hohe Biodiversität an Insekten. Dort werden diese Trees positioniert und wir können die Populationsdynamik in diesem geschlossenen Bereich beobachten. Dadurch, dass keine Bäume da sind, ist das Monitoring denkbar einfach.

Die *Bienen-Botschaft* in Frankfurt hat früher die traditionellen Zeidler-Beuten gebaut, die bauen jetzt Klotzbeuten nach den Vorgaben der Baumhöhlen. Also haben sie nicht mehr ein Volumen von 70 Litern, sondern nur noch ca. die Hälfte, das Flugloch liegt unten etc. Sie werden mit einer Fauna versorgt und sie haben bestimmte physikalische Abmessungen, die der Baumhöhlenforschung entsprechen. Sie sind die ersten, die nicht Zeidler-Beuten aus Kultur bauen, sondern mit dem Ziel, den Bienen ein optimales Habitat zu geben. Sie installieren überall Messsonden und gewinnen dadurch eine Reihe von Daten auch von wildlebenden Bienenkolonien. Diese Baumhöhle ist vom Klima her tatsächlich noch ein bisschen besser als ein SchifferTree, weil sie einfach mehr Masse hat, damit ist sie ein bisschen träger und hat eine höhere Temperatur-Speicherkapazität, sie lässt sich aber mit knapp 300 Kilogramm nicht mehr alleine tragen.

Wir sehen in einer Kiste kein normales Verhalten. Beispiel: Sommer 2018, lange trockene und warme Phasen. Und obwohl die Flora vielfach vertrocknet war und kaum Nektar anbieten konnte, waren die Honigräume voll – warum? Ein Bienenvolk in einer Kiste hat einen Jahresumsatz von rund 300 Kilogramm Nektar, den es zum Großteil direkt selbst wieder verbrennt. In einer Baumhöhle etwa zehnmal weniger, 30 bis 50 Kilogramm pro Jahr. Es war in diesem Jahr so warm, dass die Bienen einen Großteil der Wärmeenergie, den die Bienen in einer Kiste benötigen, gar nicht brauchten und einlagern konnten.

Mit Durchschnittswerten von Prof. Tautz berechnet heißt das, ein Bienenvolk in einer Kiste muss über 20 Millionen Stunden extra arbeiten, nur um die lebens-

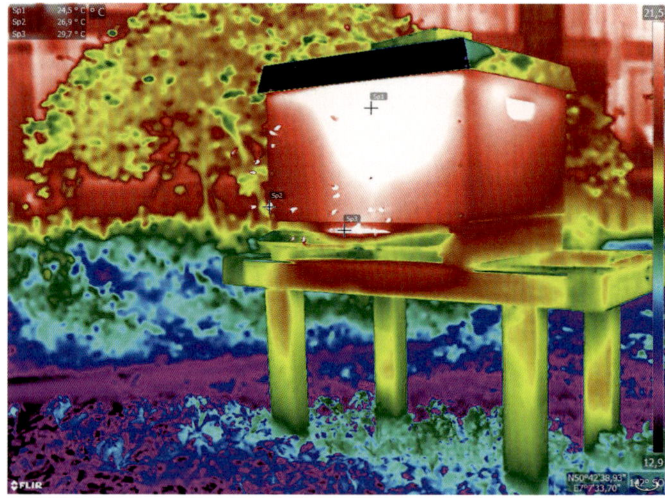

Wärmebild einer bienenbesetzten Dadantbeute (von der Seite).

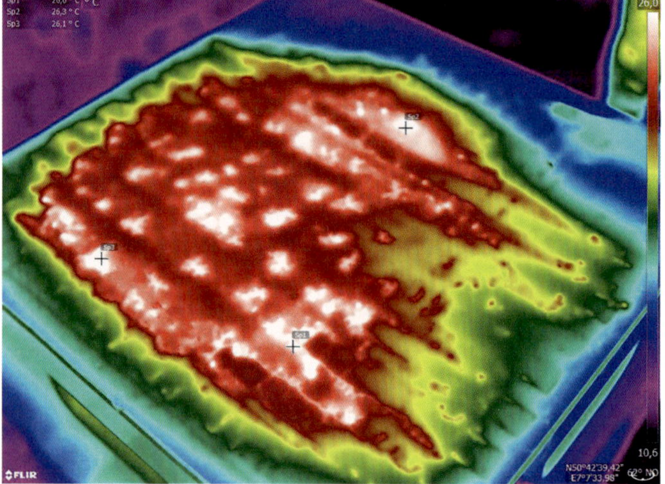

Von oben.

notwendige Kernwärme zu erzeugen, 20 Millionen Stunden! Am Stülper oder an der Baumhöhle brauchen sie diese nicht, weil sie den Wärmeverlust nicht haben. Das, was weiß und rot leuchtet, ist der Grund, warum sie in den Kisten fliegen.

Das ist, als hätten wir ein riesiges Schloss im Wald mit Papierwänden und einem riesigen Kamin in der Mitte. Wie lange reicht das Holz des Waldes zur Heizung dieses schlecht isolierten Hauses? Der Verbrauch ist so enorm, dass die Wildbienenbestände in der Umgebung zurückgehen. Von den nur noch 570 Arten in Deutschland ist die Hälfte vom Aussterben bedroht. Aufgrund dieses Energiehungers haben die Naturschutzorganisationen von Honigbienenvölkern die

Von unten durch das Bodengitter gesehen.

Nase voll. Wenn man sich vorstellt, dass diese Nahrungskonkurrenz verursacht wird durch die Verfeuerung von Hunderten Litern Nektar, nur um den durch die Geometrie verursachten Wärmeverlust auszugleichen, und die Völker deshalb so übergroß sein müssen, müssen wir uns fragen, machen wir da alles richtig?

Vergleichen wir zusammenfassend die kistenförmigen Beuten in konventioneller Betriebsweise mit den Baumhöhlen, in denen die Bienen seit rund 40 Millionen Jahren leben:

- Durch Aufstellung direkt auf die feuchte Wiese erhöht sich die Feuchtigkeit im Stock.
- Durch fehlende Isolation keine homogene Wärmeverteilung, kalte Ecken, rechte Winkel bewirken wir einen zehnfach schlechteren Wärmehaushalt, dadurch wird ein zehnfach höherer Eintrag notwendig.
- Die Arbeitskapazität eines Bienenvolkes wird durch den erhöhten Eintrag gebunden. Kompensationsverhalten ist die Folge.
- Die Lebensdauer der Bienen ist geringer durch erhöhten Sammeldruck, die der Königin durch erhöhte Legeleistung.
- Nestduftwärmebindung, eine sterile Stockatmosphäre sind nicht vorhanden, keine Propolisierung und daher keine antibiotische Wasserbildung sind möglich.
- Die unnatürlich unreguliert großen Völker haben einen erhöhten Brutumsatz und damit eine sehr hohe Varroamilben-Erzeugung.
- Es kann sich keine Mikrofauna bilden, in der sich u. a. Bücherskorpione ansiedeln, keine Symbionten, die helfen könnten, denn die sind alle ausgestorben in diesen von uns gefahrenen Systemen.

- Die Schwarmbildung wird unterbunden, dadurch besteht eine zusätzliche Varroabelastung.
- Das Kondenswasser, das durch den erhöhten Umsatz anfällt und herausventiliert werden muss, hat durch die fehlende Propolisierung sogar im Sommer Schwarzschimmel zur Folge und im Winter Pathogene, die die Bienen befallen.
- Die Speicherkapazität der Kotblase ist nicht ausgelegt für derart großen Umsatz, es wird also abgekotet (auch durch die Zugabe des Futters), wodurch Krankheiten begünstigt werden.
- Und schließlich bleibt das genetische Abwehrverhalten durch die imkerlichen Züchtungen aus, auch wenn es veranlagt ist.

Bienen sind nicht anfällig, sondern in höchstem Maße resilient. Aber mit diesen vielfachen Belastungen fahren wir die Spezies gegen die Wand.

Wir verheizen die Bienen buchstäblich für die Geometrie der Bienenkisten. Wir betreiben eine manipulative Massentierhaltung als Imkereikultur. Und jeder Idealist, der mit der Bienenhaltung anfängt, lernt in den Imkerorganisationen genau so etwas. Das kann nicht sein. Wir brauchen eine Wahlfreiheit. Und das ist das, wofür wir einstehen.

> *Es geht nicht darum, die oder eine bestimmte Form der Imkerei zu verbieten. Es geht darum, einen Ausgleich zu finden, Ausbildungen anzubieten, die der artgerechten Bienenhaltung gerecht werden.*

Das Ökosystem Baumhöhle und der Bücherskorpion

Wir wissen bereits, dass die Bienenvölker in der Natur niemals alleine sind, sie werden immer begleitet von einer Hundertschaft anderer Spezies. Sie bilden ein komplexes Ökosystem, welches nicht initiativ von den Bienen generiert wird, sondern es gibt ganz viele verschiedene Wege, wie diese Baumhöhlen entstehen. Die, die von den Bienen letztlich besetzt werden, wurden zuvor meistens schon von anderen Tieren angelegt, so zum Beispiel zunächst von Spechten. Sie werden dann nach einer Zeit sekundär von z. B. Fledermäusen besetzt, sodass die Höhle innerhalb von Jahrzehnten nach oben hinauswächst und genügend Rauminhalt vorhanden ist, sodass auch Bienen einziehen können.

Durch die vorherigen Bewohner wie Fledermäuse oder Vögel befindet sich bereits viel organischer Abfall in der Höhle und es besteht schon ein ganzes Ökosystem an Destruenten (Zersetzer), das letztlich immer von den Baumhöhlenbewohnern selber in irgendeiner Form ernährt wird. Eine Vielzahl an Kleinstlebewesen lebt von dem Gemüll der Bienen, die somit die Mikrofauna ernährt. Zu dieser Mikrofauna zählt als Kleinstlebewesen auch der *Pseudoskorpion*, ein weltweit nützlicher Symbiont, der ähnlich wie die Putzerfische in jedem Riff auch in jeder Mikrofauna zu finden ist, auch hier in Deutschland.

Überall südlich des Äquators leben die wildlebenden Völker in Symbiose mit einer Hundertschaft an Spezies, insbesondere den Skorpionen. Südlich des Äquators haben wir die *Ellingsenius*-Arten, die sich auf die Bienen spezialisiert haben und nur mit den Bienen in Symbiose leben, hier nördlich des Äquators haben wir zwei Arten herausgefunden, einmal den Bücherskorpion und zum anderen einen *Chernes cimicoides*, welcher immer wieder in Baumhöhlen gefunden wird, aber dessen Rolle bisher noch ungeklärt ist. Dieses immer vorhandene Ökosystem besteht aus etwa 200 verschiedene Spezies, wobei etwa 170 davon Milben, also Spinnentiere, sind. Wir benutzen ja Akarizide in unseren Stöcken, also Spinnenvernichtungsmittel. Das Ökosystem ist jedoch ein aufeinander aufbauendes: Es gibt die „Veggies", die Pollenmilben, welche die Pollenreste fressen, die „Prädatoren", die Raubmilben, welche sich von den Pollenmilben ernähren, dann gibt es die „Pseudoskorpione", die fressen diese alle und so baut das alles aufeinander auf. Nimmt man eine Art also heraus, bricht das gesamte Ökosystem zusammen. Selbst wenn Bücherskorpione oder Pseudoskorpione die Ameisensäure überleben würden, nimmt man ihnen durch sie die Nahrungsgrundlage und tötet sie damit indirekt.

Wir haben also dieses Ökosystem letzten Endes ausgelöscht durch die genutzten Akarizide, die verwendeten Stöcke und die Betriebsweise (glatte Holzwände, Fegen, Desinfizieren, Ausflämmen der Stöcke etc.). In der Natur gibt es über 8000 Mikroorganismen, die auch in den Stöcken nachgewiesen werden können. Untersuchungen von Jürgen Tautz zum Beispiel haben uns gezeigt, dass Bienen durchaus ein adaptives Immunsystem haben, aber nur im Nymphen-Stadium, also im Larvenstadium. Bringt man also Larven mit Pathogenen in Kontakt, kann man nachweisen, dass sie Antigene oder Substanzen ausbilden, die gegen diese Pathogene wirken. Dies kann die erwachsene Biene nachher nicht mehr. Man muss sich vorstellen, dass die Ammenbienen im Stock mit 8000 Mikroorganismen im Kontakt stehen und sie füttern die Larven. Das stelle ich mir so ähnlich vor, wie wenn wir unsere Kinder in den Dreck fallen lassen, aber dann nicht desinfizieren, sonst würde keine immunologische Schulung stattfinden.

Der *Pseudoskorpion* frisst sehr viele Varroamilben. Als Erstes beschrieben wurde er von *Alois Alfonsus* 1891. Dieser schrieb in seinem Artikel „Der Feind der Bienenlaus", dass von der Natur selbst immer ein Gegenmittel gebracht wird. Es ist eine bekannte Erscheinung in der Natur, dass wenn ein Schädling in der Tier- oder Pflanzenwelt zu sehr überhandnimmt, dass von der Natur selbst ein Gegen- oder Vernichtungsmittel gebracht wird. Der Bücherskorpion sollte also dem Imker willkommen sein, denn auch im Bienenstock macht er sich durch das Vertilgen von Milben und Läusen nützlich, vor allem aber durch seine Jagd auf die Raupen der Wachsmotte, welche damals der gefürchtete Feind war.

Der nur einige Millimeter große und wohl bekannteste Pseudoskorpion hat eine enorm große Kapazität, kann also sehr viel vertilgen, ohne viel dabei zu wachsen. Es gibt neue Forschungen aus Neuseeland dazu, ob ein Pseudoskorpion überhaupt eine Varroamilbenpopulation in Schach halten kann. Sie haben dazu die folgende Rechnung aufgemacht:

Wir nehmen mal an, wir haben 1000 Milben in einem Volk von 10 000 Bienen und wir wissen aus Untersuchungen ziemlich genau, dass sich eine Milbenpopulation um fünf Prozent pro Tag vermehrt, also hätten wir am nächsten Tag bereits 1050. Wie viele Pseudoskorpione bräuchten wir also, um diese 50, die danach kommen, pro Tag wegzufressen?

Ein Pseudoskorpion kann bis zu neun Milben pro Tag fressen, nehmen wir an, er frisst nur zwei, dann bräuchten wir nur 25 Pseudoskorpione. Wenn sie jeden Tag zwei Milben fressen, fressen sie immer genau das weg, was nachkommt. Das ist das sogenannte Räuber-Beute-Verhältnis, so funktioniert das in der Natur auch oder sollte es zumindest im Optimalfall. In der Natur finden wir durchaus mehrere Hundert dieser Tiere in den Bienenkolonien, es wurden bereits 150 bis 700 gezählt. Im Prinzip öffnet der Skorpion die Milbe, verflüssigt sie und saugt sie dann aus.

Es gibt neue Forschungen aus Afrika, die gezeigt haben, dass die Bienen in Afrika ihre Pseudoskorpione sogar aktiv füttern (*siehe digitale Quellen im Service unter ujubee.com*). Die Biene kommt also mit ihrem Ei in ihren *Chelizeren*,

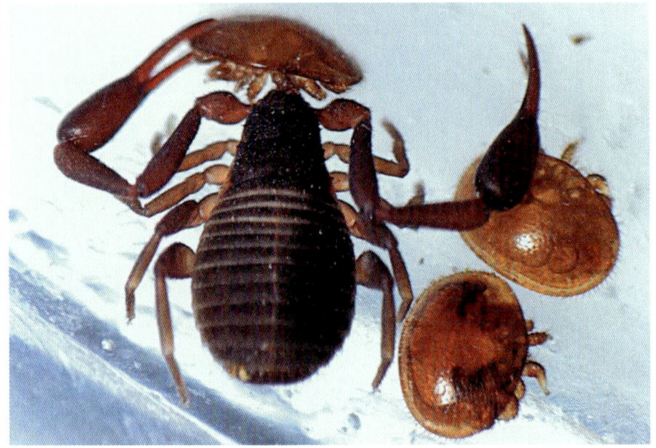

Ein Bücherskorpion packt eine Varroamilbe und saugt sie aus.

krabbelt runter zu dem *Pseudoskorpion*, legt das Ei hin und leitet den Pseudoskorpion, da er blind ist, zum Ei, bis er es findet und aufnimmt. Das heißt, es gibt eine *überartliche* Kommunikation, etwas, das gar nicht so ungewöhnlich im Tierreich ist, dass verschiedene Spezies miteinander interagieren.

Wie kam denn der Bücherskorpion überhaupt zu den Bienen? Er ist normalerweise ein Rindenbewohner in der äquatorialen Ebene. Rindenbewohner und Baumhöhlenbewohner passen gut zusammen und so haben sie sich miteinander verbreitet. Die Spinnentiere kommunizieren über Pheromone und Zeichensprache und die Fortpflanzung ist recht interessant, da sie nicht so direkt abläuft, wie wir das kennen. Das Männchen besetzt Reviere und sobald ein Weibchen vorbeikommt, kommt das Männchen heraus und tanzt das Weibchen an. Und wenn das Weibchen denn auch Lust hat, dann tanzen sie ein bisschen zusammen. Dann packen sie sich an den Händen und tanzen vor und zurück und irgendwann drückt das Männchen den Hinterleib auf den Boden und steht mit ganz langen Beinen gestielt wieder auf und geht darüber weg und dann sieht man, dass es einen Stiel abgesetzt hat und auf diesem ist eine Art Blase, eine Samenblase. Dann nimmt das Männchen das Weibchen einmal fest und packt es darauf. Und damit auch aller Samen ankommt, zieht er es noch hin und her. Und dann dreht er sich um und geht weg.

Sie leben sehr lange bzw. die Entwicklungszeit dauert ein bis zwei Jahre, bis sie überhaupt erwachsen werden, und die Reproduktion ist sehr gering. Von den zehn bis zwanzig Eiern, die ein Weibchen ausbrütet, überleben nur etwa zwei bis drei, die jedoch dann drei bis fünf Jahre alt werden. In konventionellen Magazinbeuten ist die Gefahr groß, die Skorpione zu zerquetschen, sodass schnell nach einem Sommer keine mehr leben. In einer normalen Imkerei kann man sie also nicht so schnell wieder ersetzen, wie sie sterben. In meinem Buch „Artgerechte Bienenhaltung mit dem Bücherskorpion“ (Schiffer, 2017) beschreibe ich, wie man die Beuten umbauen muss, um sie dort zu implementieren, wobei dann natürlich keine Säure mehr verwendet werden kann.

Pseudoskorpione sind geschlechtsdimorph, Männchen und Weibchen sind also unterscheidbar.

Ein Männchen hat im Gegensatz zum Weibchen eine Art Zacken, das Weibchen ist normalerweise genauso schlank wie das Männchen, es sei denn, es ist trächtig. Sie sind grundsätzlich sehr klein, daher kann man sie nur mit der Lupe unterscheiden. Sie verwenden Phoresie (*von griech. phoresia, Tragen*), das heißt, nicht wir Menschen haben die Flugreisen erfunden, sondern die Tierwelt hat das schon lange vor uns gemacht. Also emissionsfreie Flugreisen gab es schon lange, bevor die Evolution überhaupt an uns gedacht hat.

Erste Erfahrungen des Verfassers mit einem seit Mai 2019 im SchifferTree lebenden Bienenvolk.

Seit Urzeiten hatte die Symbiose zwischen Bücherskorpionen und Bienen Bestand. Vor 100 Jahren hat es der erste Biologe beschrieben. Kein Mensch hat sie da hereingesetzt, sondern sie waren immer mit dabei. Wir haben das gesamte Ökosystem ausgelöscht, ohne überhaupt Notiz davon zu nehmen, mit den Stöcken, mit den Akariziden, die wir verwendet haben. Bücherskorpione haben ein enormes Potenzial bezüglich der Schädlingsbekämpfung.

Das löst allerdings nicht all die Probleme, die wir verursachen. Nur den Pseudoskorpion in einem normalen Stock einzufügen ändert nichts, es müssen alle Facetten und Kriterien erfüllt sein, wenn wir Bienen artgerecht halten wollen.

BIENENHALTUNG ARTGERECHT

Artgerechte Haltung gab es bis jetzt bei den Bienen noch nicht. Sie bezeichnet eine Form der Tierhaltung, die sich an den natürlichen Lebensbedingungen der Tiere orientiert und insbesondere auf die angeborenen Verhaltensweisen der Tiere Rücksicht nimmt. So hebt sie – im Unterschied zur Massentierhaltung – die artspezifischen Bedürfnisse der Tiere hervor. Das erfüllen wir nicht – auch wesensgemäß ist nicht artgerecht. Wesensgemäß erlaubt auch Stockarbeit, Naturwabenbau, aber in Rähmchen und Großraumkisten. Die Bienenkiste gilt als besonders wesensgemäß. Wesensgemäß klammert jedoch das allerwichtigste Kriterium aus: Wie Leben die Tiere eigentlich in der Natur oder wie haben sie 40 Millionen Jahre lang gelebt? Man packt sie in Kisten, die Badewannen-groß sind und wundert sich dann, dass da Probleme entstehen.

Kisten sind aufgrund der Wärmeverteilung, der Nestduftwärmebindung, der Sterilität, der Stockatmosphäre etc. nicht artgerecht. Kisten bringen nicht nur die Seuchen und Krankheiten, sondern die Betriebsweise mit dem ganzen Energieverlust bindet auch noch einen Großteil der Gesamtkapazität. Letzten Endes betreiben wir durch die Raumarbeit auch eine Form der Massentierhaltung.
Am Ende mit Medikamentenmissbrauch und wir greifen tief in die Genetik der Spezies ein und wir werden die Bienen damit in den Abgrund reißen, wenn wir keine Balance schaffen.

Sie können ihre Beuten auch verbessern, indem Sie einen Klimadeckel aufsetzen. Zum Beispiel eine mit Streu gefüllte Halbzarge, welche von unten mit einem Baumwolltuch bespannt ist, dieses am besten getränkt in Alkohol-Propolis-Lösung, damit es nicht angeknabbert wird. Sie können dort einfach Leisten reinspannen, einfach nur gekeilt, auf eine Länge, dass sie eng einsetzbar sind, und dann füllen Sie das. Dann kann das Wasser entlang des Konzentrationsgradienten nach außen raus und die Wärme bleibt durch diese lockere Schüttung oben im Deckel erhalten. Es ist isoliert, aber das Wasser wird ausgeleitet, es kommt zu keiner Kondensation im Stock, zu keinem Wabenschimmel, aber die Bienen haben auch nichts mehr zu trinken. Sie müssen dann rausfliegen, auch wenn Schnee liegt im Frühjahr und auch im Schnee sammeln, aber das ist immer noch besser als schimmliges, bakterienverseuchtes Wasser zu trinken und damit ihre Brut zu füttern.

Jedes bisschen, was Sie an Isolation von außen aufbringen, hilft. Mit solch einem Öko-Boden kann man auch eine Varroa-Kontrolle machen, jedoch ohne Geschiebe, um keine Bücherskorpione zu zerquetschen. Man kann die Tiere auch wieder in solche Stöcke hineinbringen, indem man Baumrinde einfüllt. Die Futtertaschen kann man mit Streu füllen und das Ganze als geschlossenes System mit einem Klimadeckel gestalten. Wenn wir diesen aufsetzen, dann entwickelt sich automatisch ein viel trockeneres Klima und wir kommen unter das kritische Niveau von 80 Prozent. Trotz ansonsten gleicher Bedingungen haben wir dann viel weniger pathogenes Wachstum und relativ helle Waben zum Ende des Winters. Durch das Herausbringen des Wassers aus den Stöcken kann man also bereits einiges verändern.

Wir werden die Quadratur des Kreises niemals erreichen, wir werden aus einer Kiste niemals ein artgerechtes Habitat machen. Aber jedes bisschen, was Sie für Ihre Bienen tun, ist hilfreich. Ich selber möchte keine Symptome mehr behandeln, ich möchte nur noch Ursachenbekämpfung betreiben. Ich sehe die wildlebenden Völker, sehe, wie gesund sie sind, wie wunderbar sie funktionieren, ich sehe, wie toll ihr Verhalten ist.

Die Imkerei orientierte sich immer nur an sich selbst, an uns selbst

Wir haben uns ja nicht einmal dafür interessiert, unter welchen Bedingungen Bienen 40 Millionen Jahre lang eigentlich normalerweise im Wald gelebt haben. Wir haben eine Kultur, in der „immer besser – schneller – weiter – effizienter" hochgehalten wird, also die Völker müssen größer sein, die müssen mehr anbringen, die Stöcke müssen billiger sein in der Produktion. In zwei Tagen hat man Tausende an Styroporkisten gepresst. Schaut man sich die Überlebenswahrscheinlichkeit der Bienen in der Natur an, können wir sagen, 40 Millionen Jahre natürliche Auslese haben funktioniert. Die Bienen haben alle Naturkatastrophen und alle Veränderungen gemeistert. Und nach ein paar Jahrzehnten intensiver Zucht mit diesen modernen Kisten, mit unserer Haltungsform, unserer Imkerkultur, die wir eigentlich vor ein paar Jahrzehnten verloren haben, sehen wir, dass wir das nicht mehr wirklich unter Kontrolle haben, was die Bienen so machen oder wie viele überleben.

Die schlimmste Entwicklung in dieser langen Reihe von Fehlgriffen ist der *Flow Hive,* ein Bienenstock, der außen mit Furnierholz verkleidet ist, aber innen drin gänzlich aus Plastik besteht, auch die Waben sind aus Silikon. Hinten gibt es einen Schieber, da dreht man einfach um und dann läuft der Honig heraus.

Nun wissen wir, dass der Großteil der Kommunikation im Bienenstock über die Waben läuft und dass die Bienen diese über Schwingungen über die Beine auf die Waben im Prinzip übergeben. Das auch der Grund, warum, wenn sie jetzt Waben einlöten, dass sie am Rand freigebissen werden. Das ist der Netzwerkdienst, das ist eine eigene Spezialeinheit, die prüft, ob die Wabe ordentlich schwingt und dort kommuniziert werden kann – wenn nicht, dann wird sie freigebissen. Es ist ja sowieso schon schlimm, dass wir die ganze Kommunikation im Bienenvolk pro Zarge und pro Rähmchen unterbrechen, so können sie ja nur noch auf ihren kleinen Feldern kommunizieren, und jetzt machen wir es auch noch aus Plastik, so klappt also auch das Freibeißen nicht mehr. Mit solchen Methoden werden wir die Bienen auf keinen Fall erhalten.

> *Die Bezeichnung „faules Volk" ist ein Zeugnis imkerlicher Betriebsblindheit. Ein Bienenvolk ist niemals faul, es verschiebt seine Arbeitskapazität nur anders. Die natürlichen Bedarfe der Bienen werden weitestgehend ignoriert. Und der Einsatz chemischer Mittel bedingt letzten Endes die komplette Aufhebung der natürlichen Selektion. Wir verschieben das Gleichgewicht und das ist der Grund, warum wir diese Spezies nicht am Leben erhalten werden, wenn wir so weitermachen.*

Es gibt jedoch einen Ausweg. Wir arbeiten an dem weltweiten Artenschutzprogramm für Honigbienen, der *Beekeeping (R)evolution.* Es geht hier um Evolution und Revolution. Wir wollen Bienen ihrer selbst wegen halten dürfen, ohne dafür diskriminiert oder komisch angeguckt zu werden. Wir wollen nicht, dass man Bienen in Kisten selektiert.

Der Selektionsfaktor Nummer eins für die Honigbienen sind unsere Kisten, die nicht-artgerechte Unterbringung. Es ist nicht die Varroa, es sind nicht die Krankheiten, sondern die Kisten. Jede wissenschaftliche Live-and-Let-Die-Unternehmung hat gezeigt, dass die Bienen die Varroa überleben. Nicht aber die Varroa, die durch falsche Geometrie erzeugten Krankheiten *und* die Betriebsweise des Imkers. Und das müsste uns eigentlich zu denken geben.

Wir geben den Bienen erst einmal so weit wie möglich ihre artgerechten Bedingungen wieder zurück. Mit dem nachgebildeten Baum, dem SchifferTree, geben wir ihnen die Bedingungen, die sie in einer Baumhöhle finden. Dazu zählen die Mikrofauna und alle genannten physikalischen Faktoren, die wichtig sind und die das Bienenvolk letzten Endes vitalisieren, aber auch in der Größe im Größenwachstum beschränken.

Ausbildungsvielfalt in der Imkerei

Die meisten Imker, die mit der Imkerei anfangen, wollen nicht maximal Honig ernten und damit reich werden. Sie fangen an, weil sie den Bienen und der Natur etwas Gutes tun wollen. Sie fangen an aus idealistischen Gründen und sie lernen in Imkervereinen, was Rähmchen, Aufsatzkästen, Absperrgitter und Säure sind und wie sie funktionieren. In den wesensgemäßen Vereinen darf man zumindest noch schwärmen lassen, ohne dass man dabei schief angeguckt wird.

Aber dass man den Bienen ihre natürliche Fortpflanzung gewährt, das ist für mich kein Privileg, das ist für mich eine Selbstverständlichkeit. Und sich deswegen auf die Stufe „artgerecht" zu stellen, ist weit verfehlt. Ein anderer Ansatz ist nötig, es müsste eigentlich nicht nur um die imkerliche Ausbildung gehen, sondern um die Erfüllung von Bedarfen, die schon längst überfällig sind. Wir wollen Entscheidungsfreiheit in der Imkerausbildung.

Wir brauchen eine Vielfalt in der Ausbildung, Autoren wie *André Wermelinger (Initiant und Gründungsmitglied der Organisation FreeTheBees, Anm. d. Verf.)* haben bereits vorgearbeitet und Fragen gestellt: „Wie leben eigentlich natürliche Bienenvölker? Was ist naturnahe Bienenhaltung? Was ist extensive Honigimkerei und was intensive?" Also eine Vielfalt zwischen Natur- und Massentierhaltung.

Es geht nicht um Imkerei, sondern um ein Artenschutzprogramm. Ziel ist es, es zu schaffen, dass, wenn 70 Prozent der Jungimker anfangen und keine Wachsplatten ziehen, keine Rähmchen bauen, keine Drohnen rausschneiden, keine Weiselzellen rausknipsen und keine Säure benutzen wollen. Wenn sie all das und diesen ganzen Aufwand, die ganzen Kosten, den Zeiteinsatz nicht wollen, dass sie sich dann einfach so einen Stock hinstellen dürfen, die Bienen sich selbst überlassen und sich daran erfreuen dürfen. Und dann tun sie auch noch etwas Gutes für die gesamte Spezies. Wenn wir das schaffen, dass 70 Prozent mittelfristig da landen, dass 70 Prozent unserer Bienenvölker von solchen Idealisten in artgerechten Bedingungen gehalten werden, dann haben wir es geschafft. Dann haben wir die Spezies für unsere nachfolgenden Generationen erhalten.

Denn nur die Natur kann die Gesamtheit aller Kriterien und Facetten selektieren, die die Überlebensfähigkeit in einer bestimmten Region ausmachen. Kein Reinzuchtverein und kein Bienen-Forschungsinstitut können sich anmaßen, überhaupt nur einen Überblick über alle Selektionskriterien zu haben. Die Kriterien, die wir uns angucken, sind sehr menschenzentriert, wir haben dabei vergessen, dass jedes bisschen, das wir den Bienen anselektieren und anerziehen, auf der anderen Seite auch etwas kostet. Und das erste, was es kostet, ist Überlebensfähigkeit. Es macht keinen Sinn, Bienen auf Kisten zu selektieren. Wir bekommen sie dann von der Säure weg, aber sie sind dennoch auf die Raumerweiterung angewiesen, das ist nicht nachhaltig.

> *Nachhaltig bedeutet für mich, dass eine Spezies ohne menschlichen Eingriff unter natürlichen Bedingungen überlebensfähig ist und bleibt. Geben wir den Bienen doch ihre Biologie zurück.*

Wir wissen nichts über wildlebende Völker in unseren Wäldern, wissen nicht, ob sie zahlenmäßig ab- oder zunehmen, wieweit sie bedroht sind. Wir wissen nur, dass sie da sind und dass sie überleben können. Und wir wissen, dass es unsere Völker sind. Es ist keine Sekundärspezies, die sich da gebildet hat, sondern es sind unsere Völker, aber sie leben unter komplett anderen Bedingungen. Holen Sie mal ein Hähnchen aus der Massentierhaltung heraus, es bekommt wieder Federn, als Zeichen des natürlichen Verhaltens fängt das Scharren wieder an, es erholt sich. Und das können die Bienen auch. Aber dafür müssen wir ihnen auch ihre Biologie lassen und wir müssen ihre Biologie beschützen und deswegen ist diese Tube, der SchifferTree, geschlossen, für den Imker nicht manipulierbar. Falls notwendig, kann man über das Gemüll auch Faulbrut-Analysen durchführen.

> *Es geht nicht darum, eine bestimmte Form der Imkerei zu verbieten. Es geht darum, die Vielfalt zu erhöhen und die Bedarfe zu erhöhen.*

Wenn Sie Ihr Herz an der Stelle haben, dass Sie sagen, ich möchte diese Spezies erhalten und ich möchte ein Artenschutzprogramm starten, ich möchte das unterstützen und dafür nur ein bisschen Honig haben, dann sind Sie damit richtig.

Ich persönlich möchte meine Bienen nicht mehr in Kästen halten und ich möchte auch nicht, dass jemand anderes sie in diesen Kästen hält, deswegen möchte ich diese verbrennen. Befreit man die Bienen von den Rähmchen, befreit man sie quasi von ihren Fesseln. Es geht nicht darum, mit dem Finger auf den zu zeigen, der die Bienen in Styropor hält oder der Berufsimker ist. Es gibt auch Massentierhalter, die werden auch nicht geteert und gefedert, wenn die in der

Öffentlichkeit rumlaufen, das muss nicht sein. Aber ein Massentierhalter wird sich nicht öffentlich positionieren und sagen „Ich bin Natur- oder Tierschützer", sondern es ist eben seine Arbeit, nicht mehr und nicht weniger. Ich möchte also mehr Ausbildungsvielfalt und es ist auch nicht gegensätzlich oder schizophren, wenn man im Prinzip Berufsimker ist und sich trotzdem einen SchifferTree hinstellt, um einen Ausgleich zu schaffen.

Wildlebende Honigbienen sind nicht ausgestorben, jeder, der das erzählt, lügt. Fragen Sie sich mal bei denen, die das behaupten, warum sie das behaupten. Und diejenigen, die am meisten zu verlieren haben, die schreien am lautesten. Aber alle haben eines gemeinsam, sie haben sich alle nicht auf die Suche gemacht, sondern geben alle nur das wieder, was sie gehört haben.

Benjamin Rutschmann arbeitet auch an seiner Veröffentlichung (siehe digitale Hinweise im Service) über die wildlebenden Völker in unseren Wäldern. Und es gibt immer mehr Meldungen über lebende, nicht behandelte Völker. Wenn Sie so etwas sehen, bemerken oder so eine Höhle finden, dann melden Sie sie mir bitte. Ich kann versichern, dass ich diese Daten vertraulich behandele. Vertraulich deshalb, weil ich zu oft gesehen habe, dass Baumhöhlen zerstört oder mit Bauschaum zugesprüht worden sind von Imkern, die sagen, das seien Seuchenherde, die unsere Imkerei kaputtmachen würden. Als würden die Wildschweine die Krankheiten in die Massentierhaltung tragen. Von daher reden Sie nicht darüber, behalten Sie es für sich oder melden Sie es mir.

Nur wenn wir gute Informationen haben, können wir auch gute Entscheidungen treffen. Wir haben in der Imkerei heutzutage nur eine imaginäre Entscheidungsfreiheit. Zwischen schlecht und noch schlechter, bezogen auf die Biologie und das Wesen der Biene. Was uns fehlt, ist ein Ausgleich, eine Entscheidungsfreiheit in der Imkerausbildung. Das ist der einzige Weg, das Ganze langfristig in den Griff zu kriegen und die Natur und das Ökosystem, in dem wir leben auch zu erhalten.

Ich freue mich über die Daten, die erforderlich sind, um ein Gesamtbild der natürlich lebenden Bienenvölker zu erstellen. Gemeinsam werden wir der Lage sein, das ganz große Rad zu drehen und zu beweisen, dass Honigbienen durchaus ohne Eingriffe oder mit marginalen Eingriffen alleine überlebensfähig sind und nicht auf die Chemie angewiesen sind.

Die neue Verantwortung für die Imkerei

Die Handlungs- und Haltungsweisen von Bienen in der Imkerei orientieren sich überwiegend an den Bedarfen des Menschen.

Ihre Behausungen, die Beuten, wurden in ihrer heutigen Form nicht etwa konzipiert, um den Bienen ein artgerechtes Habitat zu bieten, sondern um eine regelmäßige, möglichst einfache Manipulation und Steuerung der Bienen zu gewährleisten. Hierbei haben wir uns historisch betrachtet immer weiter von der Natur entfernt, mit massiven negativen Auswirkungen auf die Bienengesundheit. So kommt es in den modernen Beuten während der Winterzeit regelhaft zu Wabenschimmel. Auch die Verwendung von Rähmchen hat nachweislich signifikante negative Auswirkungen auf den Energiehaushalt des Bienenvolks. Der im Vergleich zu Baumhöhlen erhöhte Wärmeverlust führt schließlich zu einem höheren Energiebedarf des Bienenvolks. Die Bienen kompensieren den Wärmeenergieverlust durch einen erhöhten Stoffwechsel, welcher die Problematik letztendlich potenziert. Der Mehrverbrauch an Zucker erzeugt wiederum mehr Kondenswasser, mehr Schimmel, mehr Exkremente, die in der begrenzten Kotblase gespeichert werden müssen, und bedingt zudem eine schnellere Alterung jeder einzelnen Biene.

Die Imker wissen in der Regel viel über die Völkerführung, die möglichen Eingriffe und Manipulationen zur Steigerung der Honigproduktion und kennen ein ganzes Arsenal an Chemikalien zur Bekämpfung der gefürchteten Varroamilben. Über die Biologie der Honigbienen, ihre Bedarfe und Anforderungen sowie ihr Verhalten auf imkerliche Interventionen wissen die Imker meist wenig bis überhaupt nichts, ansonsten ließe sich die heutige Form der Bienenhaltung nicht erklären.

Hier muss unbedingt an der Basis angesetzt werden. Ausbildungsbetriebe und Ausbilder müssen ihre etablierten Handlungsweisen und Haltungsformen auf Grundlage der neuen Erkenntnisse aus der Wissenschaft überdenken, um die jetzige Form der Bienenhaltung, die in allen Bereichen eine starke Analogie zur manipulativen Massentierhaltung mit all ihren negativen Konsequenzen aufweist, loszulassen.

Nur auf Grundlage guter Informationen können auch gute Entscheidungen getroffen werden. Daher müssen die Ausbildungsbetriebe unbedingt das Bienenwohl stärker in den Fokus nehmen. Die Beuten müssen sich an den besten Vorgaben, den Baumhöhlen, orientieren, aber auch die Betriebsweisen müssen überdacht werden.

Viele Menschen fangen mit der Imkerei aus idealistischen Gründen an. Sie wollen der Natur helfen, den Bienen etwas Gutes tun und betrachten sich einvernehmlich als Naturschützer. Sobald sie jedoch in eine Imkerschule gehen, lernen sie, wie man in kurzen Zyklen das ganze Jahr hinweg die Biologie der Bienen manipuliert, unterminiert und steuert. Darüber, welche negativen Auswirkungen diese Manipulationen haben, lernen sie jedoch in der Regel nichts.

Bestes Beispiel hierfür sind zahlreiche wildlebende Völker in unseren Wäldern, die bei weitem nicht ausgestorben sind, wie oftmals auch von Bieneninstituten propagiert wird. Über das *Beelining* oder *Bee-hunting* (Seeley, 2017) haben wir bereits zahlreiche, mehrjährige Bienenvölker im Monitoring. Doch wie kann es sein, dass Bienen in der Natur überleben? Dass die Populationen der Varroamilben ein letales Ausmaß erreichen, ist jedoch maßgeblich den manipulativen Eingriffen des Imkers geschuldet und kommt so in der Natur gar nicht vor.

Der begrenzte Raum, die abgehenden Schwärme, die brutfreie Zeit sowie eine Reihe von natürlichen Verhaltensweisen der Bienen, die in der Imkerei durch die ständigen Manipulationen unterbleiben, sorgen dafür, dass die Milben sich gar nicht erst in der Form vermehren können.

In unseren Großraum- und Magazinbeuten, welche eine Größe von bis zu 200 Litern aufweisen, erzeugen wir riesige Brutfelder und somit riesige Varroamilben-Populationen. Die Brutfelder einer solchen Beute könnten eine Baumhöhle gleich mehrfach ausfüllen, ohne eine einzige Zelle mit Honigvorrat mit einzurechnen. Ironischerweise wird der größte Teil des Jahreshonigumsatzes eines Bienenvolks vom Volk selber zur Brutwärmeerzeugung verbraucht. Durch die schlecht isolierten Beuten sowie ihre ungeeignete Geometrie zum Wärmeerhalt werden hier Unmengen an Honig verschwendet. Somit erzeugen wir einen Großteil der Brut, der Bienen und somit der Varroamilben ausschließlich zur Aufrechterhaltung des Wärmehaushalts.

> *Unser Ziel ist es, die natürliche Biologie der Honigbienen, ihr natürliches Verhalten und ihre Bedarfe in der Bienenhaltung ins Zentrum zu stellen. Wenn wir den Bienen ein naturorientiertes Habitat anbieten, können wir sie auch chemiefrei halten. Hier ist ein grundsätzliches Umdenken erforderlich. Das neue Konzept macht eine extrem extensive und arbeitsarme Bienenhaltung möglich, in der so gut wie keine imkerlichen Eingriffe notwendig sind.*
> *Nur die Natur und die natürliche Auslese selbst können an die jeweilige Situation angepasstes und überlebensfähiges Erbgut erzeugen. Daher ist es wichtig, den Bienen zunächst einmal ein artgerechtes Habitat zu geben und sie dann der natürlichen Selektion zu überlassen.*

WAS WIR TUN UND WAS WIR VOM BIEN LERNEN KÖNNEN

Wir waren jene, die wussten, aber nicht verstanden, [...] voller Informationen, aber ohne Erkenntnis, randvoll mit Wissen, aber mager an Erfahrungen. So gingen wir, nicht aufgehalten von uns selbst.

Willemsen 2016, S. 43

Die sich geschichtlich wandelnde, begriffliche Einteilung und Unterscheidung der Lebewesen durch uns Menschen sind Spiegel unserer jeweiligen Sicht auf die uns umgebende lebendige Umwelt. Die Unterteilung des Lebendigen auf

Insektenvielfalt vor Monokultur.

Naturschauspiel: 10 000 Schwarmbienen in der Luft.

der Erde in ein Tier- und ein Pflanzenreich ist heute bei weitem nicht mehr hinreichend, um die Vielfalt der mit uns lebenden Geschöpfe zu beschreiben. Gegenseitige Abhängigkeiten und Kooperationen bestehen zwischen für uns zunächst nicht erkennbar zusammenhängenden Lebewesen.

Die in der Gruppe der Insekten zusammengefassten Lebewesen werden als nicht besonders wichtig wahrgenommen und bei der Beschreibung von Ökosystemen oft vernachlässigt.

Im Begriff „Insektenschutz" zeigt sich heute versteckt die Beziehung zu ihnen, dass nämlich nicht etwa der Schutz von Insekten damit gemeint ist, sondern der Schutz des Menschen vor den Insekten. Im Alltag wurden und werden Insekten eher als lästig oder bei massenhaftem Auftreten (z. B. bei Heuschrecken, *Orthoptera*) als Plage empfunden.

Die Honigbienen bilden eine Ausnahme, da sie schon sehr früh durch ihren Honig und ihr Wachs für den Menschen nutzbar waren und noch sind. Nach der anfänglichen Jagd auf den energiereichen Vorrat der Bienenvölker im Wald holte der Mensch die Erzeuger von Honig und Wachs zu sich und baute ihnen künstliche Behausungen. Die Beuten und der Umgang mit den Tieren wurden in der Folgezeit nach ökonomischen Kriterien immer weiter optimiert. Gleichzeitig aber wuchsen auch durch die nun möglich gewordene Beobachtung und wissenschaftliche Untersuchung neue Einsichten in das komplexe Lebewesen, in den Superorganismus des Biens. Die Entwicklung und die Aufgaben der verschiedenen Einzelwesen in einem Volk und ihr gemeinsamer Körper aus Wachs werden heute als ein zusammengehöriges Lebewesen verstanden. Dieses eine, nur als Gesamtheit überlebensfähige Tier steht im engen Energieaustausch mit seiner Außenwelt und vermehrt sich auf wundersame Weise durch Aufteilung seiner Einzelwesen in zwei neue und vollständige Lebewesen. Welche evolutionär sich anpassenden Strategien Bienenvölker dabei entwickelten, beginnen wir erst jetzt zu verstehen, da wir die wildlebenden Völker in ihrer natürlichen Umgebung und in ihrer natürlichen Fortpflanzung erleben und erforschen. Abwehr gegen Krankheiten, aber auch Kooperation mit anderen Lebewesen innerhalb ihrer Behausung und außerhalb davon begreifen wir aus dieser Sicht auf die wildlebenden Bienen neu. Die vielfältigen Schlüsselfunktionen, die Wild- und Honigbienen dabei im Gefüge der Natur erfüllen, entdecken wir zunehmend mit großem Erstaunen. So übertragen z. B. Bienen und Hummeln bei ihren Blütenbesuchen auf Wiesen nebenbei Kreuzhefen (*Anthomyces reukaufii*, auch Nektarhefen genannt). Diese werden von Rindern, Schafen oder Ziegen beim Grasen von Wiesenblumen aufgenommen und können so das zellulosehaltige Futter leichter verdauen (vgl. Hagen 1986, S. 46). Die Karriere der Insekten als „Nützlinge“ scheint neu zu beginnen, da wir erkennen müssen, dass die Zeit vorbei ist, als es sie noch im Überfluss gab.

WIR WAREN JENE, DIE WUSSTEN, ABER NICHT VERSTANDEN

In einer Zukunftsrede lässt die Herausgeberin Insa Wilke (in Willemsen, 2016) den viel zu früh verstorbenen Roger Willemsen von einer interessanten Perspektive aus auf das schauen, was wir gerade tun. In *Wer wir waren* ist dort sprachgewaltig von ihm beschrieben, was wir – aus der Zukunft betrachtet – derzeit mit uns, mit der uns tragenden Natur tun, was wir dem Planeten als Ganzes und letztendlich uns selbst zumuten. Es ist ein Indiz für unsere Gegenwartskultur, dass wir kaum versuchen, uns mit dem Blick jener zu identifizieren, die nach uns kommen und wohl an uns verzweifeln werden. Seit 2019 beginnen verstärkt Bewegungen aus der jungen Generation diese beschränkte Jetzt-Sicht zu durchbrechen und fordern von Wirtschaft und Politik sofortige Maßnahmen zum Stopp der Zerstörung ihrer Umwelt auf.

Willemsen beschrieb in einem Manuskript zu seinem letzten öffentlichen Auftritt 2015, dass er die Zukunft als die Perspektive seiner Betrachtung der Gegenwart nutzt (vgl. ebd. S. 24 f.).

Warum können (oder wollen) nicht viel mehr Menschen diese Position einnehmen, um wichtige Entscheidungen zu fällen und ihr Handeln danach auszurichten? *Was hindert uns daran, zu erkennen, dass es dringend notwendig ist, Organisationsformen zu finden, die Schluss machen mit der Tendenz zur Zerstörung der sozialen und natürlichen Lebensgrundlagen?* (vgl. Prigogine 1981) Wir denken und handeln zunehmend für das Hier und Jetzt, obwohl es den Homo sapiens gerade ausmacht, dass er planvoll in die Zukunft denken kann. Er vermag zu planen und für die erwartete Zukunft zu handeln.

„Ob wir die Natur nutzen oder nicht zu nutzen, ist keine Wahl, die uns zur Verfügung steht; wir können nur auf Kosten anderer Leben leben. Unsere Wahl hat eher damit zu tun, wie und wie viel wir nutzen.“ (Berry 1987, S. 139 – frei übersetzt vom Verfasser)

Der Mensch zieht die Vergangenheit (der fossilen Energien) und die Zukunft (Spekulation auf morgige Gewinne) in seine Gegenwart und versucht dabei sich zu optimieren hin zum *homo deus* (Harari 2017). Übertragen wir diesen Blick auf die Bienen, so könnten wir meinen, dass der Gott der Bienen ihre Zukunft ist. Der gesamte Organismus des Bienenvolkes ist in jeder einzelnen Handlung, jeder einzelnen „fliegenden Zelle“ darauf gerichtet, langfristig in und mit der natürlichen Umgebung, zu überleben. Jede Tätigkeit, das Reinigen und Putzen im Stock, der Eintrag von Futter, die Kommunikation untereinander, sind einzig auf das gesamte Lebewesen ausgerichtet. Das Brüten von männlichen Geschlechtstieren in einem Volk geschieht nicht einmal für das eigene Volk, sondern dient einzig zur Vermehrung anderer Völker.

Dabei ist es verblüffend, wie sehr das Säugetier Mensch viele andere Eigenschaften zumindest mit der uns heute vertrauten Westlichen Honigbiene (*Apis mellifera*) gemeinsam hat. „Eigenschaften, auf denen die Überlegenheit der Säugetiere beruht, finden sich in gleicher Zusammenstellung auch im Superorganismus Bienenstaat“ (Tautz 2012, S. 3).

Der Träger des *Communicator-Preises 2012*, Jürgen Tautz, beschreibt die Ähnlichkeit von Mensch und Biene als ein Säugetier aus vielen Körpern, dass ebenso niedrige Vermehrungsraten wie der Mensch hat. Er vergleicht die Muttermilch mit der Schwesternmilch bei den Bienen, der weitgehenden Loslösung beider von der Außenwelt (Schutz im Uterus bzw. in Zellen), ihre relative Unabhängigkeit Umweltschwankungen gegenüber, der Fähigkeit, eigene Umweltparameter (Temperatur, Nahrungsangebot) selbst einzustellen und zu kontrollieren (ca. 36 °C) und stellt weitere erstaunliche Parallelen auf (a. a. O.).

EVOLUTION DER KOOPERATION

Bienenvölker können aufgrund ihrer Informationsflüsse Entscheidungen fällen, die einzelne Bienen nicht erreichen können. Entscheidungen zur Futter- oder Wohnungssuche erreichen sie in Einstimmigkeit und in immer maximal möglicher Qualität.

Mit ihrer Art von Kommunikation schaffen sie kollektiv bindende Entscheidungen für alle Individuen, wie wir sie uns als Funktion in unserer Gesellschaft nicht in Jahrtausenden geschaffen haben. **In unseren gegenwärtigen Gesellschaftssystemen fallen immer mehr die Entscheider und die Betroffenen auseinander und nähren Tendenzen eines Glaubwürdigkeitsverlustes dem Staat, der Politik, den Entscheidern überhaupt gegenüber.**

Wir verstehen, dass wir vieles falsch machen. Wir spüren, dass wir Menschen uns ändern müssen. Dabei haben wir *weniger ein Erkenntnisproblem, sondern eher ein Handlungsproblem* (vgl. Gruene, 2019). Vielleicht *verstehen* wir, wenn wir lernen, uns der Natur nicht mehr gegenüber zu stellen: „Hallo Umwelt“ steht auf innovativen Papiertragetaschen, wir hier – dort die Umwelt – wir grüßen sie! Womit verschütten wir den Zugang zur Mitwelt, zur Natur, wo wir doch ein Teil von ihr sind?

„Wie glücklich könnte er sein, wenn er mit uns freundlich umginge. Seine Begierde, Gott zu werden, hat ihn von uns getrennt. Seitdem ist er keine begleitende Stimme, keine Mitbewegung mehr.“ (Novalis 1997, S. 61).

Wespennest an einer Bienenwabe.

Verfolgen wir die Entwicklung der Komplexität des Lebens, so zeigt sich auch eine Evolution des „Wir", der Kooperation des Lebendigen: Die Entwicklung begann mit der *Erbsubstanz* als sich selbst kopierendes Molekül, setzte sich mit den zunächst kernlosen, dann mit einer Hülle verpackten *Zellen* hin zu Algen, Bakterien als Übergang von Ein- zu Mehrzellern, fort.

Verschiedene Zelltypen in *mehrzelligen Lebewesen* bilden im nächsten Schritt immer komplexere Zellstrukturen, die mehr als nur Summe ihrer Teile darstellten und das Verhalten ihrer Teile bestimmen konnten. Daraus entwickelten sich *individualisierte Lebewesen*, deren aufgabenverteilte Zellen (in Organen) einen gemeinsamen Stoffwechsel im Gesamt-Organismus durchführen (u.a. Menschen, Tiere, Pflanzen). Diese sind sterblich, die Erbsubstanz verfolgt parallel, die eigene Vermehrung.

Im *Superorganismus* als eusoziale Gemeinschaft von meist sehr vielen eigenständigen Individuen derselben Organismenart entwickeln sich Fähigkeiten, die über die der Individuen der Gemeinschaft hinausgehen: Arbeitsteilung und Kooperation. Bei Bienenvölkern bestehen Kolonien mit wenigen Geschlechtstieren zur direkten Weitergabe der Gene und einer großen Anzahl an Hilfstieren ohne Fortpflanzung, aber mit differenzierten Aufgaben.

Am Ende steht vielleicht ein *planetarischer Organismus* (*Monon*) als Herausbildung von neuen Systemstrukturen infolge des Zusammenspiels planetarischer Superorganismen, als das Resultat der abschließenden, alles umfassenden Integration der Evolution eines Planeten (vgl. Bresch 1983, S. 250).

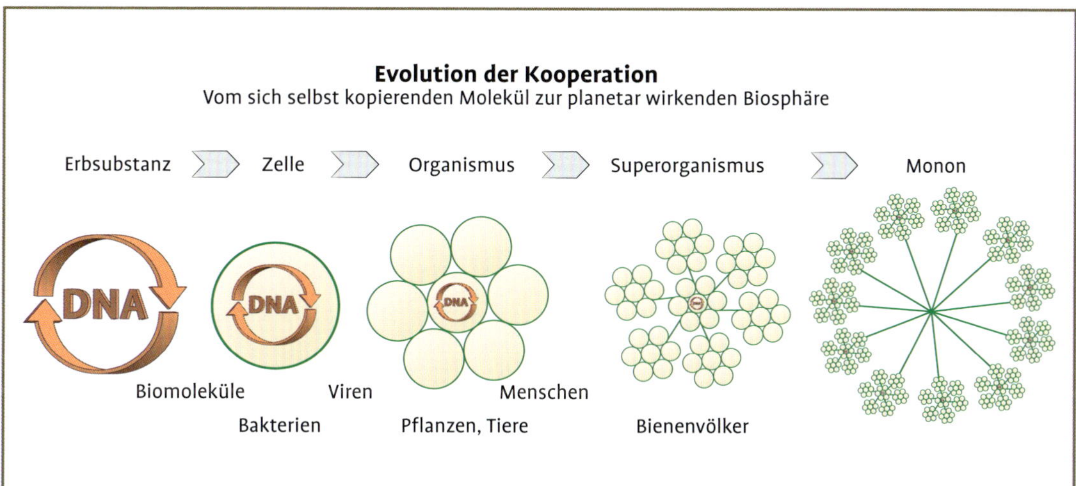

Evolution der Kooperation.

AUFKLÄRUNG UND AUFBRUCH IN EIN NEUES DENKEN UND HANDELN

Wenn dies eine fortlaufende Entwicklung der Kooperation ist, haben wir noch einige Stufen vor uns, und Superorganismen wie Bienenvölker besitzen vielleicht eine höhere evolutionäre Erfahrung zum Überleben in ihrer Umwelt oder besser Mitwelt.

Vielleicht bilden wir nur unsere Haltung in unserem Handeln der Umwelt gegenüber und letztendlich auch in der Imkerei ab, indem wir:

- den Energiehunger in unserer Lebenswelt (fossile Energie der Vergangenheit verbrauchen) auf die großen Beuten mit hohem Wärmebedarf übertragen,
- den Hang zur Abstraktion (Digitalisierung, Virtualisierung) auf die Geometrie und Ökonomie der Beutenherstellung (künstliche Welten aus Styropor) abbilden,
- unsere Verdichtung, Verstädterung auf große Brutfelder einer maximalen Bienenmasse übertragen oder

Die evolutive Entscheidung für die Blüte besteht darin, statt auf die Welt zuzugehen, die Welt zu sich zu locken.

- unsere Gier- und Machtansprüche in der imkerlichen Steuerung und Optimierung der Völker auf menschliche Ziele hin, in Verbindung bringen.

Ein Interesse an der Natur muss nicht notwendig wieder geweckt werden, es ist nur verschüttet. Aus- und Weiterbildung in der Imkerei müssen diese neuen, ganzheitlichen Sichten abbilden. Imker sind hochsensible Menschen, die die Geräusche und die Gerüche an einer Bienenbehausung wahrnehmen und vermitteln können. Der Aufbruch in eine neue Imkerei kann vielleicht sogar einen Wandel in der Gesellschaft mit anschieben. Den Zugang finden wir über unmittelbare Erfahrung in der Natur, in Erfahrungen mit den Bienen, denn jeder Mensch kann sich nur an die Natur erinnern, die er selbst erlebt hat.

Jede unserer Aktivitäten wirkt unablässig auf uns zurück. Die Erfahrung, die Natur zu verstehen und von ihr verstanden zu werden, macht uns zufrieden und verbindet uns sinnstiftend mit unserem Außen.

„Sieh aufmerksam hin, denn das, was du sehen wirst, ist nicht mehr das, was du gesehen hast." (*Regarde attentivement car ce que tu vas voir n'est plus ce que tu viens de voir.*) *Leonardo da Vinci, 1452–1519*

Unser Bezug zur Welt ist nicht der des Beherrschens eines Subjekts über ein Objekt, sondern der Erfahrung als ein Teil der Welt in ihr eingebunden zu sein.

SERVICE

ÜBER DEN AUTOR

Manfred Schmitz studierte nach seinem Dipl.-Ing.-Studium Kommunikationsforschung, Soziologie und Philosophie an der Universität Bonn. Seit 2009 ist er Imker und als Bienen- und Honigsachverständiger erster Vorsitzender des Imkervereins DER SCHWARM e. V. Im gemeinsam mit seiner Frau gegründeten Unternehmen „*wiesenkind* – Naturerfahrung von Anfang an“ bietet er Imkerausbildungen und Bienen-AGs, Vorträge und Seminare, Beratungen und den Aufbau naturnaher Imkereien an.

BILDQUELLEN

Alle Abbildungen stammen vom Autor, bis auf die folgenden:
Bert Hölldobler (Nachruf auf Martin Lindauer): S. 37 (li.); Érikc Tourneret: Cover, S. 56, 74; Helmuth Flubacher: Nach Vorlagen von Thomas Seeley: S. 117, 122, 124, 128, 139, 143; nach Vorlagen von Jürgen Tautz/HOBOS: S. 106, 112; nach Vorlagen des Autors: S. 26, 38, 73, 76, 77, 164, 194; Jürgen Tautz/HOBOS: S. 93, 94 (li., re.), 95, 99, 101, 107, 111; Thomas Seeley (vom Verf. übersetzt): S. 115, 124, 130, 131, 139 (Foto), 140, 146; Torben Schiffer: S. 180; Siegburg, Stadtmuseum: S. 98; https://mieladictos.com/2017/02/19/la-caza-de-la-miel: S. 29 (li.); https://commons.wikimedia.org/wiki/File:Cueva_arana.svg (01.12.2019): S. 29 (re.); Der Autor dankt für die Unterstützung: S. 40 F. Brenker und G. Grimm, S. 48 F. Brenker, S. 86 C. Raithmayr, S. 172 (u.) U. Weiland; Siegfried Lokau: Schmuckelement Biene

HINWEISE

In diesem Buch sind die **Namen von Produkten** (z. B. SchifferTree), die zugleich **eingetragene Warenzeichen** sind, als solche nicht besonders kenntlich gemacht. Es kann also aus der Bezeichnung der Ware mit dem für diese eingetragenen Warenzeichen nicht geschlossen werden, dass die Bezeichnung ein freier Warenname ist.
Anmerkung zur Schreibweise (Gendering) der weiblichen, männlichen und unbestimmten Form: Ausschließlich aufgrund der deutlich besseren Lesbarkeit wird in diesem Werk auf die jeweilige Mehrfachnennung oder Anpassung der Schreibweise bestimmter Bezeichnungen verzichtet. So stehen die Namen der Vertreter verschiedener Fachbereiche (wie Landwirte, Tierwirte etc.) selbstverständlich für alle, die diese Berufe ausüben oder vertreten.

LITERATUR

Quellennachweis

Adam, Bruder (Karl Kehrle) (1978): Meine Betriebsweise, Ehrenwirth-Verlag, München, 3. Aufl. 1978, 93 S.

Alfonsus, Alois (1900): Die Kunstschwarmbildung. Leichtfassliche Anleitung zur Bildung von Kunstschwärmen und Ablegern. In: Leipziger Bienenzeitung Jahrgang 1900? (als PDF verfügbar in der ZB MED-Informationszentrum Lebenswissenschaften).

Berger, Peter und Luckmann, Thomas (1982): Die gesellschaftliche Konstruktion der Wirklichkeit – Eine Theorie der Wissenssoziologie. (Orig.: The Social Construction of Reality, New York, 1966), S. Fischer Verlag, Frankfurt, 1982 (1977), 218 S.

Beier, Max (1951): Der Bücherskorpion, ein willkommener Gast der Bienenvölker. In: Österreichischer Imker Bd. 1, 1951, S. 209–211.

Binder, Jürgen (2017 ff.): Monatsbetrachtungen der Armbruster-Imkerschule, Jahrgänge 2017–2019.

Blauert, Claudia (2018): Behandlungsfreie Imkerei und wild lebende Bienen. Bericht über einen Besuch bei Clive und Shan Hudson in Snowdonai, Wales (Mai 2018), (Manuskript an den Verfasser).

Bresch, Carsten (1983): Zwischenstufe Leben – Evolution ohne Ziel? München/ Zürich, 315 S.

Busch, Wilhelm (Hrsg. von Christiane Freudenstein) (2016): Umsäuselt von summsenden Bienen – Schriften zur Imkerei, Wallstein Verlag, Göttingen, 2. Aufl. 2016, 46 S.

Chadwick, Fergus; Alton, Steve; Tennant, Emma Sarah (2017): Das Bienenbuch. Dorling Kindersley Verlag, München 2017, 221 S.

Chimaira-Arbeitskreis für Human-Animal Studies (Hrsg.) (2013): Tiere Bilder Ökonomien. Aktuelle Forschungsfragen der Human-Animals-Studies. Verlag transcript, Bielefeld, 2013, 321 S.

Coccia, Emanuelle (2019): Die Wurzeln der Welt. Eine Philosophie der Pflanzen. *(Original: La vie des Plantes. Une métapysique du mélange.)* Aus dem frz. übersetzt von Elisabeth Ranke. Carl Hanser Verlag, München, 2018, 188 S.

Darwin, Charles (1974): Die Entstehung der Arten – Durch natürliche Zuchtwahl. Übersetzung von Carl W. Neumann, Reclam, Stuttgart, Universalbibliothek 3071-80, Aufl. von 2013, 693 S.

Deutscher Landwirtschaftsverlag (Hrsg.) (2016 ff.): bienen&natur, Überregionale Fachzeitschrift für Imker (hervorgegangen aus: die Biene, ADIZ und Imkerfreund), DLV-Verlag, München, erscheint mtl. (Jahrgang 2016–2019).

Deutscher Bauernverlag (Hrsg.) (2018 ff.): Deutsches BienenJournal – Forum für Wissenschaft und Praxis. Bauernverlag, Berlin, erscheint mtl. (Jahrgang 2018–19).

Duffy, E. J. (1996): Eusociality in a coral-reef shrimp. In: Nature 1996, Jun 6; Vol. 381, S. 512–514.

Dutli, Ralph (2014): Das Lied vom Honig – Eine Kulturgeschichte der Biene. Wallstein Verlag, Göttingen, 5. Aufl. 2014, 208 S.

Friedmann, Günter (2016): Die Bienenretter. Ägyptische Bienen vom Aussterben bedroht. Interview von Gilbert Brockmann. In: ADIZ-die biene-Imkerfreund (jetzt: bienen & natur). 2016/10, S. 18–20

Friedmann, Günter (2017): Bienengemäß imkern. Das Praxis-Handbuch. Mit einem Vorwort von J. Tautz., BLV Buchverlag, München, 2017, 175 S.

Frisch, Karl von (1942): Die Bedeutung von Sprengels blütenbiologischer Entdeckung. In: Deutscher Imkerführer (1942) 9, S. 117–118.

Frisch, Karl von (1965): Tanzsprache und Orientierung der Bienen – Springer Verlag, Berlin/Heidelberg/New York, 1965, 580 S.

Frisch, Karl von (1993): Aus dem Leben der Bienen. Springer Verlag, Berlin; 10. Aufl. 1993 (1927), ergänzt und bearbeitet von Martin Lindauer, 297 S.

Gerdes, Werner (2015): Buckfast-Biene in der angepassten Dadant-Beute. Buschhausen Druck- und Verlagshaus, Herten, 2015, 172 S.

Gerstung, Ferdinand (1890): Das Grundgesetz der Brut- und Volksentwicklung der Bienen, (*später vom Autor geändert in: Das Grundgesetz der Brut- und Volksentwicklung des Biens*), Druck und Verlag von Mar Nößler, Bremen, 1890, 50 S.

Guth, Jos (2016): Gast-Vortrag auf dem Havixbecker Imkertag am 14. März 2016, (handschriftliche Aufzeichnungen des Verf.)

Grüne (2019): Die Partei der Grünen, Annalena Baerbock auf dem Parteitag vor Europawahl. In: Süddeutsche Zeitung vom 19. Mai 2019; (s. auch: www.sueddeutsche.de/politik/gruene-parteitag-berlin-baerbock-habeck-zweifel-euphorie-1.4452890-2)

Hannig, Rainer (2001): Die Sprache der Pharaonen. Band 1. Großes Handwörterbuch Ägyptisch – Deutsch (2800–950 v. Chr.). 3. Auflage. von Zabern, Mainz 2001, 245 S.

Harari, Yuval Noah (2018): homo deus. Eine Geschichte von Morgen, aus dem Engl. übersetzt von Andreas Wirthensohn, C.H. Beck-Verlag, 2018, 576 S.

Harari, Yuval Noah (2018): 21 Lektionen für das 21. Jahrhundert. Hörbuch, leicht gekürzte Lesung, Sprecher: Jürgen Holdorf, Der Hörverlag, München, 2018, Laufzeit 12 Std., 46 Min.

Hölldobler, Bert (2010): Nachruf auf Martin Lindauer. In: Deutsche Zoologische Gesellschaft, Rundbrief 5/2010, S. 63–68

Huber, Ludwig (1951): Die neue nützlichste Bienenzucht. Ein Volksbienenbuch für Anfänger wie für Fortgeschrittene, Verlag von Moritz Schauenburg in Lahr (Schwarzwald), neu bearbeitet und vervollständigt von Hugo Huber 18. Aufl. 1951, (1887[10]), Erstauflage unbekannt, 480 S.

Kruse, Ulrike (2013): Von Bienen und Menschen. In: Chimaira, 2013, S. 63–85.

Lovelock, James (1992): Gaia – Die Erde ist ein Lebewesen. Scherz Verlag, München 1992.

Liedloff, Jean (2017): Auf der Suche nach dem verlorenen Glück, C.H. Beck-Verlag, München, neu erschienen 2017, 220 S.

Lindauer, Martin (1954): Temperaturregulierung und Wasserhaushalt im Bienenstaat. In: Zeitschrift für vergleichende Physiologie 36, 1954, S. 391–432

Lindauer, Martin (1955): Schwarmbienen auf Wohnungssuche. In: Zeitschrift für vergleichende Physiologie, Juli 1955, Vol. 37/4, Zoologisches Institut der Universität München, S. 263–324.

Lindauer, Martin (1984): Vergesellschaftung und Verständigung im Tierreich – Fragen an die Soziobiologie. In: Apidiologie, 1984, 15 (2), S. 99–122.
Lindauer, Martin (1990): Botschaft ohne Worte. Wie Tiere sich verständigen. München/Zürich, Piper Verlag, 1990, 272 S.
Loeper, Marion; Schieback, René; Lorz, Tino (2019): Handbuch für die erfolgreiche Imkerei. – Von Camille Dadant bis zum angepassten Brutraum nach Hans Beer. Selbstverlag 2019, 273 S.
Lorenz, Stephan; Kerstin Stark (Hrsg.) (2015): Menschen und Bienen. Ein nachhaltiges Miteinander in Gefahr. Oekom Verlag München 2015, 246 S.
Luhmann, Niklas (1993): Das Unbehagen an der Politik. Der Staat und die moderne Gesellschaft. Vortrag an der Universität Bielefeld 1993.
Maeterlinck, Maurice (2013): Das Leben der Bienen – Mit einem Essay über Maeterlinck und die Bienen von Gerhardt Roth. Aus dem Französischen von Friedrich von Oppeln-Bronikowski, Unionsverlag, 2. Aufl. 2013, (Original: La Vie des abeilles, 1901, dt. Erstausgabe 1925), 256 S.
Martell, P. (1929): Die Biene im Altertum. In: Entomologischer Anzeiger, Jahrgang IX (1929), Berlin S. 414–419 – Hrsg.: Verein der Naturbeobachter und Sammler Wien, Verlag Hoffmann 1929.
Mehring, Johannes (1869): Das neue Einwesensystem als Grundlage zur Bienenzucht oder: Wie der rationelle Imker den höchsten Ertrag von seinen Bienen erzielt. Auf Selbsterfahrungen gegründet., Frankenthal, Albeck, 1869. 344 S.
Mingo, Jack (2015): Die Weisheit der Bienen – Erstaunliches über das wichtigste Tier der Welt. Aus dem Englischen von Elisabeth Liebl, Rieman Verlag, München, 223 S.
Ministerium für Umwelt, Landwirtschaft, Ernährung, Weinbau und Forsten Rheinland-Pfalz (Hrsg.) (2015): Bienen. Mit Beiträgen von Paul Westrich, Jürgen Tautz, Kaspar Bienefeld, Gerhard Liebig, Christoph Otten, Ralph Dutli u. a., Heft 58, September 2015, 86 S.
Metz, Markus; Seeßlen, Georg (2012): Kapitalismus als Spektakel oder Blödmaschinen und Ecotainment. Suhrkamp Verlag, Berlin 2012, 91 S.
Miller, Pete (2010): Die Intelligenz des Schwarms – Was wir von Tieren für unser Leben in einer komplexen Welt lernen können. Aus dem Englischen von Jürgen Neubauer (Original: The smart swarm, 2010), Campus Verlag Frankfurt/a. M./ New York, 271 S.
Munk, Katharina (Hrsg.) (2009): Taschenbuch Biologie. Ökologie – Evolution. Thieme Verlag, Stuttgart/New York, 479 S.
Munz, Tania (2018): Der Tanz der Bienen. Karl von Frisch und die Entdeckung der Bienensprache. Aus dem Englischen von Barbara Sternthal, Czernin Verlag Wien, 2018, 360 S.
Novalis (1997): Gedichte / Die Lehrlinge zu Sais. Kapitel 4, (Hrsg. von Johannes Mahr), Reclam-Verlag, Stuttgart, S. 61–65.
Ohl, Michael (2018): Stachel und Staat. Eine leidenschaftliche Naturgeschichte von Bienen, Wespen und Ameisen. Droemer Verlag, München, 2018, 336 S.
Orlow, Melanie von (2017): Die Imkerin. Ulmer, Stuttgart, 2017, 128 S.

Ott, Martin: Dettli, Martin; Rohner, Philipp (2015): Bienen verstehen. Der Weg durchs Nadelöhr. VONA Verlag, Lensburg 2015, 221 S.

Precht, Richard David (2017): Tiere denken. Vom Recht der Tiere und den Grenzen des Menschen. Goldmann Verlag, München, 2017, 450 S.

Precht, Richard David (2018): Jäger, Hirten, Kritiker. Eine Utopie für die digitale Gesellschaft. Goldmann Verlag, München, 2018, 283 S.

Prigogine, Ilya; Stengers, Isabelle (1981): Dialog mit der Natur. Neue Wege naturwissenschaftlichen Denkens. Piper Verlag, München 1981, 314 S.

Ritter, Wolfgang (2014): Bienen naturgemäß halten – Der Weg zur Bio-Imkerei. Ulmer, Stuttgart 2014, 160 S.

Ritter, Wolfgang (2016): Gute imkerliche Praxis – artgerecht, rückstandsfrei und nachhaltig. Ulmer, Stuttgart 2016, 235 S.

Ruso, Bernhart (2011a): Evolution der Kooperation – Multilevel Selektion am Beispiel Biene und Mensch. In: Hartmut Heller (Hrsg.): Über das Entstehen und die Endlichkeit physischer Prozesse, biologischer Arten und menschlicher Kulturen – Matreier Gespräche, LIT Verlag, Wien 2011, S. 38–52.

Ruso, Bernhart (2011b): Leben und Tod am Beispiel Bienen und Mensch. In: Hartmut Heller (Hrsg.): Über das Entstehen und die Endlichkeit physischer Prozesse, biologischer Arten und menschlicher Kulturen – Matreier Gespräche, LIT Verlag, Wien 2011, S. 53–57.

Ruttner, Hans; Ruttner, Friedrich (1972): Untersuchungen über die Flugaktivitäten und das Paarungsverhalten der Drohnen. Drohnensammelplätze und Paarungsdistanz. In: Apidologie Vol. 3, Nr. 3, Springer Verlag, Heidelberg 1972, S. 203–232.

Schellnhuber, Hans Joachim (2015): Selbstverbrennung. Die fatale Dreiecksbeziehung zwischen Klima, Mensch und Kohlenstoff. Bertelsmann München, 3. Aufl. 2015, 787 S.

Schiffer, Torben (2017): Handlungsanleitung für artgerechte Bienenhaltung mit Pseudoskorpionen. In gebundener oder digitaler Form, mit Bonusmaterial. beenature-project.com

Schiffer, Torben (2019): Neue Wege der Imkerei. Vortrag beim Imkerverein DER SCHWARM, in Königswinter am 17.05.2019

Schiffer, Torben (2020): Evolution der Bienenhaltung. Artenschutz für Honigbienen. Ulmer, Stuttgart 2020, ca. 224 S.

Schindler, Matthias (2017): Die Lebensweise der heimischen Bienen. Wildbienen: Lebensweise, ökologische Bedeutung, Kennzeichen und Schutzmaßnahmen. Vortrag auf dem Fortbildungsseminar der Biostation Rhein-Erft 2017, 42 S.

Schneider, Wolf (2010): Der Mensch. Eine Karriere. Rowohlt Verlag 2010, 496 S.

Seeley, Thomas D. (2014): Bienendemokratie. Wie Bienen kollektiv entscheiden und was wir davon lernen können. *Original: Honeybee Democracy, Princeton University-Press, 2010.* Aus dem Amerikanischen übersetzt von Sebastian Vogel, S. Fischer Verlag, 2014, 318 S.

Seeley, Thomas D.; Tarpy, David R.; Griffin, Sean R. u. a. (2015): A survivor population of wild colonies of European honeybees in the northeastern United States: investigating its genetic structure. In: Apidologie (2015) 46. S. 654–666

Seeley, Thomas D. (2016a): Schwarmintelligenz: Wahl der Behausung, Entscheidungsprozess und Einzug. Vortrag auf der Seeley-Tagung des Mellifera e.V. am 22. 07. 2016 in Rosenfeld.

Seeley, Thomas D. (2016b): Freilebende Bienenvölker im Wald: Genetik und Selektion. Vortrag auf der Seeley-Tagung des Mellifera e.V. am 23. 07. 2016 in Rosenfeld.

Seeley, Thomas D. (2016c): Varroatoleranz bei freilebenden Bienenvölkern: Entwicklungsdynamik, Völkerdichte und Futter. Vortrag auf der Seeley-Tagung des Mellifera e.V. am 24. 07. 2016 in Rosenfeld.

Seeley, Thomas D. (2016d): Die Zukunft der Biene. In: Biene Mensch Natur, Mellifera e.V., Ausgabe 31, Winter 2016/17, S. 1–2 (Übersetzung von Sarah Bude).

Seeley, Thomas D. (2017): Auf der Spur der wilden Bienen. Original: Following the wild bees, Princeton University-Press, 2016, dt. S. Fischer Verlag, 2017, 210 S.

Seeley, Thomas D. (2018): Vorträge auf der „learningfromthebees"-Konferenz vom 31.08. bis 02.09.2018 in Doorn, NL (handschriftliche Notizen).

Seeley, Thomas D. (2019): The Lives of Bees. The Untold Story of the Honey Bees in Wild. Princeton University Press, 2019, 353 S.

Sloterdijk, Peter (2014): Im Weltinnenraum des Kapitals. Suhrkamp Verlag, Frankfurt/a. M., 2005, Taschenbuch 3814 (2006[1]), 415 S.

Sprengel, Christian-Konrad (1793): Das entdeckte Geheimnis der Natur im Bau und in der Befruchtung der Blumen. Verlag Friedrich Vieweg dem Älteren, Berlin 1793. Nachdruck der Originalausgabe bei Hansebooks, 445 S.

Steiner, Rudolf (1923): Über das Wesen der Bienen: Neun Vorträge. Dornach 1923. In: Martin Dettli (Hrsg.): Die Welt der Bienen. Ausgewählte Texte. Taschenbuch, Rudolf Steiner Verlag, 2014, 248 S.

Stripf, Rainer (2018): Die Bienenzucht in der völkisch-nationalistischen Bewegung Dissertation an der Pädagogischen Hochschule Heidelberg, 2018, 422 S.

Stripf, Rainer (2019): Honig für das Volk: Geschichte der Imkerei in Deutschland. Verlag Ferdinand Schöningh, Paderborn 2019, 412 S.

Sverdrup-Thygeson, Anne (2019): Libelle, Marienkäfer & Co. Die faszinierende Welt der Insekten und was sie für unser Überleben bedeuten. Aus dem Norwegischen übersetzt von Sylvia Kall. Goldmann Verlag, München 2019, 287 S.

Tautz, Jürgen (2012): Phänomen Honigbiene. Springer Verlag, Berlin/Heidelberg 2. Aufl. 2012 (2007), 278 S.

Tautz, Jürgen (2015): Die Erforschung der Bienenwelt. Neue Daten – neues Wissen. Audi-Stiftung Umwelt, Klett Mint, Stuttgart 2. Aufl. 2015 (2014), 80 S.

Tautz, Jürgen (2016): Die natürlichen Wege der Honigbiene zu ihrer Gesunderhaltung. Vortrag zum Ersten Siebengebirgs-Imkertag des Imkervereins DER SCHWARM am 17. 04. 2016 im Kloster Heisterbach, Königswinter.

Tautz, Jürgen; Stehen, Diedrich (2017): Die Honigfabrik. Die Wunderwelt der Bienen – eine Betriebsbesichtigung. Gütersloher Verlagshaus, München, 2017, 269 S.

Tautz, Jürgen; Hülswitt, Tobias (2019): Das Einmaleins der Honigbiene. 66 × Wissen zum Mitreden und Weitererzählen. Springer Verlag, Berlin 2019, 137 S.

Tautz, Jürgen; Arndt, Ingo (2020): Honigbienen – Geheimnisvolle Waldbewohner. Knesebeck Verlag München 2020, 192 S. mit 173 farbigen Abbildungen

Thür, Johann (1946): Das Gesetz der Nestduftwärmebindung, die Grundlage für Gesundheit, Gedeih und Ertrag. In ders.: Bienenzucht. Naturgerecht, einfach und erfolgssicher. – Friedrich Stocks Nachfolger Karl Stropek, Wien 1946, Teil 1 (S. 5 bis 12)

Tourneret, Éric; de Saint Pierre, Sylla; Tautz, Jürgen (2018): Das Genie der Honigbienen. Ulmer, Stuttgart 2018, 264 S., mit 152 großformatigen Farbfotos.

Weber, Andreas (2014): Lebendigkeit. Eine erotische Ökologie. Kösel Verlag, München, 4. Aufl. 2014, 287 S.

Weippl, Theodor (1932): Das Schwärmen der Bienen. Ursache, Förderung, Einschränkung und Behandlung der Schwärme. Fachbuchverlag Dresden, 2018 (ND der Orig.aufl. v. 1932)

Weippl, Theodor (1936): Die Milbenkrankeit der Bienen, deren Ursachen, Erkennung und Heilung. In: Bienenvater, Jahrgang 68 (1936)

Weizsäcker, Carl Friedrich von (1971): Die Einheit der Natur. Studien, Hanser, München 1971

Welsh, Jennifer (2013): Naked Mole Rat Genome May Hold Key to Long Life | Human Health & Longevity | Cancer Resistance & Naked Mole Rat. In: Live Science 12, November 2011. Retrieved 23. März 2013.

Wendell, Berry (1987): Home Economics: Fourteen Essays. (among others: Preserving Wildness) North Point Press, San Francisco, 1987

Wendell, Berry (2018): Erde unter den Füßen. Essays zu Kultur und Agrikultur. Aus dem Englischen übersetzt von Christian Quatmann. Peter Hammer Verlag 2018, 184 S.

Westrich, Paul (2018): Die Wildbienen Deutschlands. Ulmer, Stuttgart 2018, 824 S., 1700 Farbfotos, 17 Zeichnungen.

Willemsen, Roger (2016): Wer wir waren. Zukunftsrede 2016. Posthume hrsg. von Insa Wilke. S. Fischer-Verlag, Frankfurt a. M., 2016, 60 S.

Wirz, Johannes; Poeplau, Norbert (2020): Das Wesen der wesensgemäßen Bienenhaltung. In: bienen&natur 1/2020, S. 8–11

Zaller, Johann G. (2018): Unser täglich Gift. Pestizide – die unterschätzte Gefahr. Paul Zsolnay Verlag, Wien, 2018, 220 S.

Digitale Quellen

wiesenkind – **Naturerfahrung von Anfang an:**
www.wiesenkind.de/
www.beewise-behuman.de/

Imkerverein der Schwarm:
www.imkerverein-der-schwarm.de/

Prof. Dr. Jürgen Tautz:
https://de.wikipedia.org/wiki/J%C3%BCrgen_Tautz
www.hobos.de/
https://we4bee.org/

Prof. Dr. Thomas D. Seeley:
https://de.wikipedia.org/wiki/Thomas_Dyer_Seeley

Torben Schiffer / SchifferTree:
https://beenature-project.com
http://ujubee.com/

TrachtNet:
www.dlr.rlp.de/Internet/global/inetcntr.nsf/dlr_web_full.xsp?src=7DE6581RTC&p1=510TV6HBBL&p3=5PW3P32TF7&p4=HY3576SY58
Unterstützt vom Fachzentrum in Mayen und mit Fördermitteln der EU finanziert, wurde für den wiesenkind-Bienenstand der Bienen-AG auf Nonnenwerth, eine TrachtNet-Waage (Nr. 1042) beantragt und 2016 genehmigt.

Fachkonferenzen:

Seeley-Tagung des Mellifera e. V. vom 22.–24.07.2016 in 72348 Rosenfeld www.mellifera.de/service/tagung-mit-thomas-d-seeley/

Natural Beekeeping Trust, 31.08.–02.09.2018 in NL-Doorn/Utrecht / 31.08.–01.09.2019 in Berlin
www.learningfromthebeesberlin.com/conference

8. Weimarer Bienensymposium, vom 16.–18.11.2018
https://armbruster-imkerschule.de/index.php/weimarer-bienensymposium/

Film:
Hummeln – Bienen im Pelz, Regie: Kurt Mündl www.3sat.de/page/?source=/dokumentationen/182316/index.html)

Zeidlerkurse u. a.:
https://bienenbotschaft.de/zeidlerei/ https://2010koeniginnen.de/
www.mellifera.de/blog/freibeuter/

Trachtkalender:
www.siebengebirgsimker.de/Trachtkalender.29.0.html

Imkerforscher:
https://de.wikipedia.org/wiki/Liste_von_Imkern_und_Bienenforschern
https://de.wikipedia.org/wiki/Geschichte_der_Imkerei#Bienenforscher_und_Imker

Krefelder Studie, Entomologische Sammlungen Krefeld:
www.entomologica.org/home.htm

Lindauer Nachruf:
www.yumpu.com/de/document/read/13116715/nachruf-auf-martin-lindauer-deutsche-zoologische-gesellschaft

Benjamin Rutschmann:
www.bienenjournal.de/fachberichte/beelining-wie-man-wild-lebende-honigbienen-findet/

Pestizide u. a.:
www.gmoseralini.org/wp-content/uploads/2012/11/GES-final-study-19.9.121.pdf

REGISTER

HAFTUNGSAUSSCHLUSS

Die in diesem Buch enthaltenen Empfehlungen und Angaben sind vom Autor mit größter Sorgfalt zusammengestellt und geprüft worden. Eine Garantie für die Richtigkeit der Angaben kann aber nicht gegeben werden. Autor und Verlag übernehmen keine Haftung für Schäden und Unfälle. Bitte setzen Sie bei der Anwendung der in diesem Buch enthaltenen Empfehlungen Ihr persönliches Urteilsvermögen ein.
Der Verlag Eugen Ulmer ist nicht verantwortlich für die Inhalte der im Buch genannten Websites.

IMPRESSUM

Bibliografische Information der Deutschen Nationalbibliothek
Die Deutsche Nationalbibliothek verzeichnet diese Publikation in der Deutschen Nationalbibliografie; detaillierte bibliografische Daten sind im Internet über http://dnb.d-nb.de abrufbar.

Wollgrasweg 41, 70599 Stuttgart (Hohenheim)
E-Mail: info@ulmer.de
Internet: www.ulmer.de
Lektorat: Annette Flesch, Antje Munk
Herstellung: Katharina Merz
Gestaltung + Umschlaggestaltung: Michaela Mayländer, Stuttgart, www.sistermic.de
Satz: Fotosatz Buck, Kumhausen
Reproduktion: timeRay Visualisierungen, Jettingen
Druck und Bindung: Pustet, Regensburg
Printed in Germany

ISBN 978-3-8186-0962-7

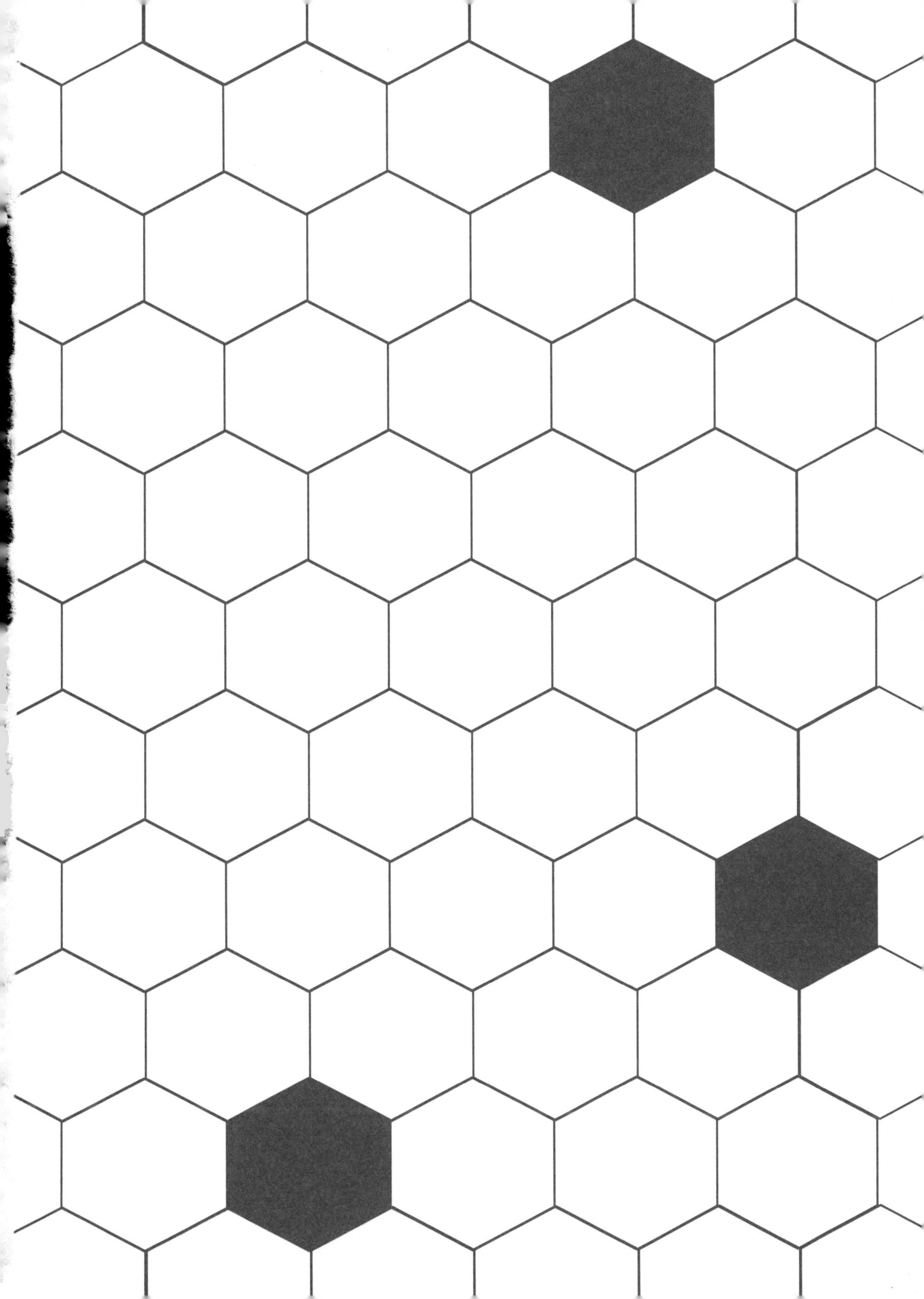

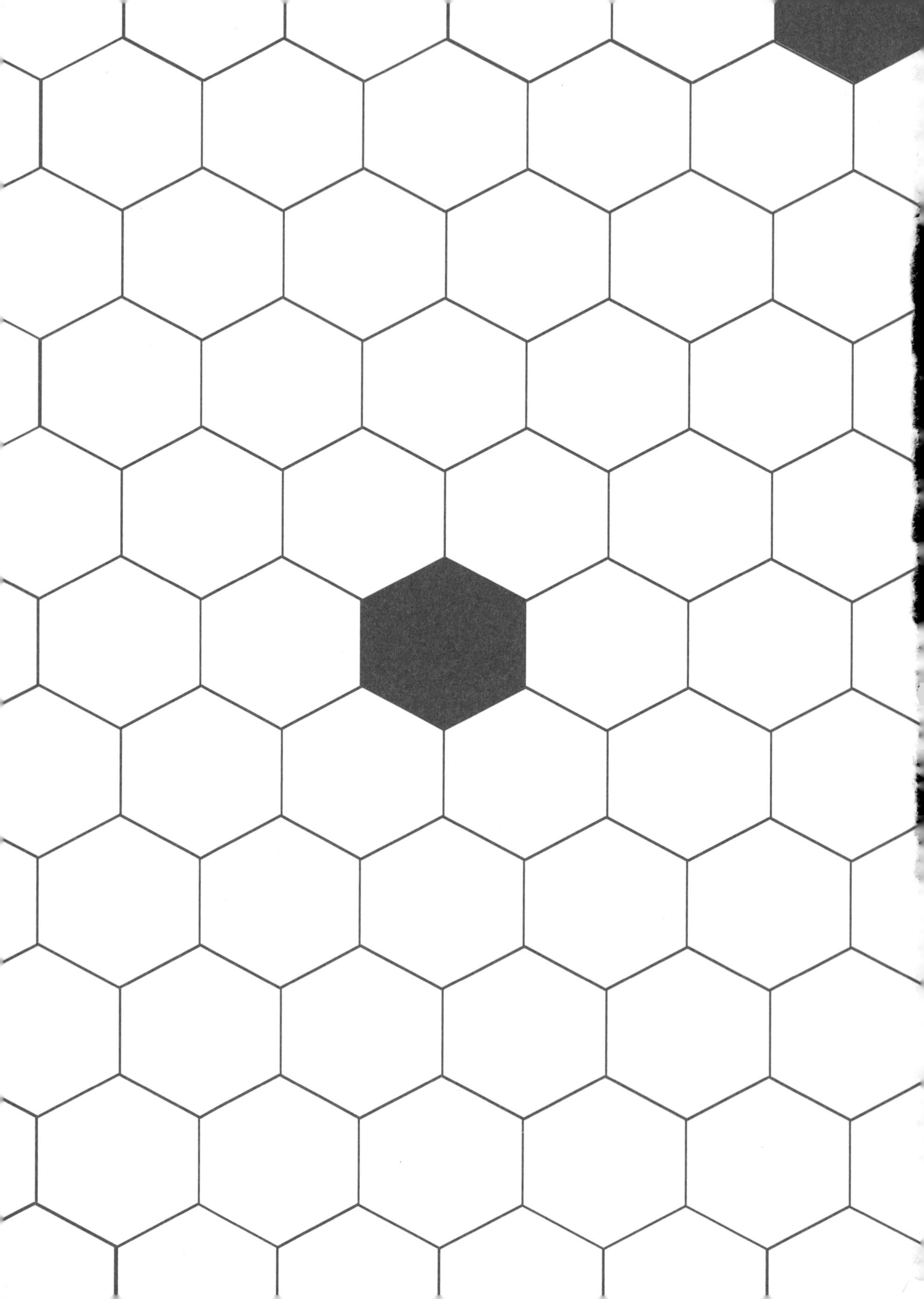